Bettina Hahn

Analyse von Protein-Phosphorylierungsgraden mit Massenspektrometrie

Bettina Hahn

Analyse von Protein-Phosphorylierungsgraden mit Massenspektrometrie

Entwicklung von one-source-Standards und Anwendung auf krebsrelevante Signalproteine

Südwestdeutscher Verlag für Hochschulschriften

Impressum/Imprint (nur für Deutschland/only for Germany)
Bibliografische Information der Deutschen Nationalbibliothek: Die Deutsche
Nationalbibliothek verzeichnet diese Publikation in der Deutschen Nationalbibliografie;
detaillierte bibliografische Daten sind im Internet über http://dnb.d-nb.de abrufbar.
Alle in diesem Buch genannten Marken und Produktnamen unterliegen warenzeichen-,
marken- oder patentrechtlichem Schutz bzw. sind Warenzeichen oder eingetragene
Warenzeichen der jeweiligen Inhaber. Die Wiedergabe von Marken, Produktnamen,
Gebrauchsnamen, Handelsnamen, Warenbezeichnungen u.s.w. in diesem Werk berechtigt
auch ohne besondere Kennzeichnung nicht zu der Annahme, dass solche Namen im Sinne
der Warenzeichen- und Markenschutzgesetzgebung als frei zu betrachten wären und
daher von jedermann benutzt werden dürften.

Coverbild: www.ingimage.com

Verlag: Südwestdeutscher Verlag für Hochschulschriften GmbH & Co. KG
Dudweiler Landstr. 99, 66123 Saarbrücken, Deutschland
Telefon +49 681 37 20 271-1, Telefax +49 681 37 20 271-0
Email: info@svh-verlag.de

Zugl.: Heidelberg, Ruprecht-Karls-Universität, Dissertation, 2011

Herstellung in Deutschland:
Schaltungsdienst Lange o.H.G., Berlin
Books on Demand GmbH, Norderstedt
Reha GmbH, Saarbrücken
Amazon Distribution GmbH, Leipzig
ISBN: 978-3-8381-2756-9

Imprint (only for USA, GB)
Bibliographic information published by the Deutsche Nationalbibliothek: The Deutsche
Nationalbibliothek lists this publication in the Deutsche Nationalbibliografie; detailed
bibliographic data are available in the Internet at http://dnb.d-nb.de.
Any brand names and product names mentioned in this book are subject to trademark,
brand or patent protection and are trademarks or registered trademarks of their respective
holders. The use of brand names, product names, common names, trade names, product
descriptions etc. even without a particular marking in this works is in no way to be
construed to mean that such names may be regarded as unrestricted in respect of
trademark and brand protection legislation and could thus be used by anyone.

Cover image: www.ingimage.com

Publisher: Südwestdeutscher Verlag für Hochschulschriften GmbH & Co. KG
Dudweiler Landstr. 99, 66123 Saarbrücken, Germany
Phone +49 681 37 20 271-1, Fax +49 681 37 20 271-0
Email: info@svh-verlag.de

Printed in the U.S.A.
Printed in the U.K. by (see last page)
ISBN: 978-3-8381-2756-9

Copyright © 2011 by the author and Südwestdeutscher Verlag für Hochschulschriften
GmbH & Co. KG and licensors
All rights reserved. Saarbrücken 2011

Zusammenfassung

Reversible Proteinphosphorylierung ist ein Schlüsselprinzip der intrazellulären Signaltransduktion. Häufig wird eine Änderung des Phosphorylierungsstatus als relative Änderung zu einem Anfangsstatus angegeben. Hingegen bietet der Phosphorylierungsgrad eine wesentlich informativere Systembeschreibung und eine fundierte Grundlage für Modellrechnungen.

One-source-Peptid-/Phosphopeptidstandards wurden mit dem Ziel entwickelt, Phosphorylierungsgrade von Proteinen positionsspezifisch und mit hoher Genauigkeit zu bestimmen. Kernpunkt der Methode ist die Erzeugung einer Mischung eines stabilisotopenmarkierten Peptid/Phosphopeptid-Standardpaars, dessen stöchiometrisches Verhältnis exakt bekannt ist. Dazu wird eine Lösung des Phosphopeptidstandards in zwei identische Aliquots geteilt. Ein Aliquot wird mit antarktischer Phosphatase dephosphoryliert, während das andere Aliquot unbehandelt bleibt. Die Phosphatase wird anschließend durch kurzzeitiges Erhitzen irreversibel inaktiviert und aus beiden Lösungen eine volumetrisch definierte Mischung hergestellt. Die Standardpaare wurden den immunpräzipitierten und mittels SDS-Gelelektrophorese gereinigten Zielproteinen auf der Stufe des Verdaus zugegeben und die Analysen mittels nano-Ultra-Hochleistungsflüssigchromatographie-Tandemmassenspektrometrie durchgeführt. Bei Peptiden mit zwei Phosphorylierungsstellen erlaubte die Einführung mehrerer Isotopenmarkierungen eine individuelle Quantifizierung aller vier möglichen Formen. Zunächst wurde die Methode anhand der Parameter Wiederfindung, Richtigkeit und Reproduzierbarkeit erfolgreich validiert. Der relative Fehler bei der Analyse technischer Replikate betrug durchschnittlich weniger als 10 %, bei biologischen Replikaten hingegen 29 %. Der lineare Messbereich umfasste etwa zwei Größenordnungen, und die untere Bestimmungsgrenze für Phosphopeptide lag bei 10 bis 20 fmol.

Die Methode wurde auf die Phosphorylierungsgradbestimmung der Signalproteine STAT6, Akt1, ERK1 und ERK2 in verschiedenen Zellsystemen angewandt. Im Vordergrund stand die Analyse der dualen ERK1/2-Phosphorylierung durch die MAPK-Kinase MEK. Die ERK-Signalkaskade spielt eine zentrale Rolle in der Antwort von Zellen auf extrazelluläre Stimuli wie Wachstumsfaktoren und Zytokine. Dennoch sind die Mechanismen der dynamischen ERK-Aktivierung und -Deaktivierung *in vivo* nicht vollständig verstanden. Mit Hilfe von *one-source*-Standards wurden HGF- und IL6-induzierte ERK1/2-Phosphorylierungskinetiken in primären Maushepatozyten und der Tumorkeratinozyten-Zelllinie HaCaT A5 analysiert. Es wurden zwei mathematische Modelle erstellt, die die quantitativen Daten basierend auf einem prozessiven oder distributiven ERK-Aktivierungsmechanismus beschreiben. Wie die experimentelle Validierung ergab, war nur das distributive Modell in der Lage, erfolgreich die Zeitspanne bis zur vollständigen Dephosphorylierung des totalen ERK1/2-Pools in Hepatozyten bei Hemmung der MEK-Aktivität vorauszusagen. Somit wurde erstmals ein zweistufiger, distributiver ERK-Phosphorylierungsmechanismus in primären Maushepatozyten nachgewiesen.

Abstract

Reversible protein phosphorylation is a key mechanism for intracellular signal transduction. In most studies changes in the phosphorylation status of a protein are analyzed as relative changes compared to an initial state. On the contrary, knowledge of the phosphorylation degree offers a more informative system description and a valuable basis for mathematical modeling.

One-source peptide/phosphopeptide standards have been developed for highly accurate and site-specific phosphorylation degree determination of proteins. The main feature of this method is the generation of a mixture of a stable isotopically labeled peptide/phosphopeptide standard pair with exactly defined molar ratio. For preparation, a solution of the phosphopeptide standard is divided into two identical aliquots. One aliquot is quantitatively dephosphorylated by antarctic phosphatase while the other aliquot remains untreated. After incubation, antarctic phosphatase is irreversibly inactivated by gentle heat-treatment, and phosphorylated and dephosphorylated standards are combined at the desired volumetric ratio. Appropriate amounts were spiked into target protein digests generated after immunoprecipitation and SDS gel electrophoresis for purification. Analyses were performed by nano ultra performance liquid chromatography combined with tandem mass spectrometry. If the target peptide contained two phosphorylation sites, introduction of multiple isotopic labels allowed for the individual quantification of all four possible species. Firstly, recovery, accuracy and reproducibility of the method were successfully validated. For technical replicates the relative error was below 10 % on average. On the contrary, analysis of biological replicates resulted in a relative error of 29 %. Measurements were performed within a dynamic range of about two orders of magnitude and with a minimal phosphopeptide concentration of 10 to 20 fmol.

The method was applied to phosphorylation degree determination of the signaling proteins STAT6, Akt1, ERK1 and ERK2 isolated from different cell systems. The main goal was to characterize the mechanism of dual ERK1/2 phosphorylation catalyzed by its upstream kinase MEK. The ERK signaling cascade plays a major role in cellular responses to extracellular stimuli like growth factors and cytokines. However, mechanisms of dynamic ERK activation and deactivation *in vivo* are not fully understood. Using *one-source* standards HGF and IL6 induced ERK1/2 phosphorylation kinetics in primary mouse hepatocytes and the tumor keratinocyte cell line HaCaT A5 were measured. Two mathematical models were established describing the experimental data on the basis of either a processive or distributive mechanism of ERK activation. Experimental validation revealed that only the distributive model was able to successfully predict the time span for complete dephosphorylation of the total ERK1/2 pool in the hepatocytes upon MEK inhibition. Thus, for the first time it was demonstrated that ERK phosphorylation in primary mouse hepatocytes occurs via a two-step, distributive mechanism.

Inhaltsverzeichnis

Zusammenfassung   1

Abstract   2

1. Einleitung   7
- 1.1. Proteinphosphorylierung 7
- 1.2. Zelluläre Signaltransduktion 8
- 1.3. MAPK/ERK-Signalkaskade 8
- 1.4. Prozessiver und distributiver Phosphorylierungsmechanismus 10
- 1.5. Reihenfolge der dualen ERK-Phosphorylierung und –Dephosphorylierung ... 11
- 1.6. Funktionelle Unterschiede der Isoformen ERK1/2 12
- 1.7. Systembiologie 12
- 1.8. Klassische biochemische Methoden zur Quantifizierung von Proteinphosphorylierung 14
- 1.9. Quantifizierung von Proteinphosphorylierung mittels Massenspektrometrie ... 14
  - 1.9.1. Warum Massenspektrometrie? 14
  - 1.9.2. Relative Quantifizierungsmethoden 15
  - 1.9.3. Absolute Quantifizierungsmethoden 16
  - 1.9.4. Bestimmung des positionsspezifischen Phosphorylierungsgrads von Proteinen 17
- 1.10. Aufgabenstellung 18

2. Material & Methoden   19
- 2.1. Materialien 19
  - 2.1.1. Reagenzien 19
  - 2.1.2. Enzyme 20
  - 2.1.3. Proteine und Peptide 20
  - 2.1.4. Spezielle Materialien zur Herstellung der biologischen Proben 20
  - 2.1.5. Geräteausstattung 21
  - 2.1.6. Software 22
- 2.2. Methoden 22
  - 2.2.1. Herstellung von *one-source*-Peptid/Phosphopeptid-Standardpaaren ... 22
  - 2.2.2. Kontrolle der Hitzeinaktivierung von antarktischer Phosphatase 22
  - 2.2.3. Entsalzung von Peptidlösungen 23
  - 2.2.4. Herstellung von definierten Referenzlösungen 23
  - 2.2.5. Kultivieren von L1236- und MedB-1-Zellen, Stimulation und Detektion von STAT6 24
  - 2.2.6. Kultivieren von HaCaT A5-Zellen, Stimulation und Detektion von ERK1/2   24
  - 2.2.7. Kultivieren von primären Maushepatozyten, Stimulation und Detektion von Akt1 und ERK1/2 25
  - 2.2.8. In-Gel-Verdau von Proteinen und Aufarbeitung der Peptidproben 26
  - 2.2.9. Standardaddition 27
  - 2.2.10. Herstellung von GST-ppERK2-Proben mit identischen und verschiedenen Standards 27

2.2.11. Methioninoxidation 27
2.2.12. NanoESI-MS-Analyse 27
2.2.13. NanoUPLC-MS/MS-Analyse 28
2.2.14. Datenauswertung 28

3. Ergebnisse 30
3.1. Entwicklung von *one-source*-Peptid-/Phosphopeptidstandards 31
    3.1.1. Methodisches Prinzip 31
    3.1.2. Hitzeinaktivierung von antarktischer Phosphatase 31
    3.1.3. Phosphorylierungsgradbestimmung von Peptiden mit einer Phosphorylierungsstelle 33
    3.1.4. Korrektur der Signalhöhe bei partiell überlagerten Isotopenmustern . . 37
    3.1.5. Validierung der Wiederfindung 40
    3.1.6. Validierung der Richtigkeit 40
    3.1.7. Validierung der Reproduzierbarkeit bei Peptiden mit einer Phosphorylierungsstelle 44
    3.1.8. Phosphorylierungsgradbestimmung von Peptiden mit zwei Phosphorylierungsstellen. 44
    3.1.9. Validierung der Reproduzierbarkeit bei Peptiden mit zwei Phosphorylierungsstellen 47
    3.1.10. Überprüfung der Phosphatase-Aktivität in Zelllysaten 48
    3.1.11. Bestimmung von Phosphorylierungsgraden im unteren Prozentbereich . 50
    3.1.12. Multiplex-Herstellung von *one-source*-Standards 50
3.2. Charakterisierung der quantitativen Orbitrap-Massenspektrometrie-Daten . . . 51
    3.2.1. Bestimmung des linearen Messbereichs 51
    3.2.2. Schätzung der unteren Quantifizierungsgrenze für Phosphopeptide . . . 52
3.3. Anwendungsbeispiele von *one-source*-Peptid-/Phosphopeptidstandards 53
    3.3.1. Bestimmung von STAT6-Phosphorylierungsgraden in den Lymphomzelllinien MedB-1 und L1236 53
    3.3.2. Bestimmung von Akt1-Phosphorylierungsgraden in primären Maushepatozyten 55
    3.3.3. Vergleich von ERK1/2-Phosphorylierungsgraden in primären Maushepatozyten mit und ohne Hemmung der PI3K 60
3.4. Analyse der rezeptorspezifischen ERK1/2-Phosphorylierungsdynamik in verschiedenen Zellsystemen und deren mathematische Modellierung 60
    3.4.1. Versuchsbeschreibung 60
    3.4.2. Bestimmung des technisch-biologischen Fehlers innerhalb einer Kinetik . 62
    3.4.3. Schätzung des biologischen Fehlers 65
    3.4.4. Analyse von rezeptorspezifischen ERK1/2-Phosphorylierungsprofilen in primären Maushepatozyten 65
    3.4.5. Analyse von rezeptorspezifischen ERK1/2-Phosphorylierungsprofilen in HaCaT A5-Zellen 68
    3.4.6. Die Aktivierungsstärke der MAPK/ERK-Signalkaskade hängt vom Rezeptor ab 72
    3.4.7. Die mathematische Modellierung offenbart kinetische Parameter der ERK-Phosphorylierung in primären Maushepatozyten 75
    3.4.8. Die Modellvalidierung bestätigt die distributive ERK-Phosphorylierung in primären Maushepatozyten 78
    3.4.9. Der technische Fehler ist signifikant niedriger als der biologische 78

4. Diskussion   **82**
4.1. Bedeutung der positionsspezifischen Phosphorylierungsgradanalyse 83
4.2. Das *one-source*-Prinzip 83
4.3. Anreicherung der Zielproteine 84
4.4. Selektivität der Analyse 84
4.5. Richtigkeit der *one-source*-Peptid-/Phosphopeptidstandard-Methode 85
    4.5.1. Wiederfindung 85
    4.5.2. Phosphatase-Aktivität in Zelllysaten 85
    4.5.3. Spezifität der Antikörper 85
    4.5.4. Proteaseauswahl 86
    4.5.5. Peptidextraktion 86
    4.5.6. Schlussfolgerung 86
4.6. Einfluss von Oxidation 86
4.7. Reproduzierbarkeit der Phosphorylierungsgradbestimmung 87
4.8. STAT6-Aktivierung in den Lymphomzelllinien MedB-1 und L1236 87
4.9. Akt1-Aktivierung in primären Maushepatozyten 88
4.10. ERK1/2-Aktivierung in primären Maushepatozyten mit und ohne Hemmung
     der PI3K 89
4.11. ERK1/2-Phosphorylierungsmechanismen in primären Säugetierzellen und der
     Tumorkeratinozyten-Zelllinie HaCaT A5 89
    4.11.1. Temporäre Profile der ERK1/2-Aktivierung 89
    4.11.2. Isoformspezifische Unterschiede zwischen ERK1 und ERK2 90
    4.11.3. Schätzung des biologischen Fehlers 91
    4.11.4. Vergleich zwischen primären Säugetierzellen und Tumor-Zelllinien . . . 91
    4.11.5. Distributives Modell für primäre Maushepatozyten 91
    4.11.6. Experimentelle Modellvalidierung 92
    4.11.7. Anpassungsgüte der Modellkurven an die experimentellen Datenpunkte 92
    4.11.8. Einordnung des distributiven Modells in den wissenschaftlichen Kontext 93
    4.11.9. Perspektiven 93
4.12. Vorteile zielgerichteter Analysen im Vergleich zu Hochdurchsatzstudien 94
4.13. Vergleich zwischen *one-source*- und AQUA-Standards 94
4.14. Limitierungen der *one-source*-Peptid-/Phosphopeptidstandard- Methode 95
4.15. Vorteile von *one-source*-Peptid-/Phosphopeptidstandards 96
4.16. Schlussfolgerungen 97
4.17. Ausblick 97

Literatur   **98**

Teilpublikationen   **114**

Danksagung   **115**

A. Anhang   **116**
A.1. Abbildungen 116
A.2. Tabellen 141

B. Abkürzungsverzeichnis   **160**
B.1. Allgemeine Abkürzungen 160
B.2. Abkürzungen der Aminosäuren 164

1. Einleitung

Inhalt

1.1.	Proteinphosphorylierung	7
1.2.	Zelluläre Signaltransduktion	8
1.3.	MAPK/ERK-Signalkaskade	8
1.4.	Prozessiver und distributiver Phosphorylierungsmechanismus	10
1.5.	Reihenfolge der dualen ERK-Phosphorylierung und –Dephosphorylierung	11
1.6.	Funktionelle Unterschiede der Isoformen ERK1/2	12
1.7.	Systembiologie	12
1.8.	Klassische biochemische Methoden zur Quantifizierung von Proteinphosphorylierung	14
1.9.	Quantifizierung von Proteinphosphorylierung mittels Massenspektrometrie	14
	1.9.1. Warum Massenspektrometrie?	14
	1.9.2. Relative Quantifizierungsmethoden	15
	1.9.3. Absolute Quantifizierungsmethoden	16
	1.9.4. Bestimmung des positionsspezifischen Phosphorylierungsgrads von Proteinen	17
1.10.	Aufgabenstellung	18

1.1. Proteinphosphorylierung

Reversible Phosphorylierung ist eine der wichtigsten posttranslationalen Modifikationen von Proteinen (Cohen, 2002a). Sie ist an der Regulation von vielen essentiellen zellulären Prozessen wie Metabolismus, Wachstum, Apoptose, Zellteilung oder Differenzierung beteiligt (Manning et al., 2002; Robinson et al., 2000) und reguliert auf molekularer Ebene unter anderem Proteinkonformation, Enzymaktivität, Protein-Protein-Interaktionen, Proteinstabilität und Proteinlokalisierung innerhalb der Zelle (Holmberg et al., 2002). In Säugetierzellen sind schätzungsweise ein Drittel aller Proteine zu einem bestimmten Zeitpunkt phosphoryliert (Cohen, 2001). In Eukaryoten erfolgt die Phosphorylierung hauptsächlich an den Seitenketten der Aminosäurereste Serin (Ser), Threonin (Thr) und Tyrosin (Tyr) (Yan et al., 1998). Deutlich seltener und chemisch instabil ist die Phosphorylierung von Cystein-, Arginin-, Lysin-, Asparaginsäure-, Glutaminsäure- und Histidinresten, wobei letzterer vorwiegend in Prokaryoten auftritt (Raggiaschi et al., 2005; Sickmann & Meyer, 2001). Die Übertragung der Phosphatgruppe wird durch Proteinkinasen unter Verwendung von ATP als Phosphatdonor katalysiert und kann durch Phosphatasen wieder rückgängig gemacht werden (Quintaje & Orchard, 2008). Eine globale Analyse des Phosphoproteoms in HeLa-Zellen ergab eine Verteilung zwischen Serin-, Threonin- und Tyrosinphosphorylierung von etwa 86:12:2 (Olsen et al., 2006), obwohl die Gesamtverteilung dieser Aminosäuren durchschnittlich etwa 43:37:20 beträgt (http://chemistry.umeche.maine.edu/CHY431/Basics/Aminoacids.html). Der geringe Anteil der Tyrosinphosphorylierung liegt zum einen an der hohen Anzahl Ser-/Thr-spezifischer Proteinkinasen: sie umfassen beim Menschen 428 Typen im Vergleich zu nur 90 Tyrosinkinasen (Manning et al., 2002; Robinson

et al., 2000). Zum anderen wird die Phosphorylierung an Tyrosin, die eine wichtige Rolle in zellulären Signalkaskaden spielt, von Phosphatasen streng kontrolliert. Die meisten Proteine besitzen mehrere unterschiedlich regulierte Phosphorylierungsstellen, so dass dasselbe Protein verschiedene Funktionen aufweisen kann (Olsen et al., 2006). Störungen des dynamischen Gleichgewichts zwischen Kinasen und Phosphatasen führen zu abnormen Phosphorylierungsereignissen bzw. starken Verschiebungen von Phosphorylierungsgraden und sind damit Ursache oder Konsequenz vieler menschlicher Krankheiten, unter anderem Krebs, Diabetes und Alzheimer (Blume-Jensen & Hunter, 2001; Cohen, 2001; Lin & Saitoh, 1995).

1.2. Zelluläre Signaltransduktion

Unter zellulärer Signaltransduktion versteht man den molekularen Mechanismus, durch den Zellen extrazelluläre Signale in eine intrazelluläre Antwort umwandeln und anschließend das Signal intrazellulär weiterprozessieren. Diese Signalkette startet zum Beispiel durch Bindung eines Liganden an die extrazelluläre Domäne einer membrangebundenen Rezeptortyrosinkinase (RTK). Dies führt zur Rezeptor-Dimerisierung, die wiederum zur Folge hat, dass sich die intrazellulären Domänen der RTK gegeseitig phosphorylieren. Dadurch entstehen an der intrazellulären Rezeptordomäne neue Andockstellen, z.B. für Kinasen, Phosphatasen oder Adapterproteine (Lemmon & Schlessinger, 2010). Die Signaltransduktion beinhaltet in der Regel eine Vielzahl von Protein-Protein-Interaktionen und enzymatischen Reaktionen, z.B. Phosphorylierung. Oft geschehen die Phosphorylierungsreaktionen in Serie, in der eine Kinase die nächste aktiviert. Solche Kinasekaskaden dienen vor allem der schnellen Amplifizierung von Signalen und der Kommunikation mit anderen Signaltransduktionswegen. Diese sind daher nicht als lineare Wege, sondern als komplexe Netzwerke miteinander interagierender Proteine zu verstehen (Jordan et al., 2000). Am Ende der Signalkaskaden stehen verschiedene Effektormoleküle, die in allen Zellkompartimenten lokalisiert sein können (Dengjel et al., 2009). Das funktionelle Ergebnis einer Signaltransduktionskette ist meist die Regulation der Proteinsynthese, wobei die Genexpression aktiviert oder supprimiert werden kann.

Signaltransduktionswege sind an allen Aspekten des zellulären Lebens, wie z.B. Zellteilung, Zellbewegung, Wachstum oder Apoptose, beteiligt (Dengjel et al., 2009). Eine Dysregulation steht oft in Zusammenhang mit Krankheiten wie Krebs (Cohen, 2001). Krebszellen zeichnen sich gegenüber gesunden Zellen unter anderem durch die Unempfindlichkeit gegenüber Antiwachstumssignalen, durch Vermeidung von Apoptose und durch eine unbegrenzte Teilungsfähigkeit aus (Hanahan & Weinberg, 2000).

1.3. MAPK/ERK-Signalkaskade

Die MAPK (*mitogen-activated protein kinase*)/ERK (*extracellular signal-regulated kinase*)-Signalkaskade ist ein in eukaryotischen Zellen konservierter Signaltransduktionsweg (Widmann et al., 1999), der durch Membranrezeptoren wie RTK und Zytokinrezeptoren als Reaktion auf Wachstumsfaktoren und Zytokine aktiviert wird (Platanias, 2003). Die extrazellulären Stimuli werden von den Rezeptoren zu zytosolischen und nuklearen Zielproteinen weitergeleitet und führen zu einer Vielzahl von zellulären Antworten, z.B. Proliferation, Differenzierung und Überleben (Chang & Karin, 2001; Marshall, 1995).

Abhängig vom Stimulus variieren die beteiligten Interaktionspartner. Im Fall der Aktivierung einer RTK (Abb. 1.1 links auf Seite 9) beinhaltet der Signalweg spezifische Adapterproteine (z.B. Shc (*Src homology 2 domain-containing transforming protein*), Grb2 (*growth factor receptor-bound protein 2*)), die den Rezeptor mit dem Guanin-Nukleotid-Austauschfaktor SOS (*son of sevenless*) verbinden. Dieser leitet das Signal zu der kleinen membrangebundenen GTPase Ras weiter, indem er deren Umsetzung von der inaktiven GDP-gebundenen Form zur aktiven GTP-Form katalysiert. Ras-GTP aktiviert den konservierten Kern des MAPK-Signalwegs, der aus einer dreistufigen Kaskade besteht. In der ersten Stufe aktiviert die MAPK-Kinase-Kinase Raf die MAPK-Kinase MEK (*MAPK/ERK kinase*) der zweiten Stufe durch duale Phosphorylierung zweier Serinreste (Alessi et al., 1994). MEK phosphoryliert seinerseits die MAPK ERK der dritten Stufe an den benachbarten Threonin- und Tyrosinresten innerhalb eines konservierten TEY-Motivs im aktiven Zentrum (Anderson et al., 1990; Crews et al., 1992). ERK ist eine Serin-/Threoninkinase, die nur im doppelt phosphorylierten Zustand aktiv ist (Anderson et al., 1990) und eine Vielzahl von spezifischen zellulären Substraten, darunter Transkriptionsfaktoren, zytoplasmatische Enzyme und Zytoskelettproteine, phosphorylieren kann. Insgesamt sind mehr als 160 verschiedene ERK-Substrate bekannt (Yoon & Seger, 2006).

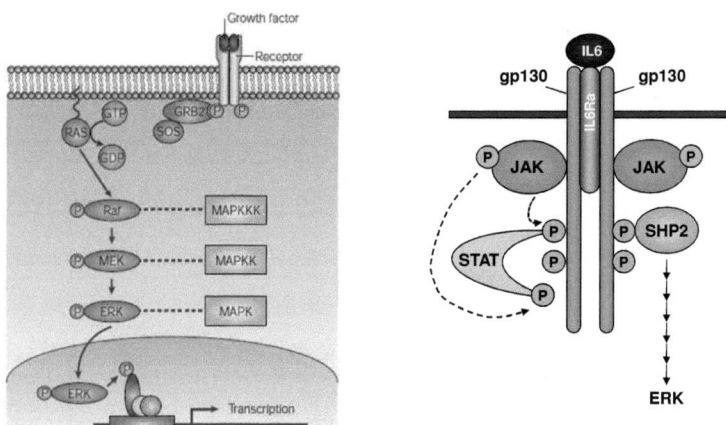

Abbildung 1.1.: Schematische Darstellung der Liganden-induzierten ERK-Aktivierung vermittelt über eine RTK (links) (aus Kim & Bar-Sagi, 2004) oder über den IL6-Zytokinrezeptor (rechts) (modifiziert aus Taub, 2004). Die Rezeptoren sind durch verschiedene Adapterproteine, z.B. Grb2 und SHP2, über die Proteine SOS und Ras mit dem konservierten Kern des MAPK-Signalwegs verbunden. Gestrichelte Pfeile: Phosphorylierungsreaktionen. Für Details siehe Text.

Im Fall der Zytokinrezeptor-vermittelten ERK-Aktivierung durch Interleukin 6 (IL6) bindet dieses an die α-Untereinheit des Zytokinrezeptors (IL6Rα) und induziert so die Rekrutierung der signalweiterleitenden Rezeptorkomponenten gp130 sowie deren Homodimerisierung (Abb. 1.1 rechts) (Murakami et al., 1993). Dies führt zur Autophosphorylierung und somit Aktivierung der mit gp130 assoziierten Tyrosinkinasen JAK (*Janus kinase*) 1, JAK2 und TYK2 (*non-receptor tyrosine-protein kinase*) (Lutticken et al., 1994; Narazaki et al., 1994; Stahl et al., 1994), die auch den zytoplasmatischen Teil von gp130 phosphorylieren. Somit werden neue Andockstellen für Signalproteine mit SH2 (*Src homology 2*)-Domäne, z.B. STAT (*signal transducer and activator of transcription*)-Proteine (Gerhartz et al., 1996; Stahl et al., 1995) und Phosphotyrosinphosphatase SHP2 (*SH2 domain-containing tyrosine phosphatase*), erzeugt. Letztere fungiert als Adapterprotein, das die MAPK-Signalkaskade über Grb2 aktiviert (Heinrich et al., 1998; Lehmann et al., 2003).

Die physiologische Zellantwort der MAPK-Signalkaskade wird unter anderem durch die Stärke und Dauer der Kinaseaktivität (Marshall, 1995; Stork, 2002) sowie durch deren Verteilung zwischen verschiedenen Zellkompartimenten (Ebisuya et al., 2005) bestimmt. An der Regulation der MAPK-Kaskade sind zahlreiche positive und negative Feedback-Mechanismen beteiligt (zusammengefasst in Kholodenko et al., 2010; Kolch et al., 2005; Ramos, 2008). Beispielsweise kann aktiviertes ERK MEK an Thr292 phosphorylieren, wodurch die MEK-ERK-Komplexbildung und damit die Aktivierung von ERK reduziert wird (Eblen et al., 2004). Demgegenüber führt die Phosphorylierung des Raf-Inhibitorproteins RKIP (*Raf kinase inhibitor protein*) durch ERK zur Dissoziation des RKIP-Raf-Komplexes und so zur Aktivierung von MEK (Cho et al., 2003; Yeung et al., 1999). Zu den dualen spezifischen Phosphatasen, die die MAPK/ERK-Signalkaskade herunterregulieren, gehören MKP-3 (*mitogen-activated protein kinase phosphatase 3*) zur Dephosphorylierung von zytoplasmatischem (Muda et al., 1996) und MKP-1/2 zur Dephosphorylierung von nuklearem ERK (Volmat et al., 2001). Die Dephosphorylierung an einem der beiden Aminosäurereste reicht zur Inaktivierung aus (Anderson et al., 1990).

Die MAPK/ERK-Signalkaskade ist bei vielen menschlichen Krebsarten überaktiviert (Hilger et al., 2002; Platanias, 2003; Roberts & Der, 2007) und daher ein potentieller Angriffspunkt zielgerichteter Therapien (zusammengefasst in Roberts & Der, 2007). Neben ERK gehören JNK (*c-Jun NH2-terminal kinase*) und p38 zu den wichtigsten Mitgliedern der MAPK-Familie. Diese spielen eine bedeutende Rolle in der zellulären Stressantwort (Pearson et al., 2001).

1.4. Prozessiver und distributiver Phosphorylierungsmechanismus

Die Aktivierung von ERK erfolgt über eine duale Phosphorylierung der benachbarten Threonin- und Tyrosinreste durch die MAPK-Kinase MEK. Dies kann über einen prozessiven oder einen distributiven Mechanismus ablaufen.

Bei einem prozessiven Ablauf (Abb. 1.2A auf Seite 11) bindet ein einzelnes MEK-Molekül an ERK, katalysiert die Phosphorylierung an beiden Positionen und entlässt aktiviertes ERK anschließend wieder. Bei diesem Mechanismus wird die Geschwindigkeit der ERK-Aktivierung hauptsächlich durch die Dauer der Komplexbildung bestimmt, denn die Phosphorylierungsreaktionen ereignen sich relativ schnell (Burack & Sturgill, 1997). Ein prozessiver Mechanismus führt zur schnellen Signalweiterleitung, da die zeitlimitierende Bildung des MEK-ERK-Komplexes nur einmal stattfinden muss.

Bei einem distributiven Mechanismus (Abb. 1.2B auf Seite 11) bindet MEK an ERK, phosphoryliert einen der beiden Aminosäurereste und entlässt ERK anschließend wieder. Somit erfordert jeder Phosphorylierungsschritt eine separate Bildung des Kinase-Substrat-Komplexes (Patwardhan & Miller, 2007). Ein distributiver Mechanismus zeichnet sich durch das Auftreten von partiell phosphorylierten Intermediaten aus (Ferrell & Bhatt, 1997). Für die Aktivierungsrate von ERK ist die Konzentration von aktivem MEK bei einem distributiven Mechanismus wichtiger als bei einem prozessiven. Daraus resultieren eine größere Sensitivität gegenüber kleinen Änderungen und eine effizientere Signalamplifizierung (Huang & Ferrell, 1996). Zudem erschwert die Notwendigkeit der zweifachen Komplexbildung eine unspezifische ERK-Aktivierung (Ubersax & Ferrell, 2007).

In vitro-Untersuchungen zeigen, dass die Phosphorylierung von ERK in einer distributiven Weise erfolgt (Burack & Sturgill, 1997; Ferrell & Bhatt, 1997). Allerdings könnten *in vivo* Gerüstproteine den MEK-ERK-Komplex stabilisieren und damit zur prozessiven ERK-Aktivierung führen (Burack & Sturgill, 1997; Levchenko et al., 2000). Eine Studie an primären Säugetierzellen ergab, dass der distributive Mechanismus auch *in vivo* gültig ist (Schilling et al., 2009). Desweiteren wurde gezeigt, dass auch die Dephosphorylierung von ERK in einer distributiven Weise erfolgt (Zhao & Zhang, 2001).

Prozessive und distributive Mechanismen können als zwei Extremmodelle angesehen werden. Der reale Ablauf ist auch als Übergangsform zwischen beiden Modellreaktionen denkbar.

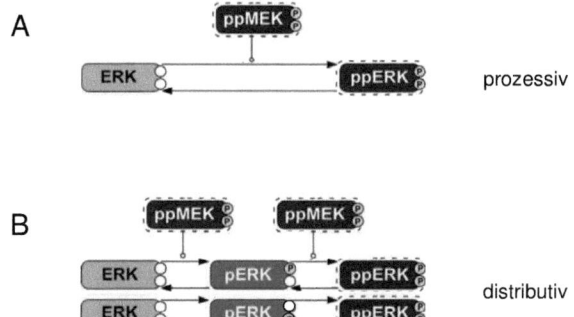

Abbildung 1.2.: Mechanismen der dualen ERK-Phosphorylierung durch die MAPK-Kinase MEK. Bei einem prozessiven Mechanismus wird der MEK-ERK-Komplex nur einmal gebildet, um ERK zu aktivieren (A). Im Gegensatz dazu löst sich bei einem distributiven Mechanismus der MEK-ERK-Komplex nach jedem Phosphorylierungsschritt wieder auf, so dass die ERK-Aktivierung zwei separate Komplexbildungen erfordert (B).

Dabei wird der Grad der Prozessivität vom Zeitverhältnis zwischen Enzymdissoziation und katalytischer Reaktion bestimmt (Bambara et al., 1995; Burack & Sturgill, 1997).

1.5. Reihenfolge der dualen ERK-Phosphorylierung und −Dephosphorylierung

Die Reihenfolge, in der der Threonin- und Tyrosinrest prozessiert wird, bestimmt die Anzahl der möglichen Phosphorylierungsformen. Theoretisch können beide Phosphorylierungsstellen unabhängig voneinander oder sequenziell in einer strengen Reihenfolge phosphoryliert werden (Salazar & Hofer, 2007). Wenn sich sowohl Phosphorylierung als auch Dephosphorylierung nacheinander in einer bestimmten Reihenfolge ereignen, führt dies zu einer strikt sequenziellen oder zyklischen Phosphorylierungsprozessierung. Dies hängt davon ab, ob die Stelle, die zuletzt phosphoryliert wird, die erste oder letzte Stelle der Dephosphorylierung ist (Abb. 1.3A, B auf Seite 12). Alternativ kann eine Stelle unabhängig vom Phosphorylierungsstatus der zweiten Stelle modifiziert werden, wodurch die Reihenfolge von Phosphorylierung und Dephosphorylierung zufällig ist (Abb. 1.3C). Die genannten Mechanismen unterscheiden sich in der Anzahl der möglichen Phosphorylierungszustände. Für zwei Phosphorylierungsstellen sind bei einem strikt sequenziellen Mechanismus drei Zustände und bei einem zyklischen oder zufälligen Mechanismus vier Zustände möglich.

Für ERK ist eine Kombination aus zufälligem und sequenziellem Mechanismus denkbar. *In vitro*-Studien deuten darauf hin, dass die Phosphorylierung von Threonin und Tyrosin zufällig, die Dephosphorylierung hingegen sequenziell abläuft (Burack & Sturgill, 1997; Ferrell & Bhatt, 1997; Zhao & Zhang, 2001). *In vivo*-Experimente indizieren eine distributive Phosphorylierung mit Tyrosin-phosphoryliertem ERK als Intermediat (Schilling et al., 2009). Zhao und Zhang wiesen *in vitro* einen distributiven Dephosphorylierungsmechanismus nach, bei dem doppelt phosphoryliertes ERK zuerst am Tyrosinrest dephosphoryliert wird (Zhao & Zhang, 2001). Jedoch könnte sich die in *vivo*-Situation grundlegend von der Beobachtung *in vitro* unterscheiden.

1. Einleitung

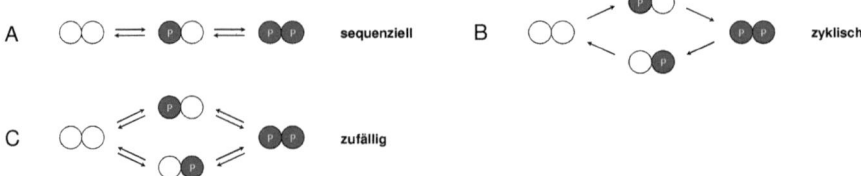

Abbildung 1.3.: Reihenfolge der Prozessierung von zwei Phosphorylierungsstellen. Die Phosphorylierungsstellen können in einer strikten Reihenfolge modifiziert werden, wobei die letzte Seite, die phosphoryliert wird, die erste (A) oder letzte (B) Seite sein kann, die dephosphoryliert wird. Alternativ können beide Seiten unabhängig voneinander modifiziert werden (C)(angepasst aus Salazar & Hofer, 2007).

1.6. Funktionelle Unterschiede der Isoformen ERK1/2

In den Zellen von Säugetieren wird ERK in zwei Isoformen exprimiert: ERK1 (44 kDa) und ERK2 (42 kDa). Beim Menschen sind beide Sequenzen zu 84 % identisch (Lefloch et al., 2009). Die Position des konservierten TEY-Aktivierungsmotivs ist zwischen den Isoformen leicht verschoben; sie variiert außerdem zwischen verschiedenen Organismen: während menschliches ERK1 und ERK2 an Thr202/Tyr204 und Thr185/Tyr187 phosphoryliert wird, sind es bei murinem ERK1 und ERK2 die Positionen Thr203/Tyr205 und Thr183/Tyr185. Beide Isoformen teilen dieselben Aktivatoren und Substrate und zeigen in der Zelle ähnliche spezifische Aktivitäten (Lefloch et al., 2009). Dennoch gibt es auch Anzeichen für isoformspezifische Funktionen: ERK2-Knockout-Mäuse sterben während der embryonalen Entwicklung (Saba-El-Leil et al., 2003), ERK1-Knockout-Mäuse sind hingegen lebensfähig (Nekrasova et al., 2005; Pages et al., 1999). Weiterhin wurden kürzlich spezifische Effekte von ERK1 und ERK2 in primären Erythroid-Progenitorzellen demonstriert. Die Proliferation dieser Zellen wird ab einem bestimmten Aktivierungsstatus durch ERK1 verhindert, durch ERK2 hingegen stimuliert (Schilling et al., 2009). In den meisten Fällen ist die individuelle Rolle der beiden ERK-Isoformen jedoch unbekannt.

1.7. Systembiologie

Der einfache Aufbau der MAPK-Signalkaskade steht in Kontrast zu der Regulation einer Vielzahl von elementaren zellulären Funktionen. Die Spezifität der biologischen Zellantwort wird durch folgende Faktoren bestimmt: die Aktivierungskinetik der Signalkaskade, positive und negative Feedbackmechanismen, Gerüstproteine, intrazelluläre Kompartimentalisierung und Kommunikation mit anderen Signaltransduktionswegen (Kolch et al., 2005).

Die Systembiologie hat das Ziel, das komplexe Verhalten eines biologischen Systems durch mathematische Modellierung zu entschlüsseln und voraussagbar zu machen (Kolch et al., 2005). Ein biologisches System kann dabei vieles sein: ein einfacher biochemischer Reaktionszyklus, ein Genregulationsnetzwerk, ein Signaltransduktionsweg, eine Zelle, ein Gewebe oder ein ganzer Organismus (Orton et al., 2005). Zur Klärung von biologischen Fragen muss das Modell das definierte System genau beschreiben und sein Verhalten vorhersagen können (Kolch et al., 2005; Orton et al., 2005). Systembiologische Modellierungsansätze können in zwei Kategorien unterteilt werden: *Top-down* und *Bottom-up* (Bruggeman & Westerhoff, 2007; Palsson, 2002; Stark et al., 2003).

Beim *Top-down*-Ansatz werden molekulare Interaktionsnetzwerke auf der Grundlage von korreliertem molekularen Verhalten identifiziert. Die erforderlichen quantitativen Daten werden in Hochdurchsatz-Studien erzeugt. Dieser Ansatz wird meist bei zellulären Systemen angewandt, deren mechanistische Details bislang wenig charakterisiert sind. Das vorrangige Ziel ist die Identifizierung von unbekannten Interaktionen; molekulare Mechanismen werden hingegen selten oder gar nicht beleuchtet (Bruggeman & Westerhoff, 2007).

Im Unterschied zum *Top-down*-Ansatz untersucht die *Bottom-up*-Stragegie Systeme, deren mechanistische Details bereits zu einem hohen Grad charakterisiert sind. Ihr Ziel ist die Beschreibung von Mechanismen, durch die funktionale Eigenschaften aus der Interaktion von bekannten Komponenten hervorgehen (Bruggeman & Westerhoff, 2007). Mechanistische Modelle erlauben das Verhalten eines biologischen Systems zeitlich vorherzusagen. Um ein möglichst umfassendes Bild zu erhalten, sollten *Top-down-* und *Bottom-up*-Ansätze parallel angewandt werden (van Riel, 2006).

Abbildung 1.4.: Iterativer Zyklus zur Erstellung und Weiterentwicklung von mathematischen Modellen in der Systembiologie. In enger Zusammenarbeit zwischen Experimentatoren und Modellierern werden offene biologische Fragen in einem iterativen Zyklus adressiert. Dieser umfasst die Erzeugung von quantitativen Daten, mathematische Modellierung, *in silico*-Vorhersagen, experimentelle Validierung und das Design von neuen Experimenten (modifiziert aus Kitano, 2002b).

Abb. 1.4 zeigt den iterativen Zyklus zur Erstellung und Weiterentwicklung eines *Bottom-up*-Modells. Ausgangspunkt ist das gegenwärtige biologische Wissen. Ein Hypothese-basiertes experimentelles Design wird genutzt, um quantitative Daten zu erzeugen (Andrews & Arkin, 2006; Maiwald et al., 2007). Auf deren Grundlage wird ein mathematisches Modell erstellt, das das beobachtete Verhalten beschreibt. Mit Hilfe des Modells werden Hypothesen über das Systemverhalten unter verschiedenen Bedingungen formuliert und durch neue Experimente validiert. Der Zyklus wird iterativ wiederholt, bis der Validierungsschritt als zufriedenstellend betrachtet wird. Der Erfolg dieser Vorgehensweise wurde bereits in einigen Studien bewiesen (Becker et al., 2010; Schilling et al., 2009; Swameye et al., 2003).

Am häufigsten werden biologische Systeme auf der Grundlage von gewöhnlichen Differenzialgleichungen (ODE) modelliert. Eine ODE beschreibt die Konzentrationsänderung einer individuellen Proteinspezies über die Zeit. Es existieren zahlreiche ODE-basierte Modelle, die den Kern der ERK-Kaskade hinsichtlich verschiedener biologischer Verhaltensaspekte untersuchen (zusammengefasst in Orton et al., 2005). Die meisten Parameter wurden allerdings aus *in vitro*-Experimenten abgeleitet (Fujioka et al., 2006). Bislang gibt es nur wenige Modelle, die

1. Einleitung

auf zeitaufgelösten quantitativen Daten aus *in vivo*-Studien beruhen (z.B. Birtwistle et al., 2007; Fujioka et al., 2006; Schilling et al., 2009; Shankaran et al., 2009).

Durch die Beleuchtung von intrazellulären Signaltransduktionsmechanismen eröffnet die Systembiologie neue Perspektiven: Sie unterstützt die Parameterwahl bei quantitativen Experimenten und reduziert die Anzahl biologischer Versuche (Kolch et al., 2005). Mathematische Modelle können dazu beitragen, komplexe Krankheiten wie Krebs besser zu verstehen. Letztendlich könnten durch Sensitivitätsanalysen, die die Identifizierung der sensitivsten Reaktionen ermöglichen, zielgerichtete Therapien entwickelt werden (Dengjel et al., 2009; Kitano, 2002a).

1.8. Klassische biochemische Methoden zur Quantifizierung von Proteinphosphorylierung

Für die Entwicklung von genauen quantitativen Modellen sind experimentelle Daten bezüglich Intensität, Zeitpunkt und Dauer von Schlüssel-Phosphorylierungsereignissen in Signalwegen essentiell (Salazar & Hofer, 2009). Um die Phosphorylierungsdynamik der beteiligten Interaktionspartner zu analysieren, werden oft biochemische Methoden wie quantitatives Immunoblotting (Schilling et al., 2005; Shankaran et al., 2009), quantitative Proteinmicroarrays (Chan et al., 2004; Gembitsky et al., 2004; Korf et al., 2008; Lobke et al., 2008) oder Durchflusszytometrie (Krutzik et al., 2004; Krutzik & Nolan, 2003; Santos et al., 2007) angewandt. Viele der klassischen biochemischen Methoden hängen von der Verfügbarkeit rekombinanter Kalibratorproteine und spezifischer Antikörper ab. Da die Sensitivität von antikörperbasierten Methoden sehr hoch ist, sind diese optimal, wenn nur eine limitierte Probenmenge zur Verfügung steht. Kritisch ist hingegen die Spezifität der Antikörper (Michaud et al., 2003).

Ein älteres Verfahren zur Quantifizierung von Proteinphosphorylierung ist die *in vitro*- oder *in vivo*-Markierung von Proteinen mit radioaktivem ^{32}P-Orthophosphat gefolgt von gelelektrophoretischer Trennung und Visualisierung mittels Autoradiographie (z.b. Hathaway & Haeberle, 1985; Sun et al., 1998). Eine zweifache Radioisotopen-Markierung mit ^{32}P für die Phosphatgruppe und ^{35}S oder ^{14}C für das Proteinrückgrat wurde zur Bestimmung des Phosphorylierungsgrads *in vivo* angewandt (Cooper, 1991). Allerdings ist die Genauigkeit dieses Ansatzes aufgrund der unvollständigen Markierung fragwürdig (Sefton, 1991).

1.9. Quantifizierung von Proteinphosphorylierung mittels Massenspektrometrie

1.9.1. Warum Massenspektrometrie?

In den letzten Jahren hat sich die Massenspektrometrie (MS) zu einer der wichtigsten Techniken in der Analyse von intrazellulären Signaltransduktionswegen entwickelt. Eine besondere Rolle spielt die Untersuchung der Proteinphosphorylierungsdynamik, da sie wichtige Einblicke in das Zusammenspiel von Kinasen, Phosphatasen und ihren Substraten gewährt (Olsen et al., 2006).

Die Massenspektrometrie bietet gegenüber den klassischen biochemischen Methoden einige Vorteile. Der Hauptvorteil ist die hohe Selektivität, die eine eindeutige Identifizierung von Proteinen und ihrer Phosphorylierungsstellen auch in komplexen biologischen Proben erlaubt. Die Selektivität wird durch die genauen Massen der Analytpeptide im MS-Spektrum sowie ihrer spezifischen Fragmentionen im MS/MS-Spektrum gewährleistet. Zudem werden keine positionsspezifischen Antikörper benötigt. Antikörper sind nur für ausgewählte, gut charakterisierte Proteine – meist Säugetierproteine – kommerziell erhältlich. Die Entwicklung von Antikörpern mit der gewünschten Spezifität und Affinität kann zeit- und kostenaufwendig sein. Hingegen kann die Massenspektrometrie genutzt werden, um neue Phosphorylierungsstellen zu analysieren und ihre biologische Funktion zu entschlüsseln. Zahlreiche Methoden zur relativen und absoluten Quantifizierung ermöglichen die Erzeugung von genauen quantitativen Daten mit einem relativen Fehler von ca. 10 % bis 30 % (Mayya et al., 2006; Melanson et al., 2006; Wu et al., 2006). Im Fall von absoluter Quantifizierung können Daten verschiedener Laboratorien direkt miteinander verglichen werden. Bei relativer Quantifizierung sind keine speziellen Vorkenntnisse über das zu untersuchende System erforderlich.

Ein Nachteil der Massenspektrometrie ist die relativ hohe Probenmenge, die zur Analyse von Proteinphosphorylierung benötig wird. Bei Proben, die nur in limitierter Menge verfügbar sind, z.B. murine Primärzellen, kann die Massenspektrometrie als Ergänzung zu klassischen biochemischen Methoden sowie zu deren Validierung angewandt werden. Andererseits führte die instrumentelle Weiterentwicklung der Massenspektrometrie-Systeme bislang zu ständig verbesserten Nachweisgrenzen. Es wird erwartet, dass diese Entwicklung noch nicht abgeschlossen ist.

1.9.2. Relative Quantifizierungsmethoden

Relative Quantifizierung bedeutet, dass die Proteinmenge in einer Probe relativ zur Menge derselben Proteine in einer oder mehreren anderen Proben quantifiziert wird (Miyagi & Rao, 2007). Relative Methoden werden meist zur simultanen Quantifizierung vieler unbekannter Proteine oder ihrer posttranslationalen Modifikationen eingesetzt. Alle Methoden, außer der markierungsfreien, basieren auf der Einführung von leichten (^{1}H, ^{12}C, ^{14}N, ^{16}O) oder schweren (^{2}H, ^{13}C, ^{15}N, ^{18}O) stabilen Isotopen auf Protein- oder Peptidebene. Um methodische Variationen zu minimieren, werden die Proben unmittelbar nach der Isotopenmarkierung vereinigt, gemeinsam aufgearbeitet und analysiert. Die leicht und schwer markierten Peptidanaloga verhalten sich bei jedem Probenaufarbeitungsschritt gleich, unterscheiden sich aber im Spektrum durch eine charakteristische Massenverschiebung. Die Signalintensitäten sind proportional zu den Häufigkeiten der Peptide in den verschiedenen Proben.

Es gibt zwei Klassen von relativen Quantifizierungsmethoden: Stabilisotopenmarkierung von Proteinen durch metabolische Markierung *in vivo* und chemische oder enzymatische Stabilisotopenmarkierung von Proteinen oder Peptiden *in vitro*. Für die positionsspezifische Quantifizierung von Phosphoproteinen eignen sich nur solche Methoden, bei denen alle proteolytischen Peptide eines Proteins markiert werden. Das am häufigsten eingesetzte Verfahren der ersten Klasse ist SILAC (*stable isotope labeling by amino acids in cell culture*) (Ong et al., 2002), bei dem Zellen in einem Nährmedium kultiviert werden, das entweder die leicht oder schwer markierte Form einer oder mehrerer Aminosäuren (meist Arginin und Lysin) enthält. Durch Einbau der Aminosäuren *in vivo* werden alle neu synthetisierten Proteine markiert. Die Kultivierung von Zellen in Medien mit drei verschiedenen Isotopenvarianten erlaubt die parallele Quantifizierung von drei Proben gleichzeitig (Blagoev & Mann, 2006). Ein wesentlicher Vorteil von SILAC ist, dass die Proben schon zum frühestmöglichen Zeitpunkt auf Zellebene vereint werden können und alle Aufarbeitungsschritte gemeinsam erfolgen. Nachteile des SILAC-Verfahrens sind die hohen Kosten und die limitierte Anwendbarkeit auf Zellen, die in isotopenmarkierten Nährmedien kultiviert werden können.

Zur Klasse der chemischen Markierungmethoden gehören unter anderem iTRAQ (*isobaric tag for relative and absolute quantitation*) (Ross et al., 2004), Methylveresterung (Goodlett et al., 2001; He et al., 2004) und Dimethylierung (Hsu et al., 2003). Bei diesen Verfahren werden freie Amino- oder Carboxylgruppen von Peptiden mit der leichten oder schweren Form eines Reagenzes markiert. Die Quantifizierung erfolgt durch Signalhöhenvergleich der Peptide im MS-Spektrum oder im Fall von iTRAQ durch spezifische Reporterionen im unteren Massenbereich des MS/MS-Spektrums. Auf diese Weise können bis zu acht Proben parallel quantifiziert werden (Choe et al., 2007). Alternativ können die C-Termini von Peptiden durch

1. Einleitung

Einbau von ^{18}O-Atomen aus Wasser mittels einer enzymatischen Austauschreaktion markiert werden. Die Reaktion wird durch Trypsin während oder nach der proteolytischen Spaltung katalysiert. Je nachdem, ob ein oder zwei ^{18}O-Atome eingebaut werden, resultiert ein Massenunterschied von 2 Da oder 4 Da zwischen unmarkierten und markierten Peptiden (Schnolzer et al., 1996; Stewart et al., 2001).

Chemische und enzymatische Markierungsmethoden auf Peptidebene können auf alle Arten von Proben angewandt werden. Ein Nachteil dieser Verfahren ist die späte Vereinigung von leicht und schwer markierten Peptiden nach dem Proteinverdau. Hierbei spielt die Reproduzierbarkeit des Verdaus eine kritische Rolle. Im Fall der Stabilisotopenmarkierung mit Deuterium wird zudem eine geringe Retentionszeitverschiebung zwischen deuterierten und wasserstoffhaltigen Peptidanaloga bei der Umkehrphasen-Chromatographie beobachtet (Zhang et al., 2002a). Bei der enzymatischen Markierung mit ^{18}O können Trypsinaktivität oder ein saurer pH-Wert zum Rücktausch von ^{18}O gegen ^{16}O nach Vereinigung der Proben führen und so die Quantifizierung beeinträchtigen.

Bislang wurden verschiedene Strategien zur markierungsfreien Proteinquantifizierung vorgeschlagen (Ong & Mann, 2005). Diese basieren entweder auf der Integration der Fläche im extrahierten Ionenchromatogramm (Cao et al., 2007; Cutillas et al., 2005) oder auf der Anzahl der für jedes Peptid oder Protein aufgenommenen Spektren (Ishihama et al., 2005; Rikova et al., 2007). Im Vergleich zu Methoden, die auf Isotopenmarkierung basieren, sind markierungsfreie Methoden zwar deutlich günstiger und weniger aufwendig, aber auch weniger genau (Nita-Lazar et al., 2008).

1.9.3. Absolute Quantifizierungsmethoden

Proteine und Phosphoproteine können durch Verwendung synthetischer stabilisotopenmarkierter Peptide, die in bekannter Konzentration dem Proteinverdau zugegeben werden, auch absolut quantifiziert werden (Gerber et al., 2003; Kirkpatrick et al., 2005). Dies erfordert Vorkenntnisse über die zu untersuchenden Proteine und die Synthese eines isotopenmarkierten Standards für jedes Zielpeptid. Jede Probe wird separat analysiert. Die Quantifizierung erfolgt durch Vergleich der Signalhöhen von Analyt- und Standardpeptiden. Die Verwendung von absolut quantifizierten Peptiden als interne Standards wurde erstmals als AQUA (*absolute quantification*)-Strategie bekannt. Dabei erfolgt die absolute Quantifizierung der Standardpeptide nach Totalhydrolyse über die Aminosäureanalytik. Da Verunreinigungen die Quantifizierung stören, müssen die Standardpeptide in hochreiner Form vorliegen. Alternativ werden beim PASTA (*phosphorus based absolute standard*)-Verfahren phosphorylierte Standardpeptide mittels ICP (induktiv gekoppeltes Plasma)-MS über das Phosphorsignal absolut quantifiziert. Zur Quantifizierung von unphosphorylierten Peptiden können die Standards, sofern sie mindestens einen Serin-, Threonin- oder Tyrosinrest enthalten, als Phosphopeptide synthetisiert und quantifiziert werden. Der Phosphatrest wird anschließend mittels Flusssäure- oder Phosphatasebehandlung abgespalten (Zinn et al., 2009).

Mit Hilfe der AQUA- oder PASTA-Methode können absolute Konzentrationen von ausgewählten (Phospho-)Peptiden in proteolytischen Verdaus bestimmt werden (Mayya et al., 2006; Zinn et al., 2009). Beide Methoden sind nicht unbedingt auf die Quantifizierung von Proteinen in Zellen anwendbar, da Verluste, die vor der Standardaddition z.B. während der Proteinextraktion auftreten, nicht berücksichtigt werden (Kirkpatrick et al., 2005; Schreiber et al., 2008).

1.9.4. Bestimmung des positionsspezifischen Phosphorylierungsgrads von Proteinen

Der positionsspezifische Phosphorylierungsgrad eines Proteins gibt an, wie viel Prozent des totalen Proteins an einer bestimmten Stelle phosphoryliert sind. Im Unterschied zur relativen Quantifizierung, deren Ergebnis nur eine x-fache Änderung des Phosphorylierungsstatus ist, liefert die Analyse des Phosphorylierungsgrads das absolute stöchiometrische Verhältnis innerhalb eines Peptid/Phosphopeptid-Paars. Dies ist insbesondere bei mehreren Phosphorylierungsstellen wichtig: positionsspezifische Phosphorylierungsgrade erlauben einen direkten Vergleich zwischen verschiedenen Phosphorylierungsereignissen eines Proteins und gewähren somit essentielle Einblicke in die Regulationsmechanismen von Proteinen (Mayya & Han, 2009).

Der einfachste Weg zur Bestimmung eines positionsspezifischen Phosphorylierungsgrads mittels Massenspektrometrie ist die markierungsfreie Messung des Signalintensitätsverhältnisses zwischen einem Phosphopeptid und dem unphosphorylierten Analogpeptid (Seidler et al., 2009). Diese Methode hat den Nachteil, dass Unterschiede in der Ionisierungseffizienz zwischen Peptiden und Phosphopeptiden (Gropengiesser et al., 2009; Marcantonio et al., 2008; Mayya et al., 2006; Steen et al., 2006; Steen et al., 2005) nicht berücksichtigt werden. Die resultierenden Daten sind daher mit einem absoluten Fehler von etwa 10–30 % behaftet (Hegeman et al., 2004; Seidler et al., 2009). Etwas genauere Daten können erhalten werden, wenn die relative Ionisierungseffizienz des Peptid/Phosphopeptid-Paars separat bestimmt und zur Korrektur der experimentellen Ionenintensitäten genutzt wird (Jin et al., 2010; Schilling et al., 2009; Steen et al., 2005). Zhang et al. schlugen eine Kombination aus differenzieller Derivatisierung und enzymatischer Dephosphorylierung als genaue Methode zur Bestimmung des Phosphorylierungsgrads vor (Zhang et al., 2002b). Bei diesem Verfahren werden zwei Aliquots eines Proteinverdaus mit einem leichten oder schweren Reagenz markiert. Ein Aliquot wird dephosphoryliert und 1:1 mit dem unbehandelten Aliquot gemischt. Die Phosphorylierungsgradbestimmung erfolgt nur auf Basis der unphosphorylierten Peptide durch Signalhöhenvergleich zwischen den leicht und schwer markierten Spezies. Das Verfahren wurde bereits mit verschiedenen Methoden zur relativen Quantifizierung angewandt (Hegeman et al., 2004; Kanshin et al., 2009; Smith et al., 2007; Zhang et al., 2002b). Der Ansatz hat jedoch zwei Nachteile: erstens geht die positionsspezifische Information bei mehrfach phosphorylierten Peptiden verloren, und zweitens sind die Ergebnisse bei Phosphorylierungsgraden unter 10 % nicht verlässlich (Mayya & Han, 2009). Domanski et al. kombinierten enzymatische Dephosphorylierung mit der Verwendung von isotopenmarkierten, absolut quantifizierten unphosphorylierten Standards (Domanski et al., 2010). Der wesentliche Nachteil dieses Verfahrens ist die Notwendigkeit, die unbehandelte und dephosphorylierte Probe separat zu analysieren. Daraus resultiert eine Verdopplung der Analysenzeit. Die schätzungsweise genaueste Methode zur Berechnung der Phosphorylierungsstöchiometrie war bislang die absolute Quantifizierung von phosphorylierten und unphosphorylierten Peptiden durch Zugabe von AQUA- oder PASTA-Standards zur Probe (Atrih et al., 2010; Mayya et al., 2006; Zinn et al., 2009). Allerdings wird die Genauigkeit dieses Ansatzes durch den Fehler der Standardquantifizierung limitiert. Dieser beträgt etwa 10 % (Zinn et al., 2009).

Obwohl die Kenntnis des Phosphorylierungsgrads essentielle Einblicke in intrazelluläre Signaltransduktionsmechanismen erlaubt, wird die absolute Stöchiometrie von Phosphorylierungsreaktionen bislang nur selten bestimmt (Jin et al., 2010; Mayya & Han, 2009).

1.10. Aufgabenstellung

Für das Verständnis von komplexen zellulären Prozessen sind akkurate quantitative Daten bezüglich der Phosphorylierungsdynamik von Kinasen und ihren Substraten essentiell (Olsen et al., 2006). Das Ziel der vorliegenden Arbeit ist es, eine massenspektrometrische Methode zu entwickeln, mit der der Phosphorylierungsgrad von Proteinen positionsspezifisch und mit hoher Genauigkeit analysiert werden kann. Wie gezeigt wird, basiert die neue Methode auf der Verwendung von isotopenmarkierten Peptidstandards, eliminiert aber den Fehler einer absoluten Quantifizierung.

Die Methode soll auf die Phosphorylierungsgradbestimmung der Signalproteine STAT6, Akt1, ERK1 und ERK2 in verschiedenen Zellsystemen angewandt werden. Im Vordergrund steht die Analyse der ERK-Aktivierung durch die MAPK-Kinase MEK. Obwohl die MAPK-Kaskade zu den am besten untersuchten Signalwegen gehört, ist die individuelle Rolle von ERK1 und ERK2 und deren einfach phosphorylierten Formen bislang nicht gut verstanden. Daher soll das dynamische Verhältnis zwischen den verschiedenen Phosphorylierungszuständen isoformspezifisch quantifiziert werden. Basierend auf den experimentellen Phosphorylierungsprofilen soll der Mechanismus der ERK1/2-Aktivierung *in vivo* – prozessiv oder distributiv – durch mathematische Modellierung entschlüsselt werden.

2. Material & Methoden

Inhalt

2.1.	**Materialien**	**19**
	2.1.1. Reagenzien	19
	2.1.2. Enzyme	20
	2.1.3. Proteine und Peptide	20
	2.1.4. Spezielle Materialien zur Herstellung der biologischen Proben	20
	2.1.5. Geräteausstattung	21
	2.1.6. Software	22
2.2.	**Methoden**	**22**
	2.2.1. Herstellung von *one-source*-Peptid/Phosphopeptid-Standardpaaren	22
	2.2.2. Kontrolle der Hitzeinaktivierung von antarktischer Phosphatase	22
	2.2.3. Entsalzung von Peptidlösungen	23
	2.2.4. Herstellung von definierten Referenzlösungen	23
	2.2.5. Kultivieren von L1236- und MedB-1-Zellen, Stimulation und Detektion von STAT6	24
	2.2.6. Kultivieren von HaCaT A5-Zellen, Stimulation und Detektion von ERK1/2	24
	2.2.7. Kultivieren von primären Maushepatozyten, Stimulation und Detektion von Akt1 und ERK1/2	25
	2.2.8. In-Gel-Verdau von Proteinen und Aufarbeitung der Peptidproben	26
	2.2.9. Standardaddition	27
	2.2.10. Herstellung von GST-ppERK2-Proben mit identischen und verschiedenen Standards	27
	2.2.11. Methioninoxidation	27
	2.2.12. NanoESI-MS-Analyse	27
	2.2.13. NanoUPLC-MS/MS-Analyse	28
	2.2.14. Datenauswertung	28

2.1. Materialien

2.1.1. Reagenzien

- Acetonitril (ULC grade, Biosolve)
- Ameisensäure (ULC grade, Biosolve)
- Ammoniumhydrogencarbonat ($\geq$ 99 %, p.a.,Carl Roth)
- Antarktische Phosphatase-Puffer (10X, New England Biolabs)
- DL-Dithiothreitol (99 %, Sigma-Aldrich)
- Iodacetamid (SigmaUltra, Sigma)

2. Material & Methoden

- Trifluoressigsäure (ULC grade, Biosolve)
- Wasser (ULC grade, Biosolve)
- Wasserstoffperoxid (30 %, Sigma-Aldrich)

2.1.2. Enzyme

- Antarktische Phosphatase (New England Biolabs)
- AspN (Roche)
- LysC (Roche)
- Trypsin (Roche)

2.1.3. Proteine und Peptide

- Rekombinantes phosphoryliertes GST-ERK2-Fusionsprotein (Millipore)
- MassPREP^{TM} Enolaseverdau mit Phosphopeptid-Mischung (Waters)

Alle übrigen synthetischen Peptide wurden von der Peptidsyntheseeinheit des DEUTSCHEN KREBSFORSCHUNGSZENTRUMS unter Leitung von Dr. Pipkorn synthetisiert.

2.1.4. Spezielle Materialien zur Herstellung der biologischen Proben

Stimulanzien

- Granulozyten-Makrophagen-Kolonie-stimulierender Faktor (R&D Systems)
- Humanes rekombinantes Interleukin-13 (R&D Systems)
- Humanes rekombinantes Interleukin-6 (R&D Systems)
- Rekombinanter Hepatozytenwachstumsfaktor (R&D Systems)

Inhibitoren

- 4-(2-Aminoethyl)-Benzensulfonyl-Fluorid (Sigma)
- Apoprotein (Sigma)
- Aprotinin (Biomol)
- Leupeptin (Biomol)
- LY294002 (Cell Signalling Technology)
- Natriumorthovanadat (Sigma)
- Pefabloc SC (Biomol)
- Pepstatin A (Biomol)
- Proteaseinhibitor-Cocktail (Roche Diagnostics GmbH)
- U0126 (Cell Signalling Technology)

Antikörper

- Akt-Antikörper (Cell Signalling Technology)
- ERK1-Antikörper (Santa Cruz Biotechnology)
- Interleukin-6-blockierender Antikörper (R&D Systems)
- STAT6-Antikörper (R&D Systems)

Sonstige

- Protein A-Sepharose^{TM} CL-4B (GE Healthcare)
- Rekombinantes phosphoryliertes ERK1 (Invitrogen)
- Rekombinantes phosphoryliertes ERK2 (Invitrogen)
- Rinderserumalbumin (Sigma-Aldrich)
- SimplyBlue^{TM} SafeStain (Invitrogen)

2.1.5. Geräteausstattung

- Analysenwaage (Ohaus)
- Borsilikat-Glaskapillaren (0.69 mm I.D., Harvard Apparatus)
- Brutschrank (UNE200, Memmert)
- C18-ZipTips (Millipore)
- Gefrierschrank
- Gelelektrophorese-Apparatur (Amersham Biosciences)
- Kapillarenziehgerät (Sutter Instruments)
- LC-ESI-Nadeln (PicoTip^{TM} Emitter, Produkt-Nr.: FS360-20-10-D-20-C7 oder FS360-20-10-N-20-20C, New Objective)
- LTQ-Orbitrap XL-Massenspektrometer (Thermo)
- nanoACQUITY UPLC (Waters)
- PicoTip^{TM}-Sprayer (Waters)
- QTOF-2-Massenspektrometer (Waters)
- QTOF-micro-Massenspektrometer (Waters)
- Sputter (BAL-TEC, Balzers)
- Tischzentrifuge
- Thermomixer (Eppendorf)
- Thermostat-Wasserbad (MGW Lauda MT)

2. Material & Methoden

- nanoUPLC-Säule (Waters nanoACQUITY UPLC Column, BEH130 C18, 100 x 100 mm, 1.7 μm)

- nanoUPLC-Vorsäule (Waters nanoACQUITY UPLC TRAP Column, Symmetry C18, 180 μm x 20 mm, 5μm)

- Vakuumzentrifuge (Eppendorf)

- Vortex

2.1.6. Software

- MASCOT 2.2.2 (Matrix Science)

- MassLynx V4.1 (Waters)

- Sheffield ChemPuter (http://winter.group.shef.ac.uk/chemputer/)

- Xcalibur 2.0.6 (Thermo)

2.2. Methoden

2.2.1. Herstellung von *one-source*-Peptid/Phosphopeptid-Standardpaaren

Alle isotopenmarkierten Phosphopeptide (Tab. 2.1 auf Seite 23) wurden im Haus mittels Fluorenylmethylcarbonyl-Chemie synthetisiert. Es wurden isotopenmarkierte Phosphopeptid-Stammlösungen von ca. 10 nmol/μl in 2 % Ameisensäure (FA)/50 % Acetonitril (ACN) hergestellt und bis zu deren Verwendung bei -20 °C eingefroren. Von der Stammlösung wurden 0.5 μl mit 25 μl Wasser, 18 μl 0.1 M NH_4HCO_3 und 5 μl 10X antarktische Phosphatase-Puffer gemischt. Der pH wurde mit 2 % FA auf 6 eingestellt. Anschließend wurde die Lösung in zwei identische Aliquots zu je 20 μl geteilt. Ein Aliquot wurde durch Zugabe von 2 μl antarktische Phosphatase dephosphoryliert, das andere Aliquot hingegen lediglich mit 2 μl Wasser verdünnt. Beide Aliquots wurden 2 Stunden lang bei 37 °C inkubiert, dann 1:1 mit Wasser verdünnt und zur irreversiblen Inaktivierung der Phosphatase bzw. Kontrolle 4 min lang bei 65 °C erhitzt. Je 4 μl der phosphorylierten und dephosphorylierten Peptidlösung wurden entsalzt (Abschnitt 2.2.3) und die Standards mittels nano-Elektrosprayionisierungs-Massenspektrometrie (nanoESI-MS)-Analyse (Abschnitt 2.2.12) separat kontrolliert. Beide Peptidlösungen wurden dann im gewünschten volumetrischen Verhältnis (meist 1:1) vereinigt und 1:100 mit Wasser verdünnt. Die *one-source*-Standardpaarlösung wurde bis zur Verwendung bei -20 °C eingefroren.

Für die Triplex-Herstellung der ERK2-Standards wurden zu Beginn des Protokolls je 0.5 μl Stammlösung der stabilisotopenmarkierten Phosphopeptide VA*DPDHDHTGFLpTEpYVATR, VA*DPDHDHTGFLTEpYVA*TR und VA*DPDHDHTGF*LpTEYVA*TR verwendet. Die übrigen Schritte blieben unverändert.

2.2.2. Kontrolle der Hitzeinaktivierung von antarktischer Phosphatase

Von der Stammlösung des ERK2-Phosphopeptidstandards VA*DPDHDHTGFLpTEpYVATR wurden 2 μl mit 25 μl Wasser, 18 μl 0.1 M NH_4HCO_3 und 5 μl 10X antarktische Phosphatase-Puffer gemischt, und der pH wurde mit 2 % FA auf 6 eingestellt. Anschließend wurde die Lösung in zwei identische Aliquots zu je 20 μl geteilt. Beide Aliquots wurden mit 2 μl antarktischer Phosphatase 2 Stunden lang bei 37 °C inkubiert. Danach wurden die Aliquots 1:1

2.2. Methoden

Tabelle 2.1.: Isotopenmarkierte (*) Phosphopeptide für die Herstellung von *one-source*-Standards zur positionsspezifischen Bestimmung des Phosphorylierungsgrads von Proteinen. Die angegebenen Phosphorylierungsstellen beziehen sich auf die humanen Proteinspezies. Die Massenverschiebung gibt die Differenz der monoisotopischen Masse des Standards von der des endogenen Phosphopeptids an.

Protein	Phosphorylierungsstelle	Phosphopeptidstandard	Isotopenmarkierte Aminosäuren	Massenverschiebung [Da]
Akt1	Ser473	DSERRPHFPQF*pSYSASGTA	$^{13}C_6$-F	+6
ERK1	Thr202, Tyr204	IA*DPEHDHTGFLpTEpYVATR	$[^{13}C_3,^{15}N]$-A	+4
ERK1	Tyr204	IA*DPEHDHTGFLTEpYVA*TR	$[^{13}C_3,^{15}N]$-A	+8
ERK1	Thr202	IA*DPE*HDHTGFLpTEYVA*TR	$[^{13}C_3,^{15}N]$-A, $[^{13}C_5,^{15}N]$-E	+14
ERK2	Thr185, Tyr187	VA*DPDHDHTGFLpTEpYVATR	$[^{13}C_3,^{15}N]$-A	+4
ERK2	Tyr187	VA*DPDHDHTGFLTEpYVA*TR	$[^{13}C_3,^{15}N]$-A	+8
ERK2	Thr185	VA*DPDHDHTGF*LpTEYVA*TR	$[^{13}C_3,^{15}N]$-A, $[^{13}C_6]$-F	+14
p38β	Thr180, Tyr182	QADEEMpTGpYVA*TR	$[^{13}C_3,^{15}N]$-A	+4
STAT6	Tyr641	DGRGpYV*PATIK	$[^{13}C_5,^{15}N]$-V	+6
STAT6	Tyr641	D*GRGpYVPATIKMTVER	$[^{13}C_4,^{15}N]$-D	+5

mit 1X antarktische Phosphatase-Puffer verdünnt. Zur Inaktivierung der Phosphatase wurde ein Aliquot 4 min lang bei 65 °C erhitzt; das andere Aliquot blieb hingegen unbehandelt (Kontrolle). Zu beiden Aliquots wurden je 0.8 µl Stammlösung des Phosphopeptidstandards VA*DPDHDHTGF*LpTEYVA*TR gegeben und die Mischungen erneut für 2 Stunden bei 37 °C inkubiert. Je 4 µl Lösung wurden entsalzt (siehe nächster Abschnitt) und die Peptide mittels nanoESI-MS analysiert (Abschnitt 2.2.12).

2.2.3. Entsalzung von Peptidlösungen

10 µl der zu entsalzenden Peptidlösung wurden zunächst mit 1 µl 15 % FA angesäuert. Falls die Peptide in weniger als 10 µl gelöst waren, wurde das Volumen zuvor mit 2 % FA auf 10 µl aufgefüllt. Ein C18-ZipTip wurde dreimal mit je 10 µl 2 % FA/50 % ACN gewaschen und anschließend dreimal mit je 10 µl 2 % FA äquilibriert. Um die Peptide an das C18-Material zu binden, wurde die Peptidlösung 30mal aufgesaugt und wieder abgelassen; danach wurde sie verworfen. Zur Entfernung von Salzen wurde das C18-ZipTip 10mal mit je 10 µl 2 % FA gewaschen. Die Elution der Peptide erfolgte durch 30maliges Aufsaugen und Wiederablassen in 4 µl 2 % FA/50 % ACN. Die entsalzten Peptidlösungen konnten direkt mit nanoESI-MS analysiert werden.

2.2.4. Herstellung von definierten Referenzlösungen

Aus 0.5 µl Stammlösung des isotopenmarkierten p38β-Phosphopeptids QADEEM-pTGpY-VA*TR wurde wie in Abschnitt 2.2.1 beschrieben ein *one-source*-Standardpaar im 1:1-Verhältnis hergestellt. Analog wurden aus der Stammlösung des zugehörigen unmarkierten Phosphopeptids QADEEMpTGpYVATR definierte Referenzmischungen in den Verhältnissen 1:10, 1:5, 1:2, 1:1, 2:1, 5:1 und 10:1 erzeugt. Je 1.3 µl Referenzmischung wurden mit 1.0 µl *one-source*-Standardlösung gemischt und mittels nano-Ultra-Hochleistungsflüssigchromatographie-Tandem-Massenspektrometrie (nanoUPLC-MS/MS) analysiert (Abschnitt 2.2.13).

Eine 10 pmol/µl-Stammlösung der MassPREP^{TM} Enolaseverdau- und Phosphopeptid-Mischung wurde mit 0.1 % FA auf 100, 50, 20, 10 oder 5 fmol/µl verdünnt und je 1 µl Lösung mit nanoUPLC-MS/MS analysiert.

2.2.5. Kultivieren von L1236- und MedB-1-Zellen, Stimulation und Detektion von STAT6

Zur Quantifizierung des STAT6-Phosphorylierungsgrads (Tyr641) wurden die primär mediastinales B-Zell-Lymphom (PMBL)-Zelllinie MedB-1 (Moller et al., 2001) und die klassisches Hodgkin-Lymphom (cHL)-Zelllinie L1236 (Wolf et al., 1996) verwendet. Alle STAT6-Proben wurden von Valentina Raia aus der Arbeitsgruppe von PD Dr. Ursula Klingmüller zur Verfügung gestellt. Beide Zelllinien wurden in RPMI 1640-Medium, das mit 10 % fötalem Kälberserum (FCS), 1 % Penicillin-Streptomycin und 1 % L-Glutamin supplementiert war, bei 37 °C und 5 % CO_2 kultiviert.

Aufarbeitung von unbehandelten Zellen aus normalen Zellkulturkonditionen

L1236- und MedB-1-Zellen wurden auf Eis mit 2X Lysepuffer (2 % NP40, 300 mM NaCl, 40 mM Tris pH 7.4, 20 mM NaF, 2 mM EDTA pH 8.0, 2 mM $ZnCl_2$ pH 4.0, 2 nM $MgCl_2$, 2 mM $NaVO_4$, 20 % Glycerol) zusammen mit Protease- und Phosphatase-Inhibitoren (Apoprotein (AP) und 4-(2-Aminoethyl)-Benzensulfonyl-Fluorid (AEBSF)) lysiert. Nach 20minütiger Rotation bei 4 °C wurden die Lysate für 10 min bei 14000 rpm und 4 °C zentrifugiert. STAT6 wurde mit Protein A-Sepharose und STAT6-Antikörper immunpräzipitiert und mittels 10 % SDS/PAGE gereinigt. Die Gele wurden mit SimplyBlue^{TM} SafeStain gemäß der Anleitung des Herstellers gefärbt.

Stimulation der Zellen mit Interleukin-13 (IL13)

MedB-1- und L1236-Zellen wurden 5 Stunden lang in RPMI 1640-Medium mit 1 mg/ml Rinderserumalbumin gehungert. Danach wurden beide Zelltypen für 10 bzw. 40 min mit 20 ng/ml (MedB-1) oder 40 ng/ml (L1236) IL13 stimuliert. Als Kontrolle wurden jeweils unstimulierte Zellen verwendet. Zelllyse, STAT6-Immunpräzipitation und Gelelektrophorese wurden wie oben beschrieben durchgeführt. Pro Gelbande wurden $4.4 \cdot 10^6$ bis $7.0 \cdot 10^6$ Zellen verwendet.

2.2.6. Kultivieren von HaCaT A5-Zellen, Stimulation und Detektion von ERK1/2

Die humane gutartige Tumorkeratinozyten-Zelllinie HaCaT-ras A5 (Fusenig & Boukamp, 1998; Gold et al., 2000) wurde zur Bestimmung der Aktivierungskinetik von ERK1 (Thr202, Tyr204) und ERK2 (Thr185, Tyr187) verwendet. Die Zellkulturexperimente wurden von Dr. Sofia Depner aus der Arbeitsgruppe von Dr. Margareta Müller durchgeführt. HaCaT A5-Zellen wurden in 4X modifiziertem Eagle's-Medium (MEM), 10 % FCS und 200 µg/ml Neomycin kultiviert. $2 \cdot 10^5$ Zellen/6 cm-Schale wurden ausgesät und bis zur Konfluenz ($1 \cdot 10^6$ Zellen/Schale) weiterkultiviert.

Analyse der ERK2-Aktivierungskinetik bei Stimulation mit Granulozyten-Makrophagen-Kolonie-stimulierendem Faktor (GM-CSF)

Die Zellen wurden 24 Stunden lang in 4X MEM ohne FCS gehungert und dann für die angegebenen Zeitpunkte mit 100 ng/ml GM-CSF zusammen mit 2 µg/ml IL6-blockierendem Antikörper oder mit 100 ng/ml GM-CSF allein behandelt. Anschließend wurden sie in 1X Lysepuffer zusammen mit Protease- und Phosphatase-Inhibitoren (1 µg/ml Pepstatin A, 100 mM Natriumorthovanadat, 1 µg/ml Leupeptin, 1 µg/ml Aprotinin und 10 mM Pefabloc SC) lysiert. Nach 20minütiger Rotation bei 4 °C wurden die Lysate 10 min lang bei 13000 rpm und 4 °C zentrifugiert. Vom Überstand wurden 450 µl mit 50 µl 10 % SDS gemischt, für 5 min bei 95 °C inkubiert und mit 1 ml Lysepuffer versetzt. ERK1/2 wurde über Nacht bei 4 °C mit Protein A-Sepharose und ERK1-Antikörper immunpräzipitiert und mittels 10 % SDS/PAGE aufgetrennt. Die Gele wurden mit SimplyBlue^{TM} SafeStain gemäß der Anleitung des Herstellers gefärbt. Pro Gelbande wurde eine Zellschale verwendet.

Analyse der dynamischen ERK1/2-Aktivierung für die mathematische Modellierung

Die Zellen wurden 24 Stunden lang in 4X MEM ohne FCS gehungert und mit 100 ng/ml Hepatozytenwachstumsfaktor (HGF) oder 100 ng/ml Interleukin-6 (IL6) für die angegebenen Zeitpunkte stimuliert. Anschließend wurden sie in 1X Lysepuffer mit AP und AEBSF lysiert. Nach 20minütiger Rotation bei 4 °C wurden die Lysate 10 min lang bei 14000 rpm und 4 °C zentrifugiert. Vom Überstand wurden 450 µl mit 50 µl 10 % SDS gemischt, für 5 min bei 95 °C inkubiert und mit 1 ml Lysepuffer versetzt. Die ERK1/2-Immunpräzipitation und Gelelektrophorese erfolgte wie oben beschrieben. Pro Gelbande wurde eine Zellschale verwendet. Als Molekulargewichtskontrolle wurden je 50 ng rekombinantes phosphoryliertes ERK1 (ppERK1) und ERK2 (ppERK2) mit auf das Gel aufgetragen.

2.2.7. Kultivieren von primären Maushepatozyten, Stimulation und Detektion von Akt1 und ERK1/2

Primäre Maushepatozyten wurden für die Phosphorylierungsgradbestimmung von Akt1 und ERK1/2 verwendet. Die Proben wurden von Dr. Lorenza D'Alessandro aus der Arbeitsgruppe von PD Dr. Ursula Klingmüller zur Verfügung gestellt. Die Hepatozyten wurden isoliert, wie beschrieben kultiviert (Klingmuller et al., 2006) und $2 \cdot 10^6$ Zellen/Schale in 6 cm-Schalen oder $5 \cdot 10^6$ Zellen/Schale in 10 cm-Schalen ausgesät.

Bestimmung des Akt1-Phosphorylierungsgrads (Ser473)

Die Hepatozyten wurden 6 Stunden lang gehungert und dann für 10 min mit 40 ng/ml HGF stimuliert. Als Kontrolle dienten unstimulierte Zellen.

Vergleich von ERK1/2-Phosphorylierungsgraden mit und ohne Hemmung der PI3K

Für die Aktivierung von ERK1 (Thr203, Tyr205) und ERK2 (Thr183, Tyr185) wurden die Hepatozyten 6 Stunden lang gehungert und dann für 15 min mit 40 ng/ml HGF stimuliert. In einem zweiten Experiment wurden die Zellen vor der HGF-Stimulation für 45 min mit 25 µM des Phosphatidylinositol-3-Kinase (PI3K)-Inhibitors LY294002 (LY) behandelt. Zur Kontrolle wurden jeweils unstimulierte Zellen verwendet.

2. Material & Methoden

Analyse der dynamischen ERK1/2-Aktivierung für die mathematische Modellierung

Die Hepatozyten wurden 6 Stunden lang gehungert und dann mit 100 ng/ml HGF oder 100 ng/ml IL6 für die angegebenen Zeitpunkte stimuliert.

Analyse der dynamischen ERK1/2-Deaktivierung bei Hemmung der MEK1/2-Aktivität

Für das MEK1/2-Inhibitor-Experiment wurden die Hepatozyten 6 Stunden lang gehungert, für 10 min mit 100 ng/ml HGF vorstimuliert und anschließend mit 20 µM des MEK1/2-Inhibitors U0126 für die angegebenen Zeitpunkte behandelt.

Die Hepatozyten wurden in 1X Lysepuffer mit AP und AEBSF lysiert. Nach 20minütiger Rotation bei 4 °C wurden die Lysate 10 min lang bei 14000 rpm und 4 °C zentrifugiert. Vom Überstand wurden 450 µl mit 50 µl 10 % SDS gemischt, für 5 min bei 95 °C inkubiert und mit 1 ml Lysepuffer versetzt. Akt1 wurde über Nacht bei 4 °C mit Protein A-Sepharose und Akt-Antikörper immunpräzipitiert und mittels 10 % SDS/PAGE gereinigt. Die ERK1/2-Immunpräzipitation und Gelelektrophorese wurde wie für HaCaT A5-Zellen beschrieben durchgeführt. Für jeden Datenpunkt wurden eine (Akt1) oder zwei (ERK1/2) 10 cm-Zellschalen verwendet. Als Molekulargewichtskontrolle für ERK1/2 wurden je 50 ng rekombinantes ppERK1 und ppERK2 mit auf das Gel aufgetragen.

Immunpräzipitation und Gelelektrophorese von rekombinantem phosphorylierten GST-ERK2-Fusionsprotein (GST-ppERK2)

Die Hepatozyten wurden wie oben beschrieben lysiert und die Lysate zentrifugiert. Der Überstand wurde in neue Gefäße überführt, und zu jedem Zelllysat wurden 25 oder 325 ng GST-ppERK2 zugegeben. Die Lysate mit dem rekombinanten Protein wurden mit 50 µl 10 % SDS gemischt, für 5 min bei 95 °C inkubiert und mit 1 ml Lysepuffer versetzt. Die Immunpräzipitation mit ERK1-Antikörper wurde wie für HaCaT A5-Zellen beschrieben durchgeführt. Für jede Probe wurde eine 10 cm-Zellschale (25 ng GST-ppERK2) oder 6 cm-Zellschale (325 ng GST-ppERK2) verwendet. Als Kontrollproben dienten 25 oder 325 ng unbehandeltes GST-ppERK2. Nach der Auftrennung mittels 10 % SDS/PAGE wurden die Gele mit SimplyBlue™ SafeStain gemäß der Anleitung des Herstellers gefärbt.

2.2.8. In-Gel-Verdau von Proteinen und Aufarbeitung der Peptidproben

Die Banden der zu untersuchenden Proteine wurden aus den Gelen ausgeschnitten, mit einem Skalpell in kleine Stücke (1 mm^2) geteilt und 15 min lang in 1 ml 0.1 M NH_4HCO_3/30 % ACN unter Schütteln entfärbt. Der Überstand wurde verworfen, und die Gelstücke wurden für 15 min mit 1 ml 0.1 % Trifluoressigsäure (TFA)/50 % ACN unter Schütteln dehydriert. Nach der Entfernung des Überstands wurden die Gelstücke für 10 min in der Vakuumzentrifuge bei 30 °C getrocknet. Abhängig von der Größe der Gelbanden wurden die Proteine mit 200-400 µl 10 mM Dithiothreitol (DTT)/0.1 M NH_4HCO_3 45 min lang im Thermomixer (56 °C, 750 rpm) inkubiert. Die DTT-Lösung wurde entfernt und die Gelstücke für 15 min bei 30 °C in der Vakuumzentrifuge getrocknet. Zur Alkylierung von Cysteinresten wurden die Gelstücke mit 200-400 µl 55 mM Iodacetamid/0.1 M NH_4HCO_3 für 30 min im Dunkeln inkubiert. Nach der Entfernung des Überstands wurden sie 15 min lang mit 500 µl 0.1 M NH_4HCO_3 gewaschen und in 1 ml ACN dehydriert. Anschließend wurden die Gelstücke für 10 min in der Vakuumzentrifuge bei 30 °C getrocknet.

Für den in-Gel-Verdau wurden die Proteasen Trypsin, AspN oder LysC verwendet. Es wurde eine Proteaselösung wie folgt hergestellt: Bei Verdau mit Trypsin wurden 10 µl einer Trypsin-Stammlösung (100 ng/µl) mit 20 µl 0.1 M NH_4HCO_3 gemischt. Bei AspN-Verdau wurden 5 µl einer AspN-Stammlösung (40 ng/µl) mit 25 µl 0.05 M NH_4HCO_3 gemischt. Bei kombiniertem AspN- und LysC-Verdau wurden 5 µl AspN-Stammlösung mit 5 µl einer LysC-Stammlösung (100 ng/µl) und 25 µl 0.05 M NH_4HCO_3 gemischt. Von der Proteaselösung wurden 10 µl zu den Gelstücken gegeben. Nachdem die Lösung aufgesaugt war, wurden die Gelstücke mit Proteasepuffer (Trypsin: 0.1 M NH_4HCO_3, AspN/LysC: 0.05 M NH_4HCO_3) vollständig bedeckt. Für den Proteinverdau wurden die Proben 18 Stunden lang bei 37 °C im Brutschrank inkubiert. Nach der Inkubation wurde die Peptidlösung abpipettiert, und die Peptide in den Gelstücken wurden nacheinander für 15 min mit jeweils 60 µl ACN, 5 % FA und ACN unter Schütteln extrahiert. Die Peptidextrakte wurden mit der Peptidlösung vereinigt, und das Volumen wurde durch Vakuumzentrifugation bei 30 oder 45 °C auf ca. 6 µl reduziert. Bei Bedarf wurde die Probe entsalzt, das Eluat mit 12 µl Wasser verdünnt und in der Vakuumzentrifuge auf ca. 6 µl eingeengt. Die Analyse wurde mittels nanoUPLC-MS/MS durchgeführt.

2.2.9. Standardaddition

Zur Bestimmung von Proteinphosphorylierungsgraden wurden 0.5-2 µl einer *one-source*-Standardpaarlösung entweder während des Verdaus oder nach der Peptidextraktion der Probe zugegeben. Für die Bestimmung des Phosphorylierungsgrads von Akt1 (Ser473) wurde die Standardlösung zuvor 1:10 mit Wasser verdünnt. Die Menge der *one-source*-Standardlösung hing von der Konzentration der endogenen Peptide ab.

2.2.10. Herstellung von GST-ppERK2-Proben mit identischen und verschiedenen Standards

2 x 200 ng GST-ppERK2 wurden mittels 10 % SDS/PAGE gereinigt und das Gel mit Simply-Blue™ SafeStain gemäß der Anleitung des Herstellers gefärbt. Die Gelbanden wurden ausgeschnitten, mit Trypsin verdaut und die Lösungen nach Extraktion der Peptide und Reduktion des Volumens in je vier identische Aliquots geteilt. Zu den Aliquots der einen Bande wurden ERK2-Standardpaare (Tab. 2.1 auf Seite 23) desselben Herstellungsansatzes und zu den Aliquots der anderen Bande Standardpaare aus verschiedenen Herstellungsansätzen zugegeben. Die GST-ppERK2-Peptide und Standards wurden mittels nanoUPLC-MS/MS analysiert.

2.2.11. Methioninoxidation

Zur Eliminierung von Wechselwirkungen zwischen partieller Oxidation und Phosphorylierung wurde die Probe bei Bedarf in 0.5 % H_2O_2 aufoxidiert. Dazu wurden 10 µl wässrige Peptidlösung nach deren Entsalzung mit 0.53 µl 10 % H_2O_2 gemischt. Die Lösung wurde für 15 min inkubiert und unmittelbar im Anschluss mit nanoUPLC-MS/MS gemessen.

2.2.12. NanoESI-MS-Analyse

Die nanoESI-MS-Analysen wurden mit einem QTOF-micro- oder QTOF-2-Massenspektrometer mit selbst hergestellten Borsilikat-Spraykapillaren, die mit einer semi-transparenten Goldschicht besprüht waren, durchgeführt. Die Datenaufnahme erfolgte im MS-Modus bei einer Kapillarspannung von etwa 1000 V und einer Kollisionsspannung von 1 V (QTOF-micro) oder 10 V (QTOF-2). Alle 5 Sekunden wurde ein Massenspektrum (m/z 350-2000) generiert.

2.2.13. NanoUPLC-MS/MS-Analyse

Für die Analyse der Peptidproben mittels nanoUPLC-MS/MS standen zwei Systeme zur Verfügung: eine nanoACQUITY UPLC mit Kopplung an ein QTOF-2-Massenspektrometer und eine nanoACQUITY UPLC mit Kopplung an eine LTQ-Orbitrap XL. Mit wenigen Ausnahmen wurden alle Proben mit dem nanoUPLC-LTQ-Orbitrap XL-System analysiert.

NanoUPLC-LTQ-Orbitrap XL-Analyse

Die nanoUPLC wurde mittels Vor- und Hauptsäulenschaltung betrieben. Nach der Probeninjektion wurden die Peptide zunächst auf der Vorsäule festgehalten. Das Injektionsvolumen betrug 6 μl. Es wurden folgende mobile Phasen verwendet:

- Eluent A: 0.1 % FA/1 % ACN
- Eluent B: 0.1 % FA/100 % ACN

Die Vorsäule wurde 1 min lang mit einem linearen Gradienten von 0-5 % Eluent B bei einer Flussrate von 10 μ/min gespült und die mobile Phase in einem Abfallgefäß aufgefangen. Durch Umschalten des Injektionsventils wurde der Fluss über die Hauptsäule geleitet. Diese wurde bei einer Temperatur von 35 °C und einer Flussrate von 400 nl/min betrieben. Die Elution der Peptide erfolgte mit einem linearen Gradienten von 5-40 % Eluent B innerhalb von 39 min. Der Säulenausgang war mit der LC-ESI-Nadel verbunden. Für die Datenaufnahme wurde das Massenspektrometer im DDA (*data-dependent acquisition*)-Modus betrieben. Jede Sekunde wurde in der Orbitrap ein MS-Spektrum (m/z 350-2000) mit einer Auflösung von R = 60000 aufgenommen; gleichzeitig wurden die drei intensivsten Molekülionen mit einem Ladungszustand $\geq$ 2 in der LTQ fragmentiert. Die Fragmentierung erfolgte im CID (*collision-induced dissociation*)-Modus bei einer relativen Kollisionsenergie von 35.

NanoUPLC-QTOF-2-Analyse

Das nanoUPLC-QTOF-2-System wurde bei einer Säulentemperatur von 35 °C und einer Flussrate von 400 nl/min betrieben. Pro Probe wurden 4 μl injiziert und direkt auf die Säule geleitet. Folgende mobile Phasen wurden verwendet:

- Eluent A: 0.1 % FA
- Eluent B: 0.1 % FA/100 % ACN

Es wurde ein linearer Gradient von 1-30 % Eluent B innerhalb von 30 min angewandt. Der Säulenausgang war über einen Teflonschlauch mit der LC-ESI-Nadel verbunden, die in einem PicoTip^{TM}-Sprayer fixiert war. Die Datenaufnahme erfolgte im DDA-Modus bei einer Kapillarspannung von 2400 V. Jede Sekunde wurde ein Spektrum generiert: abwechselnd ein MS-Spektrum (m/z 400-2000) bei einer Kollisionsspannung von 10 V und zwei MS/MS-Spektren (m/z 50-2000) bei massenspezifischen Kollisionsspannungen. Für die Fragmentierung wurden automatisch die zwei höchsten Molekülionen mit einem Ladungszustand $\geq$ 2 ausgewählt.

2.2.14. Datenauswertung

Für die Auswertung der Spektren wurde die Software Xcalibur 2.0.6 (LTQ-Orbitrap XL) oder MassLynx V4.1 (QTOF-2, QTOF-micro) verwendet. Die automatisierte Proteinidentifizierung erfolgte mit der Suchmaschine MASCOT gegen die Datenbank SwissProt.

Die Datenbanksuche wurde mit folgenden Parametern durchgeführt:

- Organismus-Spezifität (Taxonomie): Säugetier
- MS-Toleranz: 1.2 Da
- MS/MS-Toleranz: 0.6 Da
- Enzym: Trypsin, AspN oder AspN + LysC
- Maximale Anzahl der ungespaltenen Stellen pro Peptid: 1
- Fixe Modifikationen: Carbamidomethyl (C)
- Variable Modifikationen: Oxidation (M), Phospho (ST), Phospho (Y)
- Instrument: **ESI-TRAP** (LTQ-Orbitrap XL) oder **ESI-QUAD-TOF** (QTOF-2)

3. Ergebnisse

Inhalt

3.1. Entwicklung von *one-source*-Peptid-/Phosphopeptidstandards .. **31**
    3.1.1. Methodisches Prinzip 31
    3.1.2. Hitzeinaktivierung von antarktischer Phosphatase 31
    3.1.3. Phosphorylierungsgradbestimmung von Peptiden mit einer Phosphorylierungsstelle 33
    3.1.4. Korrektur der Signalhöhe bei partiell überlagerten Isotopenmustern . 37
    3.1.5. Validierung der Wiederfindung 40
    3.1.6. Validierung der Richtigkeit 40
    3.1.7. Validierung der Reproduzierbarkeit bei Peptiden mit einer Phosphorylierungsstelle 44
    3.1.8. Phosphorylierungsgradbestimmung von Peptiden mit zwei Phosphorylierungsstellen 44
    3.1.9. Validierung der Reproduzierbarkeit bei Peptiden mit zwei Phosphorylierungsstellen 47
    3.1.10. Überprüfung der Phosphatase-Aktivität in Zelllysaten 48
    3.1.11. Bestimmung von Phosphorylierungsgraden im unteren Prozentbereich 50
    3.1.12. Multiplex-Herstellung von *one-source*-Standards 50

3.2. Charakterisierung der quantitativen Orbitrap-Massenspektrometrie-Daten **51**
    3.2.1. Bestimmung des linearen Messbereichs 51
    3.2.2. Schätzung der unteren Quantifizierungsgrenze für Phosphopeptide .. 52

3.3. Anwendungsbeispiele von *one-source*-Peptid-/Phosphopeptidstandards **53**
    3.3.1. Bestimmung von STAT6-Phosphorylierungsgraden in den Lymphomzelllinien MedB-1 und L1236 53
    3.3.2. Bestimmung von Akt1-Phosphorylierungsgraden in primären Maushepatozyten 55
    3.3.3. Vergleich von ERK1/2-Phosphorylierungsgraden in primären Maushepatozyten mit und ohne Hemmung der PI3K 60

3.4. Analyse der rezeptorspezifischen ERK1/2-Phosphorylierungsdynamik in verschiedenen Zellsystemen und deren mathematische Modellierung **60**
    3.4.1. Versuchsbeschreibung 60
    3.4.2. Bestimmung des technisch-biologischen Fehlers innerhalb einer Kinetik 62
    3.4.3. Schätzung des biologischen Fehlers 65
    3.4.4. Analyse von rezeptorspezifischen ERK1/2-Phosphorylierungsprofilen in primären Maushepatozyten 65
    3.4.5. Analyse von rezeptorspezifischen ERK1/2-Phosphorylierungsprofilen in HaCaT A5-Zellen 68
    3.4.6. Die Aktivierungsstärke der MAPK/ERK-Signalkaskade hängt vom Rezeptor ab 72

3.1. Entwicklung von one-source-Peptid-/Phosphopeptidstandards

3.4.7. Die mathematische Modellierung offenbart kinetische Parameter der
ERK-Phosphorylierung in primären Maushepatozyten 75

3.4.8. Die Modellvalidierung bestätigt die distributive ERK-Phosphorylierung
in primären Maushepatozyten 78

3.4.9. Der technische Fehler ist signifikant niedriger als der biologische . . . 78

3.1. Entwicklung von *one-source*-Peptid-/Phosphopeptidstandards zur Bestimmung des Phosphorylierungsgrads von Proteinen

3.1.1. Methodisches Prinzip

Proteine können mittels synthetischer stabilisotopenmarkierter Peptidstandards sehr genau quantifiziert werden. Diese Standards weisen im Vergleich zu den entsprechenden endogenen Peptiden, die bei der Proteolyse entstehen, nahezu identische chemische und physikalische Eigenschaften auf (De Leenheer & Thienpont, 1992). Im Massenspektrum können isotopenmarkierte Peptide aufgrund der Verschiebung ihres Molekulargewichts zu höheren m/z-Werten von endogenen unmarkierten Peptiden unterschieden werden.

Die in der Literatur beschriebenen AQUA- (Gerber et al., 2003) oder PASTA-Peptidstandards (Zinn et al., 2009) werden mittels Aminosäureanalyse oder ICP-MS absolut quantifiziert und der Probe entweder vor oder nach dem Proteinverdau in bekannter Konzentration zugegeben. Die absolute Konzentration des Zielproteins ergibt sich aus einem Signalhöhenvergleich zwischen endogenen Peptiden und Standardpeptiden. Bei Verwendung von phosphorylierten und unphosphorylierten Standards nutzt man dieses Prinzip, um Peptide und deren phosphorylierte Analoga getrennt zu quantifizieren und daraus den positionsspezifischen Phosphorylierungsgrad zu berechnen (Atrih et al., 2010; Mayya et al., 2006). Da der Phosphorylierungsgrad von Proteinen eine relative Größe ist, hängt dessen Bestimmung nicht zwangsläufig von der Verwendung absolut quantifizierter Peptidstandards ab. Entscheidend ist vielmehr das molare Verhältnis zwischen phosphoryliertem und unphosphoryliertem Standard. Abschnitt 3.1.3 zeigt, wie sich der Phosphorylierungsgrad von Proteinen positionsspezifisch durch isotopenmarkierte Peptid-/Phosphopeptidstandards mit bekanntem molaren Verhältnis berechnen lässt. Das Verfahren ist schematisch in Abb. 3.1 auf Seite 32 dargestellt.

Das Herstellungsprinzip eines solchen Peptid/Phosphopeptid-Standardpaars ist in Abb. 3.2 auf Seite 32 gezeigt. Eine Lösung des isotopenmarkierten Phosphopeptids wird in zwei identische Aliquots geteilt. Ein Aliquot wird mit Phosphatase vollständig dephosphoryliert; das andere Aliquot wird hingegen nur einer Kontrollinkubation mit Wasser ausgesetzt. Nach der Dephosphorylierung wird die Phosphatase irreversibel inaktiviert. Schließlich werden die Aliquots mit dem unphosphorylierten bzw. phosphorylierten Peptid vereinigt. Somit entsteht ein Peptid/Phosphopeptid-Standardpaar mit definiertem molaren Verhältnis, wobei letzteres dem volumetrischen Mischungsverhältnis entspricht. Das Grundmischungsverhältnis ist 1:1. Zur Erhöhung der Genauigkeit der Phosphorylierungsgradbestimmung kann das Mischungsverhältnis an den erwarteten Phosphorylierungsgrad angepasst werden. Die nach diesem Prinzip hergestellten Standardpaare wurden *one-source*-Standards genannt, da die eine Komponente (das Standardpeptid) aus der anderen Komponente (dem Standardphosphopeptid) erzeugt wird und somit beide Standards einen Ursprung haben.

3.1.2. Hitzeinaktivierung von antarktischer Phosphatase

Antarktische Phosphatase ist ein hitzelabiles Enzym, das sich sowohl durch Säurezugabe als auch durch kurzzeitiges Erhitzen auf 65 °C vollständig inaktivieren lässt (Angaben des Herstellers). Die Hitzelabilität wurde mit den isotopenmarkierten (*) ERK2-Phosphopeptiden

3. Ergebnisse

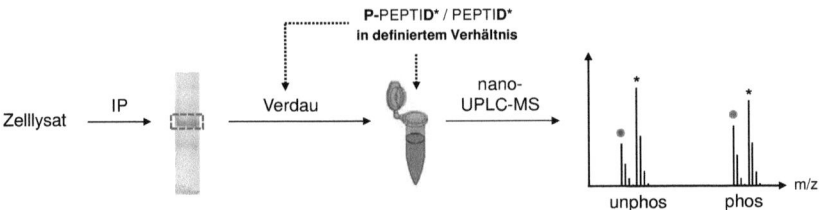

Abbildung 3.1.: Quantifizierung von Proteinphosphorylierungsgraden mit isotopenmarkierten Peptidstandards. Das Zielprotein eines Zelllysats wird immunpräzipitiert (IP), mittels SDS/PAGE gereinigt und in-Gel verdaut. Vor oder nach dem Verdau werden isotopenmarkierte Standards für das phosphorylierte und unphosphorylierte Zielpeptid in definiertem stöchiometrischen Verhältnis zugegeben und die Mischung mittels nanoUPLC-MS analysiert. Durch Signalhöhenvergleich der endogenen Peptide und Standardpeptide kann der Phosphorylierungsgrad des Zielproteins positionsspezifisch berechnet werden.

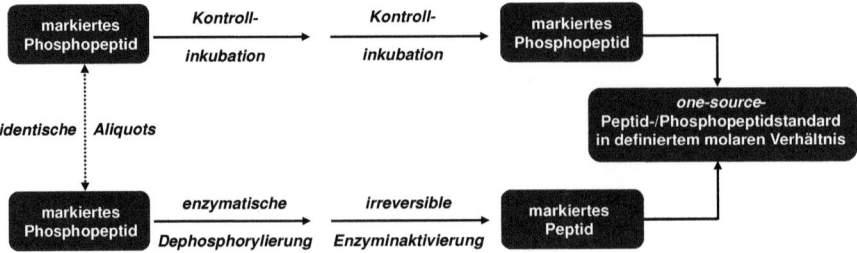

Abbildung 3.2.: Herstellungsprinzip von *one-source*-Peptid/Phosphopeptid-Standardpaaren zur Bestimmung von Proteinphosphorylierungsgraden. Ein Aliquot einer isotopenmarkierten Phosphopeptidlösung mit bekannter oder unbekannter Konzentration wird enzymatisch dephosphoryliert; ein identisches Aliquot bleibt unbehandelt. Anschließend wird die Phosphatase durch kurze Hitzebehandlung irreversibel inaktiviert. Die volumetrische Mischung der äquimolaren Peptid- und Phosphopeptidlösung erzeugt ein *one-source*-Standardpaar in definiertem stöchiometrischen Verhältnis.

VA*DPDHDHTGFLpTEpYVATR (Substrat 1) und VA*DPDHDHTGF*LpTEYVA*TR (Substrat 2) getestet (Abb. 3.3A, B auf Seite 34). In einem Kontrollversuch wurde Substrat 1 zwei Stunden lang mit antarktischer Phosphatase inkubiert; anschließend wurde Substrat 2 zugegeben und die Mischung erneut inkubiert. Die nanoESI-MS-Analyse zeigt die Dephosphorylierung beider Substrate (Abb. 3.3C). Im zweiten Experiment wurde Substrat 1 für zwei Stunden mit antarktischer Phosphatase inkubiert und die Lösung dann zur Phosphatase-Inaktivierung 4 min lang bei 65°C erhitzt. Substrat 2 wurde zugegeben und die Mischung erneut inkubiert. Die nanoESI-MS-Analyse zeigt die vollständige Dephosphorylierung von Substrat 1, wohingegen Substrat 2 unverändert war (Abb. 3.3D). Dies bestätigte den Erfolg der Hitzeinaktivierung von antarktischer Phosphatase. Die getesteten Bedingungen (4 min, 65 °C) wurden zur Herstellung aller one-source-Standardpaare verwendet.

3.1.3. Phosphorylierungsgradbestimmung von Peptiden mit einer Phosphorylierungsstelle

Zur Bestimmung eines positionsspezifischen Phosphorylierungsgrads wurde das entsprechende one-source-Standardpaar dem Phosphoproteinverdau zugegeben und die Mischung mittels nanoUPLC-MS/MS analysiert. Abb. 3.4A auf Seite 35 zeigt exemplarisch die Ionenchromatogramme des endogenen Peptid/Phosphopeptid-Paars DGRG-[Y/pY]-VPATIKMTVER und der zugehörigen one-source-Standards D*GRG-[Y/pY]-VPATIKMTVER. Während das Phosphopeptid mittels nanoUPLC vom unphosphorylierten Analogpeptid basisliniengetrennt wurde, eluierten die endogenen Peptide und Standardpeptide wie erwartet jeweils im gleichen Zeitfenster.

Zur Berechnung des Phosphorylierungsgrads wurden zunächst alle Massenspektren innerhalb eines Elutionszeitfensters manuell gemittelt (Abb. 3.4B). Da das molare Verhältnis zwischen phosphoryliertem und unphosphoryliertem one-source-Peptid bekannt war, konnte der Phosphorylierungsgrad des Zielproteins aus den Signalhöhen der phosphorylierten und unphosphorylierten (Standard-)Peptide berechnet werden. Die Isotopenmuster innerhalb eines Peptid/Phosphopeptid-Paars sind generell sehr ähnlich: bei ausgewählten Sequenzen beträgt die Abweichung zwischen den monoisotopischen Peakanteilen am totalen Isotopenmuster maximal 0.6 % (Tab. A.1 auf Seite 141f). Auf dieser Grundlage wurden nur die monoisotopischen Signalintensitäten für die Phosphorylierungsgradberechnung herangezogen. Falls die Monoisotopenpeaks der Standardpeptide von den Isotopenmustern der endogenen Peptide überlagert waren, wurden sie rechnerisch korrigiert.

Die Berechnung eines positionsspezifischen Phosphorylierungsgrads erfolgte in mehreren Schritten (Abb. 3.5 auf Seite 36). Im ersten Schritt wurden die Analytsignale auf die Signale der Standards normiert. Die so erhaltene normierte Signalintensität des Phosphopeptids wurde im zweiten Schritt durch die normierte Peptidintensität geteilt. Bei einem 1:1-Verhältnis von phosphoryliertem zu unphosphoryliertem Standardpeptid entsprach das resultierende Signalverhältnis dem molaren Verhältnis von Phosphopeptid zu Peptid ($MV_{P/unP}$) in der Probe. Bei einem abweichenden Standardverhältnis wurde der Wert anschließend noch mit dem Standardverhältnis multipliziert. Im dritten Schritt wurde der Phosphorylierungsgrad wie angegeben berechnet. Wie aus Abb. 3.5 hervorgeht, ist der ermittelte Phosphorylierungsgrad unabhängig von der absoluten Standardkonzentration.

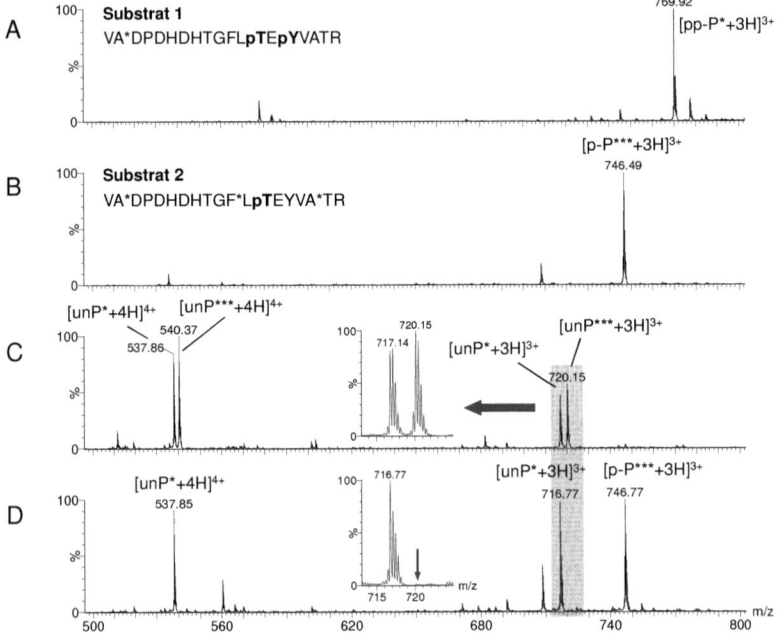

Abbildung 3.3.: Kontrolle der irreversiblen Hitzeinaktivierung von antarktischer Phosphatase mittels nanoESI-MS-Analyse; A) doppelt phosphoryliertes (pp-P*) ERK2-Peptid VA*DPDHDHTGFLpTEpYVATR = Substrat 1; B) einfach phosphoryliertes (p-P***) ERK2-Peptid VA*DPDHDHTGF*LpTEYVA*TR = Substrat 2; C) Substrat 1 wurde mit antarktischer Phosphatase behandelt, anschließend wurde Substrat 2 hinzugefügt und die Mischung ein zweites Mal inkubiert. D) Substrat 1 wurde mit antarktischer Phosphatase behandelt und diese im Anschluss inaktiviert. Dann wurde Substrat 2 zugegeben und die Mischung erneut inkubiert (unP: unphosphoryliert) (A* = $[^{13}C_3,^{15}N]$-Alanin; F* = $[^{13}C_6]$-Phenylalanin).

3.1. Entwicklung von one-source-Peptid-/Phosphopeptidstandards

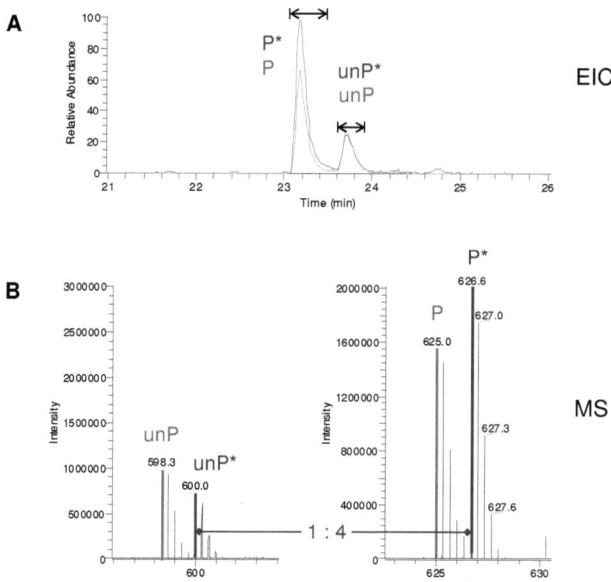

Abbildung 3.4.: Prinzip der Phosphorylierungsgradbestimmung bei Peptiden mit einer Phosphorylierungsstelle; A) extrahierte Ionenchromatogramme (EIC) des endogenen Peptids (unP) (blau), des endogenen Phosphopeptids (P) (blau) und des entsprechenden *one-source*-Standardpaars (unP*, P*) (dunkelrot); B) über den Elutionsbereich gemittelte Massenspektren der unphosphorylierten und phosphorylierten Peptiddubletts. Das Intensitätsverhältnis der Standardpeptide wurde entsprechend dem volumetrischen Verhältnis auf 1:4 (unP*:P*) normiert. Die Berechnung des Phosphorylierungsgrads basierte auf den monoisotopischen Signalintensitäten der endogenen Peptide und Standardpeptide. Im Fall von partiell überlagerten Isotopenmustern wurden die Intensitäten der Standards rechnerisch korrigiert.

3. Ergebnisse

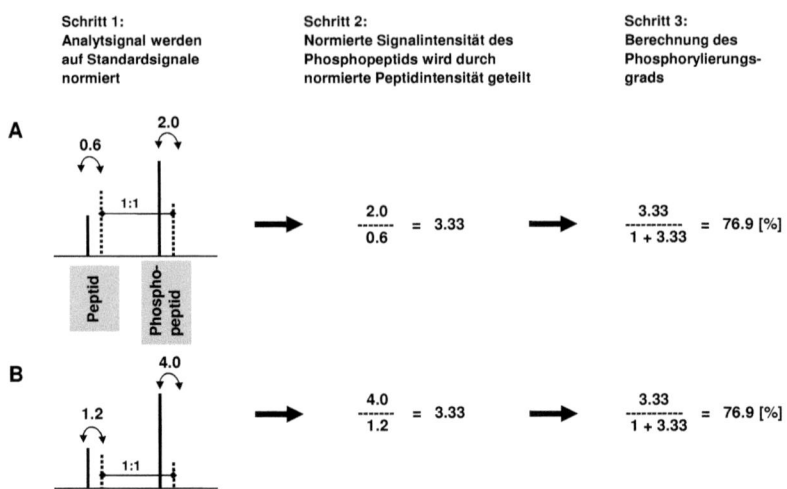

Abbildung 3.5.: Bestimmung eines positionsspezifischen Phosphorylierungsgrads bei Verwendung von *one-source*-Standards mit 1:1-Verhältnis von Peptid/Phosphopeptid; A) die Standardkonzentration entspricht in etwa der des Analyten; B) die Standardkonzentration ist um den Faktor 2 niedriger als in (A) (durchgehende Linien: Analytsignale; gestrichelte Linien: Standardsignale).

Alternativ wurde das molare Verhältnis $MV_{P/unP}$ zwischen endogenem Phosphopeptid zu Peptid graphisch ermittelt oder nach Formel 3.1 berechnet.

$$MV_{P/unP} = \frac{unP^* \cdot P \cdot x}{unP \cdot P^* \cdot y} \tag{3.1}$$

mit

unP^*/unP = Intensitätsverhältnis der korrigierten Monoisotopensignale von Standardpeptid/Zielpeptid

P/P^* = Intensitätsverhältnis der korrigierten Monoisotopensignale von Zielphosphopeptid/Standardphosphopeptid

x/y = molares Verhältnis zwischen phosphoryliertem/unphosphoryliertem Standardpeptid

Bei graphischer Ermittlung von $MV_{P/unP}$ wurden die Peptidspektren normalisiert dargestellt, so dass die relativen Signalintensitäten des *one-source*-Standardpaars dessen Mischungsverhältnis repräsentierten. Das Intensitätsverhältnis des endogenen Phosphopeptid/Peptid-Paars entsprach dann dessen molarem Verhältnis.

Ausgehend von $MV_{P/unP}$ leitet sich der Phosphorylierungsgrad (P-Grad) wie in Formel 3.2 ab.

3.1. Entwicklung von one-source-Peptid-/Phosphopeptidstandards

$$P - Grad = \frac{MV_{P/unP}}{1 + MV_{P/unP}} \cdot 100\ \% \tag{3.2}$$

Der Grad der unphosphorylierten Proteinfraktion (unP-Grad) wurde mit Formel 3.3 bestimmt.

$$unP - Grad = \frac{1}{1 + MV_{P/unP}} \cdot 100\% \tag{3.3}$$

3.1.4. Korrektur der Signalhöhe bei partiell überlagerten Isotopenmustern

Falls sich die Isotopenmuster von endogenen Peptiden und deren Standards teilweise überlagerten, wurden die monoisotopischen Signalintensitäten unP* und P* durch Subtraktion der endogenen Isotopenmuster korrigiert. Dies traf zu, wenn sich die Massen der Standardpeptide um weniger als 6 Da von denen der endogenen Peptide unterschieden. Endogene Isotopenmuster können entweder in einem separaten nanoUPLC-MS-Lauf gemessen oder mit Hilfe des im Internet verfügbaren Programms Sheffield Chemputer (http://winter.group.shef.ac.uk/chemputer/) berechnet werden. Die Berechnung von Isotopenmustern erfolgt auf Grundlage der natürlichen Isotopenverteilung und benötigt lediglich die Summenformel des Peptids.

Tab. 3.1 zeigt den Vergleich zwischen berechneten und experimentellen Isotopenmustern ausgewählter Peptid/Phosphopeptid-Paare. Die Intensität des höchsten Isotopenpeaks wurde jeweils als 100 % definiert und die Signalintensitäten der übrigen Peaks darauf normiert. Die berechneten Intensitäten unterschieden sich um maximal +4.1 % und -2.7 % von den experimentellen Werten. Diese vergleichsweise hohen Abweichungen traten allerdings nur bei den ersten drei Isotopenpeaks auf. Da alle verwendeten one-source-Standards mindestens 4 Da schwerer als das zugehörige endogene Peptid waren, trat eine Überlagerung der Isotopenmuster erst ab dem fünften Isotopenpeak auf. In diesem Bereich lag die Abweichung zwischen -0.1 % und +1.8 %.

Tabelle 3.1.: Vergleich von berechneten und experimentellen Isotopenmustern am Beispiel von einigen Peptid/Phosphopeptid-Paaren zellulärer Signalproteine. Die Isotopenmusterberechnung wurde mit der Internet-Software Sheffield ChemPuter (http://winter.group.shef.ac.uk/chemputer/) durchgeführt.

Peptidsequenz (Protein)	Summenformel	Isotopenpeak	Relative Intensität berechnet [%]	experimentell [%]	Abweichung [%]
DGRGYVPATIK (STAT6)	$C_{52}H_{85}N_{15}O_{16}$	1	100.0	100.0	-
		2	63.4	61.6	1.8
		3	22.8	21.9	0.9
		4	6.2	4.6	1.6
		5	1.3	0.9	0.4
DGRGpYVPATIK (STAT6)	$C_{52}H_{86}N_{15}O_{19}P$	1	100.0	100.0	-
		2	63.5	61.5	2.0
		3	23.5	23.3	0.2
		4	6.6	4.7	1.9
		5	1.4	1.1	0.3

Fortsetzung nächste Seite

3. Ergebnisse

Tabelle 3.1.: Vergleich von berechneten und experimentellen Isotopenmustern am Beispiel von einigen Peptid/Phosphopeptid-Paaren zellulärer Signalproteine (Fortsetzung).

Peptidsequenz (Protein)	Summenformel	Isotopenpeak	Relative Intensität berechnet [%]	experimentell [%]	Abweichung [%]
DSERRPHFPQFSYSASGTA (AKT1)	$C_{93}H_{134}N_{28}O_{31}$	1	88.1	86.5	1.6
		2	100.0	100.0	-
		3	61.7	63.2	-1.5
		4	27.1	27.6	-0.5
		5	9.6	9.1	0.5
		6	2.7	2.5	0.2
		7	0.7	0.6	0.1
		8	0.1	0.3	-0.2
DSERRPHFPQFpSYSASGTA (AKT1)	$C_{93}H_{135}N_{28}O_{34}P$	1	88.0	84.8	3.2
		2	100.0	100.0	-
		3	62.3	63.7	-1.4
		4	27.7	28.5	-0.8
		5	10.0	9.1	0.9
		6	2.9	2.8	0.1
		7	0.8	0.9	-0.1
		8	0.1	0.2	-0.1
IADPEHDHTGFLTEYVATR (ERK1)	$C_{96}H_{142}N_{26}O_{32}$	1	86.0	81.9	4.1
		2	100.0	100.0	-
		3	63.1	61.3	1.8
		4	28.2	27.6	0.6
		5	10.2	9.4	0.8
		6	3.0	2.4	0.6
		7	0.8	0.5	0.3
		8	0.1	0.3	-0.2
IADPEHDHTGFLTEpYVATR (ERK1)	$C_{96}H_{143}N_{26}O_{35}P$	1	85.9	87.3	-1.4
		2	100.0	100.0	-
		3	63.7	64.7	-1.0
		4	28.9	28.8	0.1
		5	10.6	10.3	0.3
		6	3.1	2.6	0.5
		7	0.8	0.7	0.1
		8	0.2	0.2	0.0
IADPEHDHTGFLpTEpYVATR (ERK1)	$C_{96}H_{144}N_{26}O_{38}P_2$	1	85.8	85.5	0.3
		2	100.0	100.0	-
		3	64.2	62.7	1.5
		4	29.5	29.2	0.3
		5	11.0	10.2	0.8
		6	3.3	2.4	0.9
		7	0.9	0.5	0.4
		8	0.2	0.3	-0.1
VADPDHDHTGFLTEYVATR (ERK2)	$C_{94}H_{138}N_{26}O_{32}$	1	87.7	86.2	1.5
		2	100.0	100.0	-
		3	62.1	63.0	-0.9
		4	27.4	27.5	-0.1
		5	9.8	9.4	0.4
		6	2.8	2.4	0.4
		7	0.7	0.5	0.2
		8	0.1	0.1	0.0
VADPDHDHTGFLTEpYVATR (ERK2)	$C_{94}H_{139}N_{26}O_{35}P$	1	87.6	85.9	1.7
		2	100.0	100.0	-
		3	62.7	64.0	-1.3
		4	28.0	28.9	-0.9
		5	10.2	10.1	0.1
		6	3.0	2.6	0.4
		7	0.8	0.6	0.2
		8	0.1	0.1	0.0

Fortsetzung nächste Seite

3.1. Entwicklung von one-source-Peptid-/Phosphopeptidstandards

Tabelle 3.1.: Vergleich von berechneten und experimentellen Isotopenmustern am Beispiel von einigen Peptid/Phosphopeptid-Paaren zellulärer Signalproteine (Fortsetzung).

Peptidsequenz (Protein)	Summenformel	Isotopenpeak	Relative Intensität berechnet [%]	Relative Intensität experimentell [%]	Abweichung [%]
VADPDHDHTGFLpTEpYVATR (ERK2)	$C_{94}H_{140}N_{26}O_{38}P_2$	1	87.5	90.2	-2.7
		2	100.0	100.0	-
		3	63.3	63.7	-0.4
		4	28.7	29.6	-0.9
		5	10.6	10.7	-0.1
		6	3.2	2.8	0.4
		7	0.8	0.5	0.3
		8	0.2	0.1	0.1
QADEEMTGYVATR (p38β)	$C_{60}H_{95}N_{17}O_{24}S$	1	100.0	100.0	-
		2	73.8	71.8	2.0
		3	36.3	36.1	0.2
		4	13.4	13.0	0.4
		5	4.0	3.3	0.7
		6	1.0	0.7	0.3
		7	0.2	0.1	0.1
QADEEMpTGpYVATR (p38β)	$C_{60}H_{97}N_{17}O_{30}SP_2$	1	100.0	100.0	-
		2	74.1	72.4	1.7
		3	37.7	34.0	3.7
		4	14.4	11.0	3.4
		5	4.5	2.7	1.8
		6	1.2	1.1	0.1
		7	0.3	0.7	-0.4

Für die vorliegende Arbeit wurden sowohl experimentelle als auch berechnete Isotopenmuster zur Korrektur der Standardintensitäten verwendet. Die korrigierten Intensitäten unP* und P* der Monoisotopenpeaks von Standardpeptid und Standardphosphopeptid wurden wie in Formel 3.4 und 3.5 berechnet.

$$\text{unP}^* = \text{unP}^*_{\text{abs}} - \text{Kf}_{\text{unP}} \cdot \text{unP} \quad (3.4)$$

$$\text{P}^* = \text{P}^*_{\text{abs}} - \text{Kf}_{\text{P}} \cdot \text{P} \quad (3.5)$$

mit

unP*$_{\text{abs}}$, P*$_{\text{abs}}$	=	Absolutintensität des Monoisotopenpeaks von Standardpeptid bzw. Standardphosphopeptid
Kf$_{\text{unP}}$, Kf$_{\text{P}}$	=	Korrekturfaktor resultierend aus dem Isotopenmuster des unphosphorylierten bzw. phosphorylierten Zielpeptids
unP, P	=	Intensität des Monoisotopenpeaks von Zielpeptid bzw. Zielphosphopeptid

Die Bestimmung des Korrekturfaktors Kf wird an folgendem Beispiel deutlich: Bei dem p38β-Peptiddublett QADEEMTGYVATR und QADEEMTGYVA*TR (A* = A+ 4 Da) wird der Monoisotopenpeak des Standards vom fünften Isotopenpeak des unmarkierten Peptids überlagert. Gemäß Tab. 3.1 beträgt der Korrekturfaktor Kf$_{\text{unP}}$ 0.040 auf Grundlage des berechneten oder 0.033 auf Grundlage des experimentellen endogenen Isotopenpatterns.

3.1.5. Validierung der Wiederfindung

Die Wiederfindung der *one-source*-Standardmethode wurde anhand von Referenzmischungen mit definierten Phosphorylierungsgraden überprüft. Da kein kommerzielles Protein für diesen Zweck verfügbar war, wurden verschiedene, volumetrisch definierte Mischungen eines doppelt phosphorylierten und unphosphorylierten Peptids in unmarkierter Form hergestellt. Dafür wurde das Peptidpaar QADEEMpTGpYVATR und QADEEMTGYVATR verwendet, das bei tryptischem Verdau der MAPK p38β entsteht. Wie ERK1/2 und JNK wird auch p38β durch duale Phosphorylierung des Sequenzmotivs -TXY- aktiviert (Platanias, 2003).

Die Herstellung der Referenzmischungen in den Verhältnissen 1:10, 1:5, 1:2, 1:1, 2:1, 5:1 und 10:1 erfolgte gemäß dem *one-source*-Prinzip (Abb. A.1 auf Seite 116). Zu den Referenzmischungen wurde das entsprechende isotopenmarkierte Standardpaar QADEEMpTGpYVA*TR und QADEEMTGYVA*TR (Abb. A.2 auf Seite 116) im 1:1-Verhältnis zugegeben. Alle Referenzmischungen wurden unabhängig voneinander in vierfacher Ausführung hergestellt und mittels nanoUPLC-MS analysiert (Abb. A.3 auf Seite 117). Im Anschluss wurden die molaren Verhältnisse und Phosphorylierungsgrade der unmarkierten Spezies bestimmt. Die Massenspektren von drei Referenzmischungsanalysen sind in Abb. 3.6 auf Seite 41 dargestellt.

Da die Standardintensitäten auf gleiche Höhe normiert wurden, kann das molare Verhältnis zwischen phosphoryliertem und unphosphoryliertem Referenzpeptid ($MV_{P/unP}$) direkt abgelesen werden. Die Spektren zeigen eine gute Übereinstimmung zwischen volumetrischen und experimentellen $MV_{P/unP}$-Werten.

Die relative Standardabweichung bei der Analyse des molaren Verhältnisses war bei einem $MV_{P/unP}$-Wert nahe 1 am kleinsten; bei $MV_{P/unP} = 0.5$ und $MV_{P/unP} = 1.0$ lag sie unter 5 % (Tab. A.2 auf Seite 142). Wie in Abb. 3.7 auf Seite 42 ersichtlich, stimmten auch die experimentellen Phosphorylierungsgrade mit den volumetrischen sehr gut überein. Die maximale Differenz zwischen den mittleren experimentellen und volumetrischen Phosphorylierungsgraden betrug 0.9 % (Tab. A.3 auf Seite 142). Alle Phosphorylierungsgrade wurden hoch reproduzierbar mit einer Standardabweichung $\leq$ 1.6 % bestimmt. Die relative Standardabweichung betrug selbst bei Phosphorylierungsgraden im unteren prozentualen Bereich maximal 10.4 %.

3.1.6. Validierung der Richtigkeit

Um die Richtigkeit der *one-source*-Standardmethode zu testen, wurde der Phosphorylierungsgrad eines Proteins bei Verwendung von Proteasen mit unterschiedlicher Spezifität bestimmt. Trotz unterschiedlicher Sequenzen der erzeugten Spaltpeptide sollten die Phosphorylierungsgrade im Rahmen der Messgenauigkeit identisch sein. Für diese Analyse wurde endogenes immunpräzipitiertes STAT6 verwendet – ein Transkriptionsfaktor, der zur Familie der STAT-Proteine gehört und in L1236-Zellen exprimiert wurde. Sobald STAT6 durch Rezeptor-assoziierte Kinasen phosphoryliert wird, kann es als Dimer in den Zellkern eindringen und dort die Transkription von Zielgenen aktivieren (Schindler & Darnell, 1995). In L1236-Zellen ist ein Teil der STAT6-Moleküle ständig phosphoryliert.

Von sechs identischen STAT6-Gelbanden wurden drei Banden mit einer Kombination aus AspN und LysC und drei Banden mit AspN allein verdaut (Abb. 3.8A auf Seite 43). Bei Verwendung von AspN war die biologisch relevante STAT6-Phosphorylierungsstelle Tyr641 (Mikita et al., 1996) in dem 16mer Peptid DGRG-Y-VPATIKMTVER vorhanden, wohingegen beim kombinierten AspN- und LysC-Verdau Tyr641 auf dem kürzeren 11mer Peptid DGRG-Y-VPATIK lokalisiert war. Für beide Peptide wurden die entsprechenden *one-source*-Standards (Abb. A.4 und A.5, Seite 118), von denen das 16mer Peptid mit D* und das 11mer Peptid mit V* markiert war, dreimal unabhängig voneinander hergestellt und den Verdaus zugegeben. Da das AspN-generierte Peptid einen Methioninrest enthielt, wurden diese Proben vor

3.1. Entwicklung von *one-source*-Peptid-/Phosphopeptidstandards

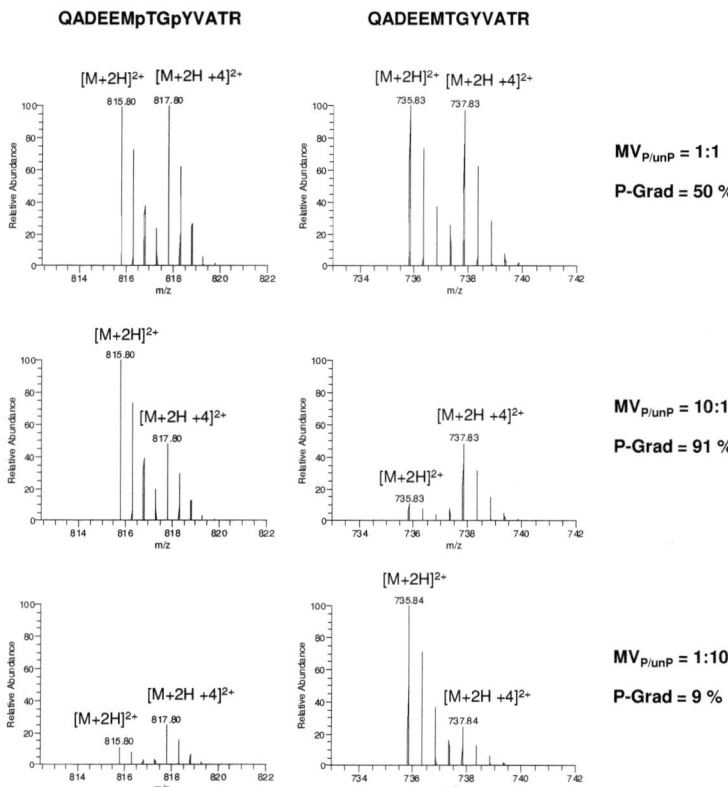

Abbildung 3.6.: Repräsentative nanoUPLC-MS-Analyse einer 1:1-, 10:1- und 1:10-Referenzmischung der synthetischen p38β-Peptide QADEEMpTGpYVATR und QADEEMTGYVATR in unmarkierter Form. Die Referenzmischungen wurden gemäß dem *one-source*-Prinzip erzeugt und die isotopenmarkierten Standards QADEEMpTGpYVA*TR und QADEEMTGYVA*TR jeweils im 1:1-Verhältnis zugegeben. Die Normierung der Standardintensitäten auf gleiche Höhe erlaubt die direkte Ablesung des molaren Verhältnisses zwischen phosphoryliertem und unphosphoryliertem Referenzpeptid ($MV_{P/unP}$) zur Berechnung des Phosphorylierungsgrads (P-Grad) (A* = $[^{13}C_3,^{15}N]$-Alanin).

3. Ergebnisse

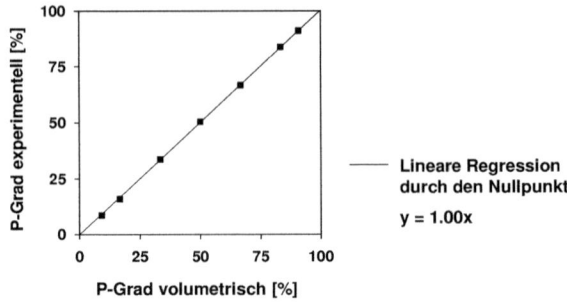

Abbildung 3.7.: Phosphorylierungsgrade von definierten Referenzmischungen der synthetischen Peptide QADEEMpTGpYVATR und QADEEMTGYVATR. Die experimentellen Werte wurden gegen die volumetrischen aufgetragen, die sich aus der Mischungszusammensetzung der beiden Peptide ergeben. Angezeigt sind die mittleren Phosphorylierungsgrade aus vier unabhängigen Messungen.

der nanoUPLC-MS/MS-Analyse mit Wasserstoffperoxid aufoxidiert. So wurde eine Aufspaltung des Signals in eine oxidierte und nicht-oxidierte Fraktion verhindert und eine eventuelle Wechselwirkung zwischen Oxidation und Phosphorylierung ausgeschlossen. Abb. 3.8B zeigt repräsentative Massenspektren für beide Verdaubedingungen.

Die quantitative Auswertung ergab einen Phosphorylierungsgrad für Tyr641 von 9.2 ± 1.1 % (Mittelwert ± SD, $n=3$) basierend auf dem 11mer Peptid und einen entsprechenden Wert von 8.3 ± 1.4 % basierend auf dem 16mer Peptid (Tab. 3.2). Die Abweichung der Resultate war nicht signifikant; sie lag innerhalb des experimentellen Fehlers. Die relative Standardabweichung der phosphorylierten STAT6-Fraktion betrug maximal 16.8 % und die der unphosphorylierten Fraktion 1.5 %. Der Unterschied ist darauf zurückzuführen, dass bei gleicher absoluter Standardabweichung die relative Standardabweichung bei einem niedrigeren Fraktionsanteil höher ist. Der mittlere Fehler beider Fraktionen lag unter 10 %.

Tabelle 3.2.: Prozentuale Anteile der unphosphorylierten und Tyr641-phosphorylierten STAT6-Fraktionen bei AspN + LysC- oder AspN-Verdau. Angegeben sind die Ergebnisse aus jeweils drei unabhängigen technischen Replikaten. Bei der quantitativen Auswertung des AspN-Verdaus wurde die Intensität des unphosphorylierten Standardpeptids nach Formel 3.4 mit dem Faktor $Kf_{unP} = 0.023$ korrigiert.

	Fraktion von totalem STAT6 [%]			
	AspN + LysC-Verdau		AspN-Verdau	
Messung Nr.	unP	pY	unP	pY
1	92.1	7.9	93.2	6.8
2	90.1	9.9	90.4	9.6
3	90.4	9.6	91.4	8.6
Mittelwert ± SD	90.8 ± 1.1	9.2 ± 1.1	91.7 ± 1.4	8.3 ± 1.4
RSD	1.2	11.6	1.5	16.8
Mittlere RSD	6.4		9.2	

3.1. Entwicklung von one-source-Peptid-/Phosphopeptidstandards

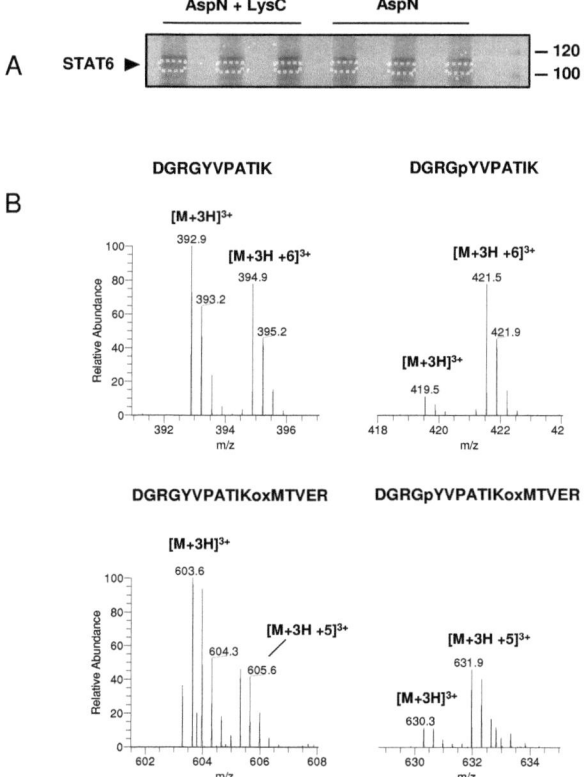

Abbildung 3.8.: Analyse des Phosphorylierungsgrads von Tyr641 in STAT6 bei unterschiedlichen Verdaubedingungen. Ein L1236-Zelllysat wurde in sechs identische Aliquots geteilt, STAT6 jeweils immunpräzipitiert und mit SDS/PAGE gereinigt. Je drei Gelbanden wurden mit AspN + LysC oder mit AspN allein verdaut (A). Zu jedem Verdau wurde das entsprechende one-source-Peptid/Phosphopeptid-Standardpaar im 1:1-Verhältnis zugegeben, der AspN-Verdau zusätzlich aufoxidiert und die Mischungen mit nanoUPLC-MS/MS analysiert. Gezeigt sind repräsentative Massenspektren der STAT6-Peptide DGRG-[Y/pY]-VPATIK (AspN + LysC-Verdau) und DGRG-[Y/pY]-VPATIKoxMTVER (AspN-Verdau), die auf das 1:1-Verhältnis der Standardpeptide normiert wurden (B). Die Standards enthielten $[^{13}C_4, ^{15}N]$-Asparaginsäure oder $[^{13}C_5, ^{15}N]$-Valin.

3.1.7. Validierung der Reproduzierbarkeit bei Peptiden mit einer Phosphorylierungsstelle

Als nächstes wurde die Reproduzierbarkeit der Phosphorylierungsgradbestimmung mit *one-source*-Standards getestet. Dazu wurden drei identische Gelbanden von STAT6, das aus MedB-1-Zellen isoliert war, jeweils mit AspN verdaut und die Verdaus anschließend in vier, drei oder zwei Aliquots geteilt. Da ein relativ hoher Phosphorylierungsgrad an Position Tyr641 erwartet wurde, wurde der Standard für das 16mer Peptid in einem Phosphopeptid/Peptid-Verhältnis von 4:1 den Aliquots zugegeben (Abb. 3.4 auf Seite 35). Anders als bei dem im letzten Abschnitt beschriebenen Versuch, bei dem der Standard für jede Probe neu hergestellt wurde, wurde hier derselbe Standardansatz für alle Aliquots verwendet. Die mittleren Phosphorylierungsgrade der analysierten STAT6-Banden betrugen 66.3 % (n=4), 68.1 % (n=3) und 67.4 % (n=2) (Tab. 3.3). Die Unterschiede der verschiedenen Banden waren nicht signifikant; sie lagen innerhalb der Standardabweichung der Einzelwerte (0.6 %, 3.5 %). Die mittlere relative Standardabweichung betrug maximal 8.2 %; sie war mit derjenigen im letzten Abschnitt (9.2 %, Tab. 3.2 auf Seite 42) vergleichbar. Wie die Resultate belegen, war sowohl der Prozess der Probenaufarbeitung als auch die Herstellung von *one-source*-Standards hoch reproduzierbar.

Tabelle 3.3.: Prozentuale Anteile der unphosphorylierten und Tyr641-phosphorylierten STAT6-Fraktionen dreier identischer Immunpräzipitate. STAT6 wurde in-Gel mit AspN verdaut, die Peptidlösungen in 4, 3 oder 2 Aliquots geteilt und nach Zugabe von *one-source*-Standards mit nanoUPLC-MS/MS gemessen. Die Fraktionsanteile wurden unter Berücksichtigung der Korrekturfaktoren $Kf_{unP} = 0.022$ und $Kf_P = 0.022$ berechnet.

Messung Nr.	Fraktion von totalem STAT6 [%]					
	IP1		IP2		IP3	
	unP	pY	unP	pY	unP	pY
1	33.0	67.0	35.1	64.9	30.6	69.4
2	34.4	65.6	32.5	67.5	34.7	65.3
3	33.4	66.6	28.1	71.9		
4	34.0	66.0				
Mittelwert ± SD	33.7 ± 0.6	66.3 ± 0.6	31.9 ± 3.5	68.1 ± 3.5	32.7 ± 2.1[a]	67.4 ± 2.1[a]
RSD	1.8	0.9	11.1	5.2		
Mittlere RSD	1.4		8.2			

[a]Anstelle der Standardabweichung ist die Differenz der Einzelwerte vom Mittelwert angegeben.

3.1.8. Phosphorylierungsgradbestimmung von Peptiden mit zwei Phosphorylierungsstellen

Bei manchen Signalproteinen reicht die Phosphorylierung an einer Stelle aus, um ihre Funktion zu ändern (z.B. She et al., 2005; Shuai et al., 1993). Im Gegensatz dazu wird die Funktion vieler anderer Proteine durch mehrere Phosphorylierungsereignisse reguliert (zusammengefasst in Cohen, 2000; Salazar & Hofer, 2009). Nahe beieinander liegende Phosphorylierungsstellen können auf demselben proteolytischen Peptid vorliegen. ERK2 ist beispielsweise ein Enzym, welches für seine vollständige Aktivierung zwei Phosphorylierungen an Thr183/185 und Tyr185/187 (Maus/Mensch) benötigt. Der tryptische Verdau von ERK2 generiert das 19mer Peptid VADPDHDHTGFLTEYVATR mit beiden Phosphorylierungsstellen. Das Peptid kann in drei phosphorylierten Formen auftreten: den beiden einfach phosphorylierten Peptidisomeren und der doppelt phosphorylierten Spezies. Um den Phosphorylierungsgrad von Proteinen spezifisch zu bestimmen, wird für jede Phosphorylierungsform ein eigenes Peptid/Phosphopep-

3.1. Entwicklung von one-source-Peptid-/Phosphopeptidstandards

tid-Standardpaar benötigt. Folglich erfordert die vollständige Charakterisierung des ERK2-Peptids drei *one-source*-Standardpaare. Für die getrennte Detektion mehrerer *one-source*-Standards ist eine individuelle Isotopenmarkierung essentiell, da die entsprechenden unphosphorylierten Komponenten die gleiche Sequenz aufweisen. Für das oben genannte ERK2-Peptid wurde dies durch eine unterschiedliche Anzahl isotopenmarkierter Aminosäuren (Abb. 3.9A–D) realisiert, so dass Standardpaare mit einer Massenverschiebung von +4, +8 und +14 Da erzeugt wurden (Abb. A.6–A.8 auf Seite 119). Die beiden einfach phosphorylierten Peptidisomere wurden durch nanoUPLC vollständig getrennt (Abb. 3.9E und F). So war deren spezifische Quantifizierung möglich.

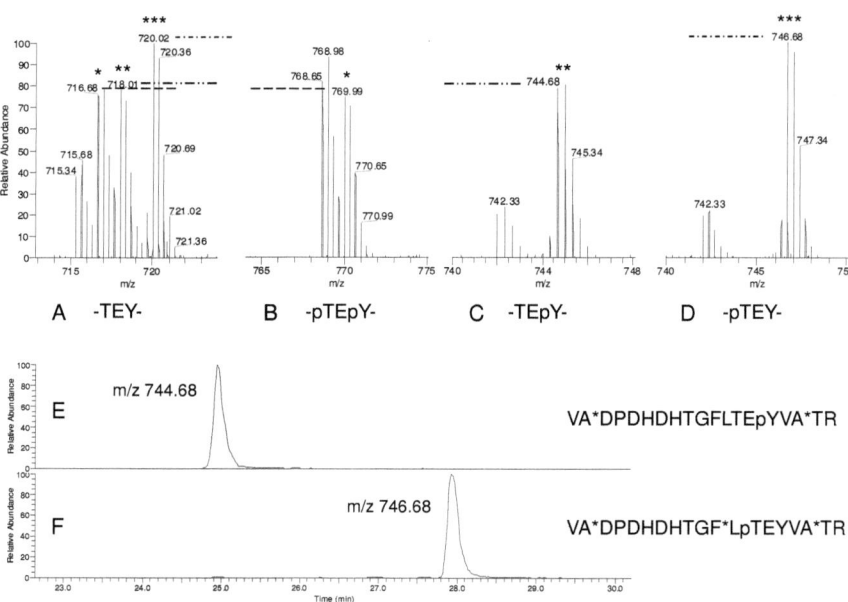

Abbildung 3.9.: Prinzip der positionsspezifischen Phosphorylierungsgradbestimmung am Beispiel des ERK2-Peptids VADPDHDHTGFLTEYVATR mit zwei Phosphorylierungsstellen. Das Peptid kann in unphosphorylierter -TEY- (A), doppelt -pTEpY- (B), einfach -TEpY- (C) und einfach -pTEY- (D) phosphorylierter Form auftreten. Die beiden Phosphopeptidisomere wurden mittels nanoUPLC getrennt (E, F). Für jede Phosphopeptidspezies wurde ein *one-source*-Peptid/Phosphopeptid-Standardpaar im 1:1-Verhältnis (angedeutet durch gestrichelte Linien) zugegeben. Die relativen Signalintensitäten der endogenen Peptidspezies in den normalisierten Massenspektren repräsentieren deren molare Verhältnisse. Die unterschiedlich phosphorylierten Formen der ERK2-Peptidstandards wurden wie folgt markiert: -pTEpY- (= A*); -TEpY- (=A*+A*); -pTEY- (=A*+A*+F*).

Die molaren Verhältnisse $MV_{P,n/unP}$ (n = 1, 2, 3) für drei unterschiedlich phosphorylierte Spezies eines Peptids mit zwei Phosphorylierungsstellen wurden gemäß Formel 3.6 berechnet.

3. Ergebnisse

$$\text{MV}_{\text{P},n/\text{unP}} = \frac{\text{unP}^{n*} \cdot \text{P}_n \cdot x_n}{\text{unP} \cdot \text{P}^{n*} \cdot y_n} \qquad (3.6)$$

mit

$\text{unP}^{n*}/\text{unP}$	=	Intensitätsverhältnis der korrigierten Monoisotopensignale von individuellem unphosphorylierten Standardpeptid/Zielpeptid
P_n/P^{n*}	=	Intensitätsverhältnis der korrigierten Monoisotopensignale von Zielphosphopeptidspezies n/individuellem Phosphopeptidstandard n
x_n/y_n	=	molares Verhältnis des *one-source*-Standardpaars n

Der Phosphorylierungsgrad für eine Phosphopeptidspezies n sowie der Anteil der unphosphorylierten Fraktion wurde gemäß den Formeln 3.7 und 3.8 berechnet.

$$\text{P} - \text{Grad}_n = \frac{\text{MV}_{\text{P},n/\text{unP}}}{1 + \sum_{k=1}^{3} \text{MV}_{\text{P},k/\text{unP}}} \cdot 100\,\% \qquad (3.7)$$

$$\text{unP} - \text{Grad} = \frac{1}{1 + \sum_{k=1}^{3} \text{MV}_{\text{P},k/\text{unP}}} \cdot 100\,\% \qquad (3.8)$$

Um möglichst genaue Phosphorylierungsgrade zu erhalten, erfolgte eine rechnerische Korrektur der monoisotopischen Standardintensitäten, sofern sie vom jeweiligen leichten Isotopenmuster überlagert waren. Tab. 3.4 zeigt am Beispiel der Phosphorylierungsgradbestimmung von ERK2, wie die Korrekturwerte berechnet wurden. Diese wurden von den Absolutintensitäten der monoisotopischen Standardpeaks subtrahiert. Es wurden nur die Standardintensitäten korrigiert, bei denen die Differenz zum leichten Isotopenmuster $\leq$ 5 Da war. Bei höheren Massendifferenzen war der Anteil der Überlagerung sehr gering ($\leq$ 0.9 % des höchsten leichten Isotopenpeaks, siehe Tab. 3.1 auf Seite 37*ff*); sie wurde in diesen Fällen vernachlässigt.

Tabelle 3.4.: Korrekturwerte der monoisotopischen Peakintensitäten zur Phosphorylierungsgradbestimmung von ERK2. Eckige Klammern beziehen sich auf die Signalintensität des jeweils angegebenen m/z-Werts.

ERK2-Peptidspezies	Formelbezeichnung	m/z (z=3)	Korrekturwert
VADPDHDHTGFLTEYVATR	unP	715.34	-
VADPDHDHTGFL pT E pY VATR	P_1	742.00	-
VADPDHDHTGFLTE pY VATR	P_2	742.00	-
VADPDHDHTGFL pT EYVATR	P_3	768.65	-
VA*DPDHDHTGFLTEYVATR	unP*	716.68	$0.098^a \cdot [715.68]$
VA*DPDHDHTGFLTEYVA*TR	unP**	718.01	$0.085^b \cdot [717.01]$
VA*DPDHDHTGF*LTEYVA*TR	unP***	720.02	-
VA*DPDHDHTGFL pT E pY VATR	P*	769.99	$0.106^a \cdot [768.98]$
VA*DPDHDHTGFLTE pY VA*TR	P**	744.68	-
VA*DPDHDHTGF*L pT EYVA*TR	P***	746.68	-

[a]Korrekturfaktor berechnet aus natürlicher Isotopenverteilung (Tab. 3.1 auf Seite 37*ff*)
[b]Korrekturfaktor experimentell ermittelt

3.1. Entwicklung von one-source-Peptid-/Phosphopeptidstandards

Tabelle 3.5.: Reproduzierbarkeit der Phosphorylierungsgradbestimmung von GST-ppERK2 bei Vierfachmessung zweier Verdaus mit identischen oder jeweils neu hergestellten Standards. Das verwendete GST-ppERK2 stammte aus verschiedenen Herstellungschargen.

Replikat Nr.	Fraktion von totalem GST-ppERK2 [%]							
	identische Standards				neue Standards			
	pTpY	pY	pT	unP	pTpY	pY	pT	unP
1	36.4	35.1	11.8	16.7	23.3	43.8	12.0	21.0
2	36.5	32.1	13.4	18.1	27.0	44.5	10.9	17.6
3	36.8	34.3	12.0	16.9	26.7	47.5	10.2	15.6
4	36.6	33.4	12.6	17.4	23.4	48.3	10.8	17.5
Mittelwert	36.6	33.7	12.5	17.3	25.1	46.0	11.0	17.9
SD	0.2	1.3	0.7	0.6	2.1	2.2	0.8	2.2
RSD	0.5	3.9	5.9	3.6	8.2	4.8	6.9	12.4
Mittlere SD	absolut: 0.7 / relativ: 3.5				absolut: 1.8 / relativ: 8.1			

3.1.9. Validierung der Reproduzierbarkeit bei Peptiden mit zwei Phosphorylierungsstellen

Die Reproduzierbarkeit der Phosphorylierungsgradbestimmung bei Peptiden mit zwei Phosphorylierungsstellen wurde am Beispiel von aktivem GST-markierten ERK2 (GST-ppERK2) bei wiederholter Injektion desselben Proteinverdaus getestet. Dazu wurden zwei Gelbanden von GST-ppERK2 (aus unterschiedlichen Herstellungschargen) getrennt verdaut und die Peptidlösungen in jeweils vier identische Aliquots geteilt. Zu den Aliquots der ersten Bande wurden one-source-Standards eines Herstellungsansatzes und zu denen der zweiten Bande jeweils neu hergestellte Standards aus verschiedenen Ansätzen zugegeben. Nach der nanoUPLC-MS/MS-Analyse wurden die Peptidfraktionen pTpY, pY, pT und unP quantitativ bestimmt (Tab. 3.5). Die Vierfachmessung des Verdaus mit identischen Standards ergab für die verschiedenen Fraktionen eine mittlere absolute Standardabweichung von 0.7 %, was einer relativen Standardabweichung von 3.5 % entsprach. Die relative Standardabweichung bei dem Verdau, der mit Standards aus verschiedenen Herstellungsansätzen analysiert wurde, betrug durchschnittlich 8.1 % und war damit um 4.6 % höher als bei Verwendung identischer Standards. Die zugehörige absolute Standardabweichung lag bei 1.8 %.

Im nächsten Schritt wurde die Reproduzierbarkeit der one-source-Standardmethode anhand einer Messreihe geprüft, bei der die analysierten GST-ppERK2-Verdaus aus verschiedenen Gelbanden stammten. Zusätzlich wurde der Einfluss einer Immunpräzipitation auf die Genauigkeit der Phosphorylierungsgrade getestet. Dafür wurden je 325 ng GST-ppERK2 vier identischen Zelllysaten aus primären Maushepatozyten zugegeben und mittels Immunpräzipitation und SDS/PAGE gereinigt. Als Kontrolle wurde viermal die gleiche Menge unbehandeltes GST-ppERK2 auf das Gel aufgetragen. Durch die GST-Markierung war das Molekulargewicht des rekombinanten Proteins um 26 kDa erhöht, so dass markiertes und endogenes ERK2 im Gel vollständig voneinander getrennt wurden. Die GST-ppERK2-Banden wurden mit Trypsin verdaut, one-source-Standards eines Herstellungsansatzes zugegeben und die Proteinfraktionen mittels nanoUPLC-MS/MS-Analyse quantifiziert.

Für die immunpräzipitierten Proteinfraktionen wurde eine mittlere absolute Standardabweichung von 1.6 % und eine relative Standardabweichung von durchschnittlich 7.6 % ermittelt (Tab. 3.6 auf Seite 48). Bei den Kontrollbanden waren die Standardabweichungen vergleichbar mit Werten von 1.6 % (absolut) und 6.8 % (relativ). Die Fraktionsanteile der verschiedenen Spezies waren im Rahmen der Messgenauigkeit für beide Bedingungen identisch. Die Resul-

Tabelle 3.6.: Reproduzierbarkeit der Phosphorylierungsgradbestimmung von 325 ng GST-ppERK2 nach Immunpräzipitation aus einem primären Maushepatozyten-Lysat und in-Gel-Verdau oder nach in-Gel-Verdau allein (Kontrolle). Zu den vier technischen Replikaten wurden *one-source*-Standards desselben Herstellungsansatzes zugegeben.

Replikat Nr.	Fraktion von totalem GST-ppERK2 [%]							
	aus Zellysat isoliert				Kontrolle			
	pTpY	pY	pT	unP	pTpY	pY	pT	unP
1	40.7	29.4	11.6	18.2	38.4	30.1	12.6	18.9
2	37.8	31.4	12.5	18.3	40.0	31.3	13.6	15.1
3	37.2	32.6	14.0	16.2	36.4	35.1	11.8	16.7
4	42.3	31.4	10.5	15.4	36.5	32.1	13.4	18.1
Mittelwert	39.5	31.2	12.2	17.1	37.8	32.2	12.9	17.2
SD	2.4	1.3	1.5	1.3	1.7	2.1	0.8	1.7
RSD	6.2	4.2	12.0	7.8	4.5	6.6	6.4	9.7
Mittlere SD	absolut: 1.6 / relativ: 7.6				absolut: 1.6 / relativ: 6.8			

tate belegen, dass die Immunpräzipitation die Richtigkeit und Reproduzierbarkeit der Phosphorylierungsgradbestimmung kaum beeinträchtigte. Allerdings war die Standardabweichung bei der Analyse der unbehandelten Verdaus aus mehreren identischen GST-ppERK2-Banden (absolut/relativ: 1.6/6.8 %) etwa 2mal höher als bei der Mehrfachmessung desselben Verdaus mit Standards eines Herstellungsansatzes (absolut/relativ: 0.7/3.5 %) (Tab. 3.5 auf Seite 47). Diese Zunahme war folglich auf den Prozess des in-Gel-Verdaus und der Peptidextraktion zurückzuführen.

3.1.10. Überprüfung der Phosphatase-Aktivität in Zelllysaten

Eine Grundvoraussetzung für die Richtigkeit der *one-source*-Standardmethode ist das Fehlen jeglicher Phosphatase-Aktivität in den Zelllysaten. Nur dann kann davon ausgegangen werden, dass die experimentell ermittelten Phosphorylierungsgrade den tatsächlichen Zustand *in vivo* zum Zeitpunkt der Zelllyse widerspiegeln. Aus dem im letzten Abschnitt beschriebenen Versuchsaufbau kann neben der Reproduzierbarkeit auch die Aktivität von zellulären Phosphatasen in Anwesenheit von Phosphatase-Inhibitoren abgeleitet werden. Zur Überprüfung der zellulären Phosphatase-Aktivität wurde der Versuch leicht modifiziert: die GST-ppERK2-Konzentration war mit 25 ng 13mal niedriger, und gleichzeitig wurden 2.5mal mehr Zellen für das Lysat verwendet.

Wie die unterschiedlichen Intensitäten der GST-ppERK2-Banden nach der gelelektrophoretischen Trennung (Abb. 3.10A auf Seite 49) zeigen, führte die Immunpräzipitation zu einem signifikanten Proteinverlust. Ein Vergleich der Peakhöhen zweier GST-ppERK2-Peptide ohne Phosphorylierungsstellen ergab, dass die Wiederfindung dieses Anreicherungsverfahren bei nur etwa 30 % lag (Abb. A.9 auf Seite 120). Trotz des absoluten Konzentrationsunterschieds stimmten die experimentellen Phosphorylierungsmuster zwischen dem immunpräzipitierten und unbehandelten Protein gut überein (Abb. 3.10B und Abb. A.10 auf Seite 120). Im Durchschnitt waren die Anteile der pTpY- und pY-Fraktion nach der Immunpräzipitation zwar um 2.8 und 2.9 % niedriger und die der pT- und unP-Fraktion um 1.1 und 4.5 % höher im Vergleich zur Kontrolle (Tab. A.4 auf Seite 143); jedoch lagen alle Unterschiede im Bereich der zweifachen Standardabweichung.

Aufgrund der vorliegenden Daten konnte eine Restaktivität von zellulären Phosphatasen trotz Phosphatase-Inhibitoren nicht gänzlich ausgeschlossen werden. Allerding waren die be-

3.1. Entwicklung von *one-source*-Peptid-/Phosphopeptidstandards

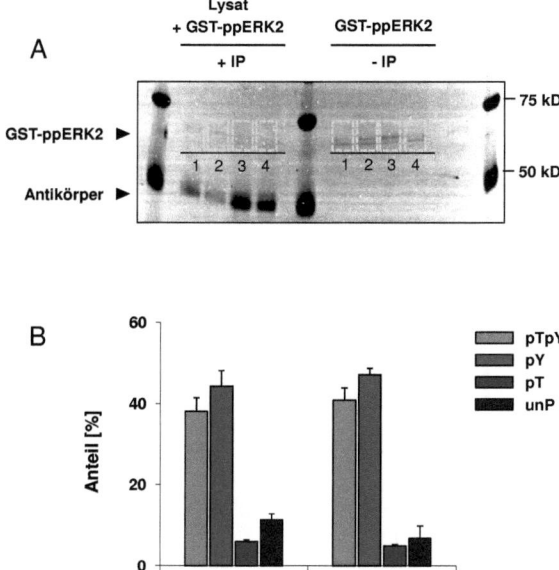

Abbildung 3.10.: Test auf Phosphatase-Aktivität in Zelllysaten; A) SDS/PAGE von GST-ppERK2 nach Immunpräzipitation und ohne Behandlung. Je 25 ng GST-ppERK2 wurden vier identischen Lysaten aus primären Maushepatozyten zugegeben, mit ERK1-Antikörper immunpräzipitiert und vom endogenen ERK2 mittels SDS/PAGE getrennt. Als Kontrolle wurde viermal die gleiche Menge unbehandeltes GST-ppERK2 auf das Gel aufgetragen. Die annotierten Proteinbanden wurden mittels nanoUPLC-MS/MS-Analyse und Mascot-Datenbanksuche identifiziert. Die gestrichelten Linien zeigen die Größe der ausgeschnittenen Banden für die weitere Prozessierung; B) Prozentuale Anteile der verschiedenen Fraktionen von GST-ppERK2 mit und ohne Immunpräzipitation. Die Fehlerbalken geben die einfache Standardabweichung der vier Replikate an.

obachteten Unterschiede sehr gering; sie wurden daher bei der Auswertung biologisch relevanter Daten nicht berücksichtigt.

3.1.11. Bestimmung von Phosphorylierungsgraden im unteren Prozentbereich

Ziel der nächsten Untersuchung war es, festzustellen, ob mit Hilfe von *one-source*-Standards auch Phosphorylierungsgrade im unteren Prozentbereich von ca. 1–10 % genau bestimmt werden können. Dafür wurde die Aktivierungskinetik von ERK2 in der menschlichen Keratinozytenzelllinie HaCaT A5 nach *in vitro*-Stimulation mit GM-CSF gemessen. Ähnlich der Aktivierung durch RTK kann die MAPK-Signalkaskade durch Zytokinrezeptoren aktiviert werden (Kapitel 1.3). Im Unterschied zu RTK aktiviert der GM-CSF-Zytokinrezeptor die MAPK auf einem niedrigen Niveau.

Die Stimulation der HaCaT A5-Zellen mit GM-CSF wurde einmal mit und einmal ohne IL6-Blockade durchgeführt. Zu den angezeigten Zeitpunkten wurden die Zellen lysiert; ERK2 wurde isoliert und für die Addition von *one-source*-Standards vorbereitet. Anschließend wurden die Proben mittels nanoUPLC-MS/MS analysiert. Bei dem tryptischen ERK2-Peptid VADPDHDHTGFLTEYVATR wurde eine Phosphorylierung innerhalb des TEY-Motivs an Thr185 und Tyr187 eindeutig nachgewiesen (Abb. A.11 und A.12 auf Seite 121). Die quantitative Auswertung der phosphorylierten ERK2-Fraktionen ergab folgende Ergebnisse: Die GM-CSF-Stimulation führte bei gleichzeitiger IL6-Blockade zu einer mäßigen Aktivierung. Nach einem steilen initialen Anstieg wurden die höchsten Phosphorylierungsgrade bei 10 min beobachtet (Abb. 3.11A auf Seite 51). Die Anteile von totalem ERK2 betrugen maximal 6.1 % für die pTpY- und 10.2 % für die pY-Fraktion (Tab. A.5 auf Seite 143). Im weiteren Verlauf nahm deren Phosphorylierung wieder ab, wobei die Ausgangswerte innerhalb von 90 min nicht wieder erreicht wurden. Zusätzlich zur pTpY- und pY-Fraktion wurde ein kleiner Anteil der pT-Spezies mit einem maximalen Phosphorylierungsgrad von 2.3 % beobachtet. Dieser Anteil lag nur zwischen 10 und 20 min bei > 1 %. Trotz der niedrigen Phosphorylierungsgrade, die in dieser Stimulationsstudie erzielt wurden, war das dynamische Verhalten der verschiedenen ERK2-Fraktionen deutlich erkennbar.

Als Folge der GM-CSF-Stimulation ohne IL6-Blockade waren die experimentellen ERK2-Phosphorylierungsgrade mit Werten zwischen 0.6 und 5.4 % extrem gering (Tab. A.6 auf Seite 143). Erneut wurden alle drei Phosphopeptidfraktionen detektiert; ihre Aktivierungsprofile waren sehr ähnlich (Abb. 3.11B auf Seite 51). Nach einem geringen Anstieg im Zeitintervall von 5 bis 20 min lagen die Anteile der verschiedenen Phosphopeptidspezies ab 25 min niedriger als das Ausgangsniveau. Nur die pY-Fraktion stieg bei 90 min wieder etwas höher an. Auch bei dieser Kinetik konnte in Folge der GM-CSF-Stimulation ein Aktivierungsprofil – auf sehr niedrigem Niveau – beobachtet werden.

3.1.12. Multiplex-Herstellung von *one-source*-Standards

Wie in Abschnitt 3.1.1 beschrieben, wird bei der Herstellung eines *one-source*-Standardpaars das unphosphorylierte Standardpeptid durch Dephosphorylierung des Standardphosphopeptids erzeugt. Anders als bei absolut quantifizierten AQUA- (Gerber et al., 2003) oder PASTA-Peptiden (Zinn et al., 2009) stören vorhandene Verunreinigungen wie Fehlsynthesen die Standardherstellung nicht: sie unterscheiden sich in ihrer Masse von den Standardpeptiden (Abb. A.24 auf Seite 128). Auf dieser Basis wurde untersucht, ob mit antarktischer Phosphatase mehrere Phosphopeptidstandards zeitsparend in einem Ansatz dephosphoryliert und kontrolliert werden können. Die Effizienz einer Triplex-Dephosphorylierung wurde anhand der ERK2-Standards VA*DPDHDHTGFLpTEpYVATR, VA*DPDHDHTGFLTEpYVA*TR und VA*DPDHDHTGF*LpTEYVA*TR getestet. Abb. 3.12 auf Seite 52 zeigt die nanoESI-MS-

3.2. Charakterisierung der quantitativen Orbitrap-Massenspektrometrie-Daten

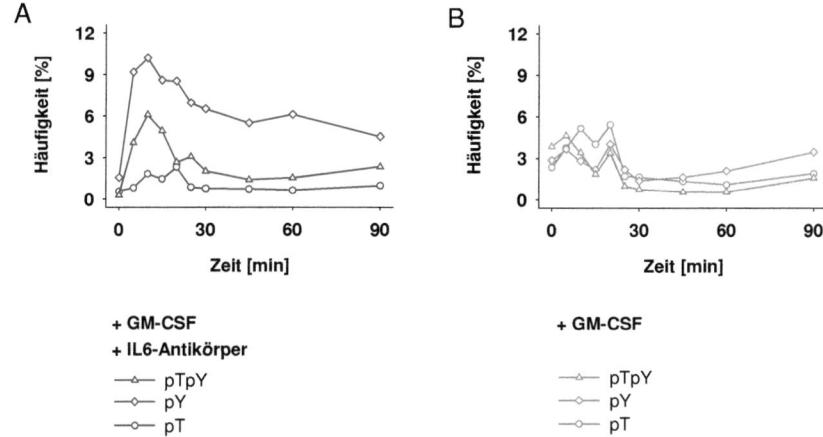

Abbildung 3.11.: ERK2-Phosphorylierungsprofile in HaCaT A5-Zellen als Antwort auf Stimulation mit 100 ng/ml GM-CSF. ERK2-Immunpräzipitate wurden denaturiert und für die Zugabe von *one-source*-Standards vorbereitet. Nach der nanoUPLC-MS/MS-Analyse wurden die Phosphorylierungsgrade der drei Phosphopeptidspezies pTpY-, pY- und pT-ERK2 bestimmt; A) GM-CSF-Stimulation bei gleichzeitiger Antikörperblockade von IL6; B) GM-CSF-Stimulation ohne IL6-Blockade. Die Daten resultieren aus den Einzelmessungen je einer biologischen Zeitreihe.

Analyse der Standards vor und nach gemeinsamer Dephosphorylierung. Wie in den Massenspektren ersichtlich, waren alle Phosphopeptidstandards nach der Phosphatasebehandlung virtuell zu 100 % dephosphoryliert. Die Daten demonstrieren, dass die Herstellung verschiedener *one-source*-Standardpaare auch als Multiplex möglich ist.

3.2. Charakterisierung der quantitativen Orbitrap-Massenspektrometrie-Daten

3.2.1. Bestimmung des linearen Messbereichs

Der lineare Messbereich eines Massenspektrometer-Detektors gibt den Bereich an, in dem Signalintensitäten linear proportional dem Zuwachs der Ionenintensitäten folgen. Solange die Messung im linearen Bereich stattfindet, werden quantitative Daten mit hoher Genauigkeit erzeugt, auch wenn die Intensitäten von Analyt- und Standardpeptiden deutlich verschieden sind.

Basierend auf der guten Übereinstimmung zwischen experimentellen und berechneten Isotopenmustern (Tab. 3.1 auf Seite 37$f\!f$) wurde deren Messgenauigkeit als Maß für die Linearität des Orbitrap-Massenspektrometers verwendet. Von 78 mittels Mascot in verschiedenen nanoUPLC-MS/MS-Analysen identifizierten Peptiden mit einem Score $\geq$ 14 wurde jeweils ein über den gesamten Elutionsbereich gemitteltes Massenspektrum erstellt, die Signalintensität des monoisotopischen Peaks als 100 % definiert und die Intensität des zweiten Isotopenpeaks darauf normiert. Mit der Internet-Software Sheffield ChemPuter wurde die prozentuale Höhe des zweiten Isotopenpeaks berechnet und mit der experimentellen Höhe verglichen (Tab. A.7 auf Seite 144$f\!f$). Der Betrag der Abweichung wurde in Abhängigkeit der mittleren absoluten

3. Ergebnisse

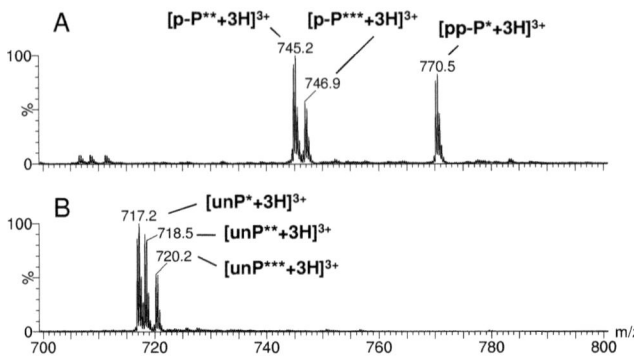

Abbildung 3.12.: Triplex-Herstellung von *one-source*-Peptid/Phosphopeptid-Standardpaaren; A) nanoESI-MS-Analyse der ERK2-Phosphopeptidstandards VA*DPDHDHTGFLpTEpYVATR (pp-P*), VA*DPDHDHTGFLTEpYVA*TR (p-P**) und VA*DPDHDHTGF*LpTEYVA*TR (p-P***); B) nanoESI-MS-Analyse der ERK2-Peptidstandards (unP*, unP**, unP***) nach gemeinsamer Dephosphorylierung mit antarktischer Phosphatase.

Signalintensität des Monoisotopenpeaks dargestellt (Abb. 3.13 auf Seite 53). Diese variierte bei den untersuchten Peptiden von $2.4 \cdot 10^7$ bis $5.1 \cdot 10^3$ *counts* und umfasste somit einen Bereich von etwa vier Größenordnungen. Die Abweichungen nahmen mit abnehmender Signalintensität kontinuierlich zu. Der maximale Abweichungsbetrag betrug 25.5 % bei einer Signalintensität von $7.0 \cdot 10^3$ *counts*. Im Bereich der höchsten experimentellen Intensitäten von $2.4 \cdot 10^7$ bis $4.5 \cdot 10^6$ *counts* streuten die Abweichungsbeträge allerdings nur zwischen 0.0 und 2.4 %. Bis $3.6 \cdot 10^5$ *counts* war der Betrag der Abweichung bei allen Peptide < 5 %; erst bei geringeren Intensitäten traten auch höhere Werte auf. Definiert man eine Abweichung bis 5 % als akzeptabel, so ergibt sich ein linearer Messbereich von etwa zwei Größenordnungen.

3.2.2. Schätzung der unteren Quantifizierungsgrenze für Phosphopeptide

Die untere Quantifizierungsgrenze für Phosphopeptide wurde mit Hilfe der kommerziellen, absolut quantifizierten MassPREP™ Enolaseverdau- und Phosphopeptidmischung geschätzt. Diese enthielt eine einfach und doppelt phosphorylierte Version des tryptischen Enolase-Peptids VNQIGTLSESIK in einer äquimolaren Enolaseverdau-Matrix. Die Phosphopeptide wurden auf verschiedene Konzentrationen von 100 bis 5 fmol verdünnt, und die Lösungen nacheinander – beginnend mit der niedrigsten Konzentration – mittels nanoUPLC-MS/MS analysiert. Die experimentellen Isotopenmuster des einfach phosphorylierten Peptids stimmten im Bereich von 100 bis 10 fmol und die des doppelt phosphorylierten Peptids von 100 bis 20 fmol gut überein (Abb. 3.14 auf Seite 54). Im Gegensatz dazu wurden bei einer Konzentration von 5 bzw. 10 fmol jeweils nur noch die ersten beiden Isotopenpeaks detektiert. Diese Messungen fanden folglich außerhalb des linearen Bereichs statt. Bei 5 fmol war das zweifach phosphorylierte Peptid nur noch im Untergrund nachweisbar. Wie die Ergebnisse zeigen, beträgt die für eine robuste Quantifizierung minimal erforderliche Phosphopeptidkonzentration abhängig von der Anzahl der Phosphorylierungsstellen etwa 10 bis 20 fmol.

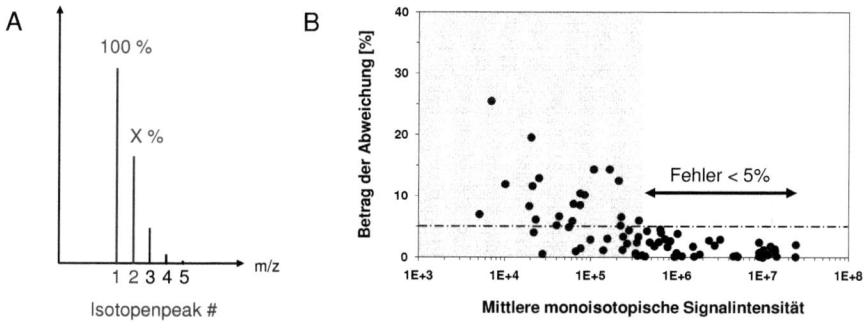

Betrag der Abweichung [%] = |X$_{berechnet}$ − X$_{experimentell}$|

Abbildung 3.13.: Ermittlung des linearen Messbereichs des Orbitrap-Massenspektrometers. Von 78 identifizierten Peptiden (Mascot-Score ≥ 14) wurde jeweils ein über das gesamte Elutionszeitfenster gemitteltes Massenspektrum erstellt, die monoisotopische Signalintensität als 100 % definiert und die prozentuale Höhe des zweiten Isotopenpeaks ermittelt. Diese wurde von dem aus der natürlichen Isotopenverteilung berechneten Wert subtrahiert; A) typisches Isotopenmuster; B) Betrag der Abweichung in Abhängigkeit der monoisotopischen Signalintensität. Die gestrichelte Linie markiert eine Abweichung von 5 % und die grau hinterlegte Fläche den Bereich, in dem Abweichungen > 5 % auftraten. Die x-Achse ist logarithmisch dargestellt.

3.3. Anwendungsbeispiele von one-source-Peptid-/Phosphopeptidstandards

3.3.1. Bestimmung von STAT6-Phosphorylierungsgraden in den Lymphomzelllinien MedB-1 und L1236

STAT6 gehört zur Familie der STAT-Proteine und spielt eine wichtige Rolle im JAK/STAT-Signaltransduktionsweg. In normalen B-Zellen induzieren die Liganden Interleukin-4 (IL4) und Interleukin-13 (IL13) die Aktivierung des JAK/STAT-Signalwegs über den IL4-Rezeptor α und den IL13-Rezeptor α1. Diese leiten das Signal zu den assoziierten Kinasen JAK2 und Tyk2 und die Transkriptionsfaktoren STAT5 und STAT6 weiter (Murata & Puri, 1997; Rolling et al., 1996). STAT6 wird durch Phosphorylierung an Tyr641 aktiviert (Mikita et al., 1996). Im aktiven Zustand kann es als Dimer in den Zellkern wandern, wo es die Transkription spezifischer Zielgene reguliert (Schindler & Darnell, 1995). Eine konstitutive Aktivierung des JAK/STAT-Signalwegs wird häufig bei zwei klinisch verschiedenen malignen Lymphomen beobachtet: primär mediastinales B-Zell-Lymphom (PMBL) und klassisches Hodgkin-Lymphom (cHL). STAT6 ist bei etwa 80 % aller PMBL- (Guiter et al., 2004) und cHL-Patienten (Skinnider & Mak, 2002) hyperphosphoryliert. Hingegen ist STAT5 bei etwa 30 % der cHL-Patienten phosphoryliert (Martini et al., 2008). Die jeweilige Rolle von STAT5 und STAT6 bei der abnormen Aktivierung des JAK/STAT-Signalwegs in Lymphomen wurde kontrovers diskutiert (Guiter et al., 2004; Rolling et al., 1996; Scheeren et al., 2008; Skinnider & Mak, 2002; Weniger et al., 2006). Welches der beiden STAT-Moleküle primär das IL13-Signal weiterleitet, ist bislang nicht eindeutig geklärt (Raia et al., 2010).

Ziel der Untersuchung war es, mit Hilfe von one-source-Standards den Phosphorylierungsgrad von STAT6 in der cHL-Zelllinie L1236 und der PMBL-Zelllinie MedB-1 zu bestimmen.

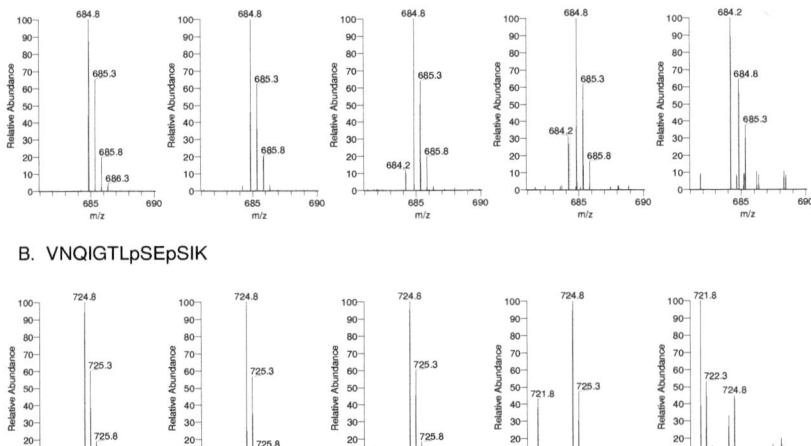

Abbildung 3.14.: NanoUPLC-MS-Analyse zweier Enolase-Phosphopeptide in verschiedenen Konzentrationen; A) VNQIGpTLSESIK; B) VNQIGTLpSEpSIK.

3.3. Anwendungsbeispiele von one-source-Peptid-/Phosphopeptidstandards

Eine erste markierungsfreie Quantifizierung der STAT6-Phosphorylierung in unbehandelten Zellen ergab extrem hohe Phosphorylierungsgrade von etwa 80 % für L1236- und 90 % für MedB-1-Zellen (Abb. A.13 auf Seite 122). Um den Einfluss von Wachstumsfaktoren und Zytokinen des Nährmediums zu minimieren, wurden die Zellen im nächsten Experiment zunächst fünf Stunden lang gehungert. Anschließend wurden sie für 10 oder 40 min mit IL13 stimuliert; als Kontrolle wurden jeweils unstimulierte Zellen verwendet. Nach Immunpräzipitation wurde das endogene STAT6 mittels SDS/PAGE gereinigt und mit den Proteasen AspN und LysC oder AspN allein verdaut. Für die Analytpeptide mit der Phosphorylierungsstelle Tyr641 wurden one-source-Standards (Abb. A.4 und A.5 auf Seite 118) zugegeben und die Mischungen mittels nanoUPLC-MS/MS analysiert. Bei beiden Lymphom-Zelllinien wurde STAT6 mit einer Sequenzabdeckung von etwa 30 % nachgewiesen (Abb. A.14 auf Seite 122) und die Phosphorylierung an Tyr641 verifiziert (Abb. A.15 auf Seite 123).

Die Massenspektren in Abb. 3.15 auf Seite 56 zeigen beispielhaft die Phosphorylierungsgradanalyse von STAT6 in unstimulierten L1236-Zellen.

Das AspN-generierte Peptidpaar DGRG-[Y/pY]-VPATIKMTVER enthielt einen Methioninrest in partiell oxidierter Form (oxM). Die Methioninoxidation betraf sowohl die Analyt- als auch die Standardpeptide. Aufgrund der unterschiedlichen Vorgeschichte waren die Analytpeptide zu ungefähr 50 %, die Standardpeptide hingegen nur zu etwa 9 % oxidiert. Es wurde der Phosphorylierungsgrad der nicht-oxidierten und oxidierten endogenen Peptidspezies individuell berechnet. Dafür wurden die Signalhöhen der Standardpeptide, wie in Abschnitt 3.1.4 beschrieben, korrigiert. Die ermittelten Phosphorylierungsgrade waren mit 84.8 % basierend auf der nicht-oxidierten und 84.9 % basierend auf der oxidierten Peptidspezies im Rahmen der Messgenauigkeit identisch. Die Werte zeigen einen extrem hohen konstitutiven Phosphorylierungsgrad von STAT6 in der Lymphom-Zelllinie L1236. Die Phosphorylierung wurde durch die Methioninoxidation nicht beeinflusst.

Abb. 3.16 auf Seite 57 zeigt die prozentualen Anteile der phosphorylierten und unphosphorylierten STAT6-Fraktionen in L1236- und MedB-1-Zellen in unstimuliertem und stimuliertem Zustand. Bei beiden Zelllinien war STAT6 selbst nach mehrstündigem Hungern und ohne IL13-Stimulation zu einem hohen Anteil phosphoryliert ($\geq$ 25 % bei L1236- und $\geq$ 38 % bei MedB-1-Zellen) (Tab. 3.7 auf Seite 57). Der Phosphorylierungsgrad wurde durch die Stimulation um höchstens 15 % bei L1236-Zellen und 13 % bei MedB-1-Zellen erhöht. Somit war der STAT6-Phosphorylierungsstatus bei beiden Lymphom-Zelllinien in unstimuliertem und in stimuliertem Zustand jeweils ähnlich hoch. Die Chromatogramme aller STAT6-Phosphorylierungsgradanalysen sind in Abb. A.16 auf Seite 124 dargestellt.

3.3.2. Bestimmung von Akt1-Phosphorylierungsgraden in primären Maushepatozyten

Akt spielt eine wichtige Rolle in der Phosphatidylinositol-3-Kinase (PI3K)-Signalkaskade, die viele zelluläre Prozesse, wie Überleben, Proliferation (Luo et al., 2003), Metabolismus und Mobilität (Dummler & Hemmings, 2007; Whiteman et al., 2002), steuert. Die Aktivierung der PI3K-Signalkaskade erfolgt unter anderem durch RTK- oder Zytokinrezeptor-vermittelte Aktivierung der PI3K, die daraufhin membrangebundenes Phosphatidylinositol-Bisphosphat zum Phosphatidylinositol-Trisphosphat (PIP$_3$) phosphoryliert. PIP$_3$ rekrutiert und aktiviert PDK-1 (*phosphoinositide-dependent protein kinase* 1) (Alessi et al., 1997; Mora et al., 2004), das seinerseits eine Reihe von nachgeschalteten Proteinkinasen, z.B. Akt, durch Phosphorylierung aktiviert (zusammengefasst in Cantley, 2003). Die Aktivität des PI3K-Signalwegs wird durch die Lipidphosphatasen PTEN (*phosphatase and tensin homologue deleted on chromosome 10*) und SHIP (*SH2 domain-containing inositol phosphatase*) negativ reguliert (Liu et al., 1999; Stambolic et al., 1999). Akt existiert in drei Isoformen, die in verschiedenen

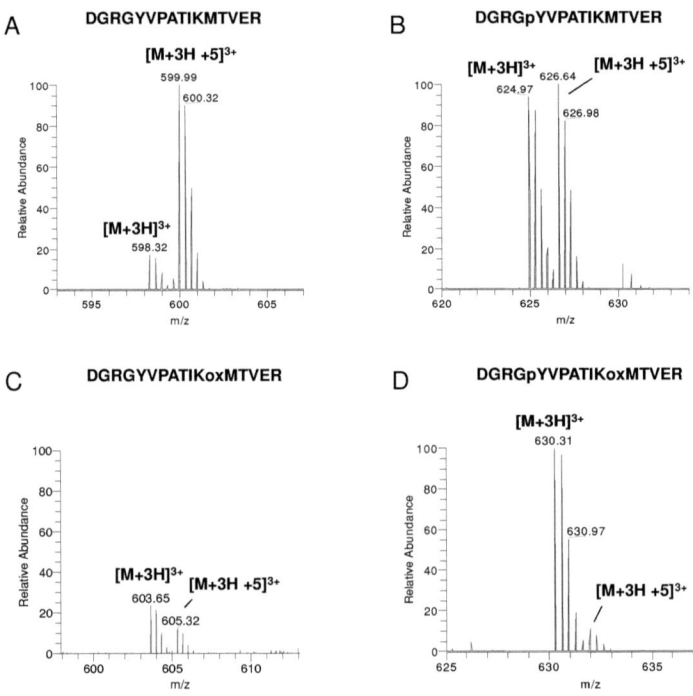

Abbildung 3.15.: Phosphorylierungsgradanalyse von STAT6 an Position Tyr641 bei Verwendung eines *one-source*-Peptid/Phosphopeptid-Standardpaars mit einem stöchiometrischen Verhältnis von 1:1. L1236-Zellen wurden gehungert; STAT6 wurde isoliert, in-Gel mit AspN verdaut und nach der Standardaddition mit nanoUPLC-MS/MS analysiert. Gezeigt sind die individuellen Isotopenmuster der Analyt- und Standardpeptide; A) Spezies mit Y und M; B) Spezies mit pY und M; C) Spezies mit Y und oxM; D) Spezies mit pY und oxM. Die Signalhöhen wurden auf das 1:1-Verhältnis des Standards normiert. Der Standard enthielt [$^{13}C_4, ^{15}N$]-Asparaginsäure.

3.3. Anwendungsbeispiele von one-source-Peptid-/Phosphopeptidstandards

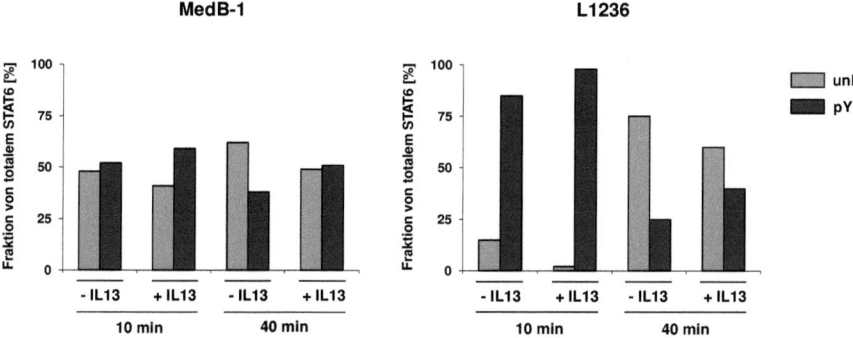

Abbildung 3.16.: Prozentuale Anteile der unphosphorylierten und Tyr641-phosphorylierten STAT6-Fraktionen in MedB-1- und L1236-Zellen ohne Stimulus oder nach Stimulation (10 min, 40 min) mit 20 ng/ml (MedB-1) oder 40 ng/ml (L1236) IL13. Die Fraktionsanteile wurden mit one-source-Standards und nanoUPLC-MS/MS-Analyse ermittelt.

Tabelle 3.7.: Prozentuale Anteile der unphosphorylierten und Tyr641-phosphorylierten STAT6-Fraktionen in L1236- und MedB-1-Zellen ohne Stimulus oder nach Stimulation (10 min, 40 min) mit IL13. Immunpräzipitiertes STAT6 wurde in-Gel mit AspN oder AspN + LysC verdaut und nach der Standardaddition mittels nanoUPLC-MS/MS analysiert. Bei den AspN-Verdaus wurden die Fraktionsanteile unter Berücksichtigung der Korrekturfaktoren $Kf_{unP} = 0.022$ und $Kf_P = 0.022$ berechnet.

	Fraktion von totalem STAT6 [%]							
	$L1236^a$				$MedB-1^b$			
	$10\ min^c$		$40\ min^d$		$10\ min^d$		$40\ min^d$	
	unP	pY	unP	pY	unP	pY	unP	pY
− IL13	15	85	75	25	48	52	62	38
+ IL13	2	98	60	40	41	59	49	51
Änderung	+13		+15		+7		+13	

[a] Stimulation mit 40 ng/ml IL13
[b] Stimulation mit 20 ng/ml IL13
[c] Verdau mit AspN
[d] Verdau mit AspN und LysC

3. Ergebnisse

Säugetiergeweben unterschiedlich exprimiert werden (Le Page et al., 2006; Stambolic & Woodgett, 2006). In den meisten Geweben überwiegt Akt1, dessen Aktivität durch zwei Phosphorylierungsereignisse an Thr308 und Ser473 reguliert wird (Alessi et al., 1996). Die Phosphorylierung von Thr308 durch PDK-1 geht der von Ser473 voraus und reicht zur Aktivierung aus; für die maximale Aktivierung ist jedoch die Phosphorylierung beider Stellen nötig (Sarbassov et al., 2005). Die PI3K-Signalkaskade ist bei vielen Krankheiten wie Krebs oder Diabetes hochreguliert (Cantley, 2003). Die genaue Kenntnis des Akt-Phosphorylierungsgrads gibt Einblick in den Aktivierungsstatus der Signalkaskade und könnte zudem für die Beurteilung der Effektivität von PI3K-Inhibitoren in der Krebstherapie herangezogen werden (Atrih et al., 2010).

Es sollte der Phosphorylierungsgrad von Akt in primären Maushepatozyten vor und nach Stimulation mit Hepatozytenwachstumsfaktor (HGF) bestimmt werden. HGF aktiviert den HGF-Rezeptor Met, der den PI3K-Signalweg über das Adapterprotein Gab1 (*GRB2-associated-binding protein 1*) induziert (Birchmeier et al., 2003). Für das Experiment wurden die Zellen 10 min lang mit HGF stimuliert; als Kontrolle wurden unstimulierte Zellen verwendet. Anschließend wurde Akt mittels Immunpräzipitation und SDS/PAGE isoliert (Abb. A.17 auf Seite 125) und mit AspN verdaut. Die Protease AspN kann Peptidbindungen N-terminal von D und E spalten, wobei die erstgenannte Spaltung oft bevorzugt abläuft (Tetaz et al., 1990). Bei den *in silico*-generierten Peptiden DGATMKpTFC$_{CAM}$GTPEYLAPEVL(E) und (DS)ERRPHFPQFpSYSASGTA mit den Phosphorylierungsstellen Thr308 und Ser473 sind die Phosphorylierungsstellen um mindestens sechs Aminosäurereste von der nächstmöglichen Spaltstelle entfernt. Somit kann eine Beeinträchtigung der Verdaueffizienz durch die Phosphorylierung (Winter et al., 2009a) ausgeschlossen werden.

Zur Identifizierung der Akt-Isoformen und –Phosphopeptide wurde in einem ersten Versuch der Proteinverdau nach Zellstimulation ohne Standards analysiert. Insgesamt wurden fünf Akt-Peptide mit einem Mascot-Score $\geq$ 16 identifiziert (Abb. A.18 auf Seite 125). Darunter war auch das Akt1-spezifische Peptid DSERRPHFPQFSYSASGTA, das die Phosphorylierungsstelle Ser473 enthält. Dieses Peptid wurde ausschließlich in der längeren Variante mit den Aminosäureresten D und S am N-Terminus detektiert. Ein Peptid mit dem Thr308-Rest konnte weder durch Mascot-Datenbanksuche noch durch manuelle Spektrenauswertung identifiziert werden. Ebenso wurden die Isoformen Akt2 und Akt3 nicht eindeutig nachgewiesen, da für diese Proteine keine isoformspezifischen Peptide detektiert wurden.

Aufgrund der relativ geringen Signalintensität des AspN-generierten Akt1-Phosphopeptids DSERRPHFPQFpSYSASGTA wurde von diesem kein Fragmentionenspektrum erzeugt. Stattdessen wurde es anhand der spezifischen Masse (m/z=740.7; z=3) und des charakteristischen Isotopenpatterns manuell identifiziert. Durch Vergleich der Elutionszeiten konnte ausgeschlossen werden, dass es sich um das Tyr474-phosphorylierte Isomer handelt (Abb. A.19 auf Seite 126).

Zur Bestimmung des Akt1-Phosphorylierungsgrads an Ser473 wurde das entsprechende *one-source*-Standardpaar (Abb. A.20 auf Seite 126) den Verdaus zugegeben und diese mittels nanoUPLC-MS/MS analysiert. Abb. 3.17 auf Seite 59 zeigt die Massenspektren der Analyt- und Standardpeptide. Im unstimulierten Zustand war der Phosphorylierungsgrad < 1 %; nach der Stimulation betrug er hingegen 23 %. Da sich die Isotopenmuster zwischen endogenen Peptiden und Standardpeptiden nur minimal überlagerten (Tab. 3.1, Seite 37f), wurden für die Phosphorylierungsgradberechnung keine Korrekturfaktoren berücksichtigt. Die mittlere monoisotopische Signalintensität des endogenen Phosphopeptids nach der Stimulation war mit $4.72 \cdot 10^4$ *counts* relativ gering und lag außerhalb des linearen Messbereichs (Abschnitt 3.2.1). Trotzdem betrug der Betrag der Abweichung zwischen dem experimentellen und berechneten zweiten Isotopenpeak nur 2.6 %. Daher kann davon ausgegangen werden, dass die Signalintensitäten proportional zu den Häufigkeiten waren.

3.3. Anwendungsbeispiele von *one-source*-Peptid-/Phosphopeptidstandards

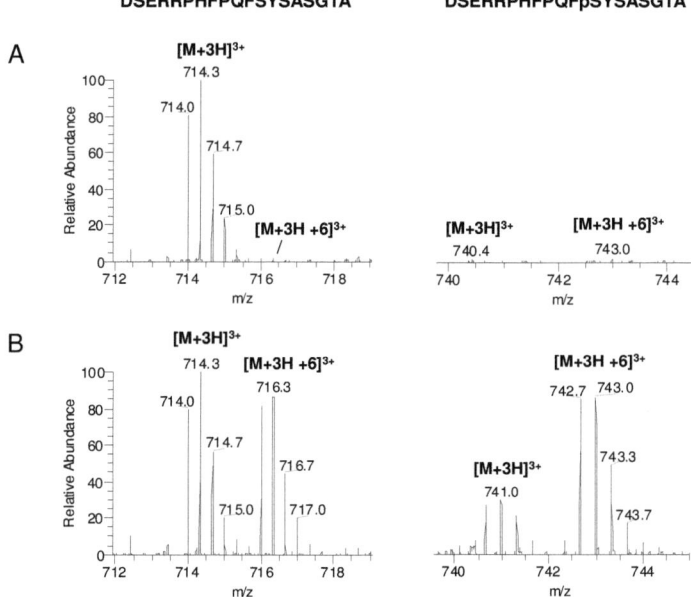

Abbildung 3.17.: Phosphorylierungsgradanalyse von Akt1 an Ser473. Primäre Maushepatozyten blieben unbehandelt oder wurden 10 min lang mit 40 ng/ml HGF stimuliert. Akt1 wurde isoliert und mit AspN verdaut. Für die Peptide DSERRPHFPQFSYSASGTA und DSERRPHFPQFpSYSASGTA wurde ein *one-source*-Standardpaar im 1:1-Verhältnis zugegeben und die Mischung mittels nanoUPLC-MS/MS analysiert. Gezeigt sind die normierten Massenspektren der Akt1-Peptide; A) ohne Zellstimulation; B) nach Stimulation mit HGF. Der Standard enthielt $^{13}C_6$-Phenylalanin.

3.3.3. Vergleich von ERK1/2-Phosphorylierungsgraden in primären Maushepatozyten mit und ohne Hemmung der PI3K

Die MAPK-Signalkaskade spielt eine Schlüsselrolle bei der Zellproliferation und wird durch den Wachstumsfaktor HGF, vermittelt über die RTK Met, stark induziert (vgl. Kapitel 1.3). Am Ende der dreistufigen Kaskade steht die Kinase ERK, die in den Isoformen ERK1 und ERK2 existiert und im doppelt phosphorylierten Zustand vollständig aktiv ist. Neben der MAPK-Signalkaskade wird bei der Aktivierung von Met auch die PI3K-Signalkaskade induziert (Rosario & Birchmeier, 2003) (siehe vorheriger Abschnitt). Bislang ist unklar, ob zwischen den beiden Signalwegen eine Kommunikation stattfindet oder der Rezeptor Met die alleinige Schnittstelle ist.

Um einen genauen Einblick in die Aktivierung der MAPK-Signalkaskade als Antwort auf HGF-Stimulation zu erhalten, sollte der positionsspezifische Phosphorylierungsgrad von ERK1 (Thr203, Tyr205) und ERK2 (Thr 183, Tyr185) in primären Maushepatozyten vor und nach der Stimulation bestimmt werden. Obwohl die Sequenzen beider Isoformen größtenteils identisch sind, unterscheiden sich zwei Aminosäurereste nahe dem Aktivierungsmotiv -TEY- (Abb. A.21 auf Seite 127). Dadurch haben die tryptischen Peptide unterschiedliche molekulare Massen, und eine individuelle Analyse der ERK1/2-Aktivierung wird vereinfacht.

Primäre Maushepatozyten wurden 15 min lang mit HGF stimuliert, oder sie blieben unbehandelt. Für die individuelle Quantifizierung von ERK1 und ERK2 wurden je drei *one-source*-Standardpaare verwendet (Abb. A.6–A.8 und A.22–A.24 auf Seite 119*ff*), und der Anteil der vier Fraktionen (unP, pT, pY und pTpY) wurde wie in Abschnitt 3.1.8 bestimmt. Die Korrektur der monoisotopischen Standardintensitäten erfolgte gemäß Tab. 3.4 (Seite 46) und Tab. A.8 (Seite 147). Abb. 3.18A auf Seite 61 zeigt die Ergebnisse des Stimulationsexperiments.

Die HGF-Behandlung führte zu einem drastischen Anstieg der doppelt phosphorylierten, aktiven Proteinfraktionen. Vor der Stimulation lagen beide Isoformen vor allem unphosphoryliert vor, und zwar 81 % ERK1 und 97 % ERK2 (Tab. A.9 auf Seite 147). Nach der HGF-Stimulation betrug der Anteil des doppelt phosphorylierten Proteins je 75 %. Die unphosphorylierten und einfach phosphorylierten Spezies wurden ebenfalls detektiert; deren Anteile lagen nach der Stimulation zwischen 3 und 12 %.

Um zu testen, ob die ERK1/2-Phosphorylierung von dem Aktivierungsstatus des PI3K-Signalwegs abhängig ist, wurde derselbe Versuch bei gleichzeitiger Behandlung mit dem PI3K-Inhibitor LY294002 (LY) durchgeführt. Die Ergebnisse sind in Abb. 3.18B auf Seite 61 dargestellt. Ohne HGF-Stimulation überwogen wieder die unphosphorylierten Spezies: je 91 % beider Isoformen waren unphosphoryliert (Tab. A.10 auf Seite 147). Nach der Stimulation stieg der Anteil der doppelt phosphorylierten Fraktion auf 48 % für ERK1 und 44 % für ERK2 (Tab. A.11 auf Seite 148). Im Vergleich zum ersten Versuch ohne PI3K-Inhibierung war der Aktivierungsstatus von ERK1/2 somit erheblich niedriger. Demgegenüber war der unphosphorylierte Anteil bei beiden Isoformen relativ hoch: er betrug 37 % des totalen ERK1 und 38 % des totalen ERK2. Die Anteile der einfach phosphorylierten ERK1/2-Spezies lagen zwischen 6 und 12 %. Bei allen Bedingungen waren die Phosphorylierungsmuster von ERK1 und ERK2 sehr ähnlich (siehe auch Abb. A.25–A.28 auf Seite Seite 129*ff*).

3.4. Analyse der rezeptorspezifischen ERK1/2-Phosphorylierungsdynamik in verschiedenen Zellsystemen und deren mathematische Modellierung

3.4.1. Versuchsbeschreibung

Die MAPK/ERK-Signalkaskade kann sowohl über RTK als auch über Zytokinrezeptoren stimuliert werden (näheres dazu in Kapitel 1.3). Um den Unterschied zwischen rezeptor- und

3.4. Analyse der rezeptorspezifischen ERK1/2-Phosphorylierungsdynamik in verschiedenen Zellsystemen und deren mathematische Modellierung

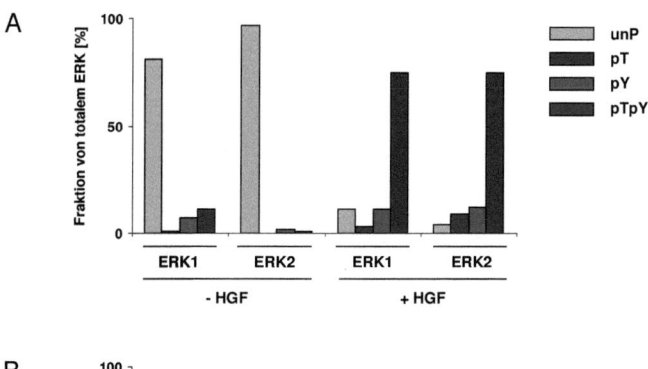

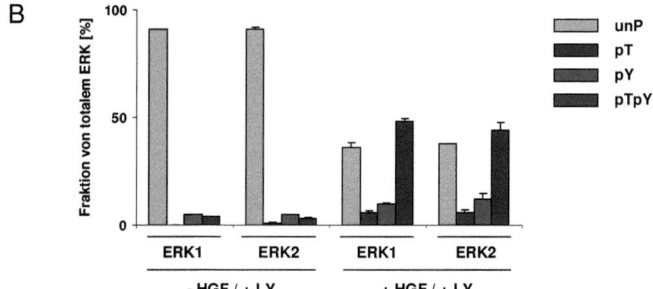

Abbildung 3.18.: Prozentuale Anteile der verschiedenen ERK1/2-Fraktionen in primären Maushepatozyten; A) vor und nach HGF-Stimulation (40 ng/ml); B) vor und nach HGF-Stimulation bei gleichzeitiger Inhibierung der PI3K mit LY. Die vier möglichen unphosphorylierten und phosphorylierten ERK1/2-Formen wurden mit *one-source*-Peptid-/Phosphopeptidstandards quantifiziert. Die Daten in (A) sind das Ergebnis zweier Einzelanalysen. Für (B) wurden je zwei technisch-biologische Replikate analysiert (vgl. Abschnitt 3.4.2). Gezeigt sind die mittleren Fraktionsanteile; die Fehlerbalken geben die Abweichungen der Einzelwerte an.

3. Ergebnisse

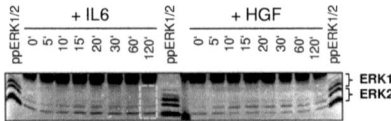

Abbildung 3.19.: Repräsentative SDS/PAGE von ERK1/2 nach Immunpräzipitation aus primären Maushepatozyten oder HaCaT A5-Zellen. Beide Zellsysteme wurden mit IL6 oder HGF bis zu 120 min lang stimuliert und die Zellen zu den angezeigten Zeitpunkten lysiert. Zur Identifizierung des endogenen ERK1/2 wurden auch die rekombinanten Proteine (ppERK1/2) auf das Gel aufgetragen. Die gestrichelte blaue Linie markiert beispielhaft die Größe der ausgeschnittenen Banden für die weitere Prozessierung.

zelltypspezifischen Mechanismen der ERK-Aktivierung zu beleuchten, sollte die Dynamik der reversiblen ERK1/2-Phosporylierung in primären Maushepatozyten und in der humanen gutartigen Keratinozytenzelllinie HaCaT A5 untersucht werden. Dafür wurden die Zellen mit zwei unterschiedlichen Stimuli behandelt: HGF und IL6. IL6 ist ein multifunktionales Zytokin, das unter anderem die Proliferation von Keratinozyten und die Produktion von Akutphasenproteinen in Hepatozyten stimuliert (Castell et al., 1988; Gauldie et al., 1987; Grossman et al., 1989; Yoshizaki et al., 1990). Während HGF ERK über die RTK Met aktiviert (Rosario & Birchmeier, 2003), induziert IL6 die ERK-Aktivierung über den IL6-Zytokinrezeptor (Murakami et al., 1993). Bislang wurde bei der ERK-Aktivierung *in vivo* nur ein distributiver Mechanismus (Kapitel 1.4) beobachtet (Schilling et al., 2009).

Zwei Fragen waren von besonderem Interesse:

1. Ist die distributive ERK-Aktivierung ein generelles Merkmal von Zellsystemen?

2. Gibt es einen zelltypspezifischen Unterschied zwischen starken und schwachen Auslösern der MAPK/ERK-Signalkaskade?

Zur Klärung der Fragen wurden zeitaufgelöste quantitative Daten erzeugt. Dazu wurden die Zellen kontinuierlich bis zu 120 min lang stimuliert und in verschiedenen Zeitabständen lysiert. ERK1 und ERK2 wurden isoliert (Abb. 3.19) und die Anteile der phosphorylierten und unphosphorylierten Fraktionen mit *one-source*-Standards bestimmt. In der Regel wurden die dreifach geladenen Molekülionen für die Auswertung berücksichtigt. Falls diese von einem Störsignal überlagert waren, wurde stattdessen das Muster der vierfach geladenen Molekülionen verwendet (Abb. A.29 auf Seite 132). Ziel der Untersuchung war die Erstellung eines Modells, das die quantitativen Daten beschreibt und die zelltypspezifischen Mechanismen der ERK1/2-Aktivierung und –Deaktivierung entschlüsselt.

3.4.2. Bestimmung des technisch-biologischen Fehlers innerhalb einer Kinetik

Zur Beurteilung, welche Änderungen in einem Phosphorylierungsprofil als signifikant zu bewerten sind, wurde zunächst der technisch-biologische Fehler der Phosphorylierungsgradbestimmung innerhalb einer zeitlichen Messreihe untersucht. Dazu wurden beide Zelltypen viermal für 10 min mit HGF stimuliert und die Anteile der verschiedenen ERK1/2-Fraktionen quantitativ bestimmt. Die Ergebnisse sind in Abb. 3.20 auf Seite 63 dargestellt. Nach der HGF-Behandlung

3.4. Analyse der rezeptorspezifischen ERK1/2-Phosphorylierungsdynamik in verschiedenen Zellsystemen und deren mathematische Modellierung

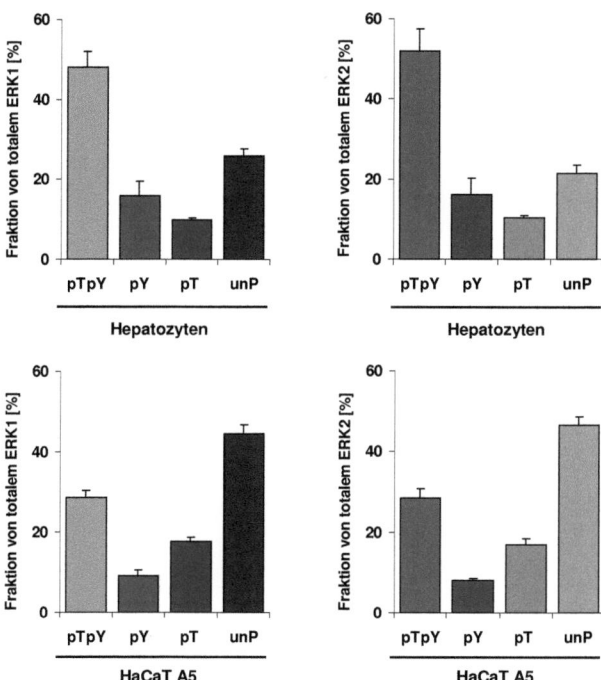

Abbildung 3.20.: Anteile der verschiedenen ERK1/2-Fraktionen in primären Maushepatozyten oder HaCaT A5-Zellen nach 10minütiger Stimulation mit 100 ng/ml HGF. Gezeigt sind die Mittelwerte und die Standardabweichungen von vier technisch-biologischen Replikaten.

war der ERK1/2-Aktivierungsstatus in primären Maushepatozyten höher als in HaCaT A5-Zellen: 48.0 % des totalen ERK1 und 51.8 % des totalen ERK2 waren in den Hepatozyten doppelt phosphoryliert. Bei HaCaT A5-Zellen betrugen die Anteile der aktiven Formen nach 10minütiger Stimulation 28.5 % (ERK1) und 28.6 % (ERK2). Die Einzelwerte der ERK1- und ERK2-Fraktionen waren stark korreliert. Die absolute Standardabweichung des Phosphorylierungsgrads für die ERK1/2-Fraktionen in Hepatozyten variierte zwischen 0.5 und 5.5 %; dies entsprach einer relativen Standardabweichung zwischen 5.2 und 24.8 %. Die relativen Anteile der pY-Spezies wiesen die höchsten relativen Standardabweichungen auf (ERK1/ERK2: 21.5 %/24.8 %); diese waren mehr als doppelt so hoch wie die der übrigen Fraktionen. Die genauen Werte können Tab. 3.8 auf Seite 64 entnommen werden.

Bei HaCaT A5-Zellen betrugen die Standardabweichungen maximal 2.3 % (absolut) und 16.0 % (relativ) (Tab. 3.9 auf Seite 64). Mit Ausnahme der pY-Fraktion von ERK1 lagen alle relativen Standardabweichungen unter 10 %. Insgesamt war der technisch-biologische Fehler bei HaCaT A5-Zellen niedriger als bei den Hepatozyten.

Tabelle 3.8.: Reproduzierbarkeit der ERK1/2-Phosphorylierungsgradbestimmung nach Stimulation von primären Maushepatoyten für 10 min mit HGF (100 ng/ml). Zu den vier technisch-biologischen Replikaten wurden *one-source*-Standardpaare desselben Herstellungsansatzes zugegeben. Der Fehler beinhaltet die Vorgänge Stimulation, Probennahme, IP, Gelelektrophorese, Ausschneiden der Proteinbanden, Verdau, Peptidextraktion, Standardzugabe und nanoUPLC-MS/MS-Analyse.

Replikat Nr.	Fraktion von totalem ERK1 [%]				Fraktion von totalem ERK2 [%]			
	pTpY	pY	pT	unP	pTpY	pY	pT	unP
1	44.1	18.5	8.9	28.5	46.5	20.4	10.0	23.0
2	52.3	12.9	10.1	24.7	59.1	11.6	10.6	18.8
3	44.9	19.6	10.1	25.4	48.8	18.7	9.7	22.8
4	50.8	13.4	10.3	25.5	53.0	14.3	10.9	21.8
Mittelwert	48.0	16.1	9.9	26.0	51.8	16.3	10.3	21.6
SD	4.1	3.5	0.6	1.7	5.5	4.0	0.5	2.0
RSD	8.6	21.5	6.4	6.5	10.6	24.8	5.2	9.1
Mittlere SD	absolut: 2.5 / relativ: 10.8				absolut: 3.0 / relativ: 12.4			

Tabelle 3.9.: Reproduzierbarkeit der ERK1/2-Phosphorylierungsgradbestimmung nach Stimulation von HaCaT A5-Zellen für 10 min mit HGF (100 ng/ml). Zum Versuchsaufbau siehe Tab. 3.8.

Replikat Nr.	Fraktion von totalem ERK1 [%]				Fraktion von totalem ERK2 [%]			
	pTpY	pY	pT	unP	pTpY	pY	pT	unP
1	27.9	7.8	17.2	47.1	27.0	8.1	19.2	45.6
2	29.3	8.7	19.1	43.0	26.9	7.4	16.6	49.2
3	26.4	11.3	16.4	45.9	28.7	8.6	15.8	46.9
4	30.6	9.1	17.9	42.4	31.6	8.0	16.0	44.4
Mittelwert	28.5	9.2	17.6	44.6	28.6	8.0	16.9	46.5
SD	1.8	1.5	1.1	2.3	2.2	0.5	1.6	2.0
RSD	6.4	16.0	6.4	5.2	7.7	6.1	9.4	4.4
Mittlere SD	absolut: 1.7 / relativ: 8.5				absolut: 1.6 / relativ: 6.9			

3.4. Analyse der rezeptorspezifischen ERK1/2-Phosphorylierungsdynamik in verschiedenen Zellsystemen und deren mathematische Modellierung

3.4.3. Schätzung des biologischen Fehlers

Im nächsten Schritt wurde der biologische Fehler der ERK1/2-Phosphorylierungsgrade unter Berücksichtigung der Tag-zu-Tag-Variation geschätzt. Die Fehlerschätzung beruhte auf der Annahme, dass der biologische Fehler bei beiden Zelltypen, Stimuli und ERK-Isoformen gleich ist. Es wurden folgende Kinetiken mit jeweils acht Datenpunkten berücksichtigt: Zelltyp/Stimulus: primäre Maushepatozyten/HGF, primäre Maushepatozyten/IL6 und HaCaT A5-Zellen/HGF. ERK1 wurde jeweils als Triplikat, ERK2 hingegen als Duplikat analysiert. Für die Fehlerschätzung wurden daher nur ERK1-Daten verwendet (Tab. A.12–A.14 auf Seite 154*ff*). Die experimentellen Standardabweichungen der verschiedenen ERK1-Fraktionen wurden über deren mittlere prozentuale Häufigkeiten aufgetragen (Abb. 3.21 auf Seite 66) und mittels linearer (pTpY-, pY-, pT-Fraktion) oder polynomischer (unP-Fraktion) Regression die zugehörigen Trendlinien ermittelt. Bei der linearen Regression entspricht die Steigung m dem relativen biologischen Fehler. Dieser betrug 23 % für die pTpY-, 31 % für die pY- und 43 % für die pT-Fraktion. Die Werte enthalten die gesamte biologische und technische Variabilität und sind damit deutlich höher als die entsprechenden relativen Standardabweichungen, die bei der Analyse technisch-biologischer Replikate ohne Berücksichtigung der Tag-zu-Tag-Variation ermittelt wurden (Tab. 3.8 und 3.9 auf Seite 64).

Für die unphosphorylierte ERK1-Fraktion konnte das lineare Regressionsverfahren nicht angewandt werden. Die experimentellen absoluten Standardabweichungen stiegen im Bereich von 0 bis ca. 60 % Häufigkeit zwar an, zeigten aber im weiteren Verlauf einen Abwärtstrend. Als Ausgleichslinie wurde ein Polynom vierter Ordnung gewählt, das sowohl den positiven als auch den negativen Trend beschreibt. Mit Hilfe der angezeigten Formel wurde die absolute Standardabweichung abhängig von der Häufigkeit berechnet.

Die für die ERK1-Fraktionen ermittelten Fehler wurden auch auf die ERK2-Fraktionen angewandt.

3.4.4. Analyse von rezeptorspezifischen ERK1/2-Phosphorylierungsprofilen in primären Maushepatozyten

Um die ERK1/2-Phosphorylierungsprofile in primären Maushepatozyten quantitativ möglichst genau abzubilden, wurde für beide Stimuli eine Kinetik mit jeweils 15 Datenpunkten erzeugt. Abb. 3.22 auf Seite 67 stellt die Phosphorylierungsprofile als Antwort auf die HGF- oder IL6-Behandlung dar. HGF induzierte einen steilen Anstieg der doppelt phosphorylierten ERK1/2-Fraktionen. Bereits nach 5 min waren 58 % des totalen ERK1 und 68 % des totalen ERK2 aktiv. Danach nahm der Aktivierungsgrad innerhalb von 5 min um 16 % (ERK1) bzw. 15 % (ERK2) rapide ab. Bei 12.5 min erreichte die doppelt phosphorylierte ERK2-Fraktion ein zweites Maximum. Im weiteren Verlauf sank der Aktivierungsgrad wieder, erreichte aber nicht mehr das Ausgangsniveau: 35–38 % des totalen ERK2 blieben dauerhaft aktiv. Die Kurve der doppelt phosphorylierten ERK1-Fraktion ist der von ERK2 sehr ähnlich, weist aber einen signifikanten Unterschied auf: das Maximum bei 12.5 min fehlt. Verglichen mit den aktiven Proteinspezies änderten sich die Anteile der pY- und pT-Fraktionen über die Zeit hinweg nur wenig. Deren Profile stimmten bei beiden Isoformen nahezu perfekt überein.

Wie erwartet induzierte die Behandlung von primären Maushepatozyten mit IL6 im Vergleich zu HGF eine schwächere und kürzere ERK1/2-Aktivierung. Ein signifikanter Anstieg des Aktivierungsgrads war erst nach 5 min erkennbar, und dieser erreichte maximal 40 %. Zudem war die Aktivierung nur vorübergehend, da das Ausgangsniveau ab 50 min wieder erreicht wurde. Die Anteile der pY- und pT-Fraktionen änderten sich, wie schon bei der HGF-Stimulation beobachtet, im zeitlichen Verlauf geringfügig: die Abweichungen waren ≤ 6 % für die pY- und ≤ 9 % für die pT-Fraktionen. Die Profile der spezifischen ERK1/2-Fraktionen stimmen jeweils

3. Ergebnisse

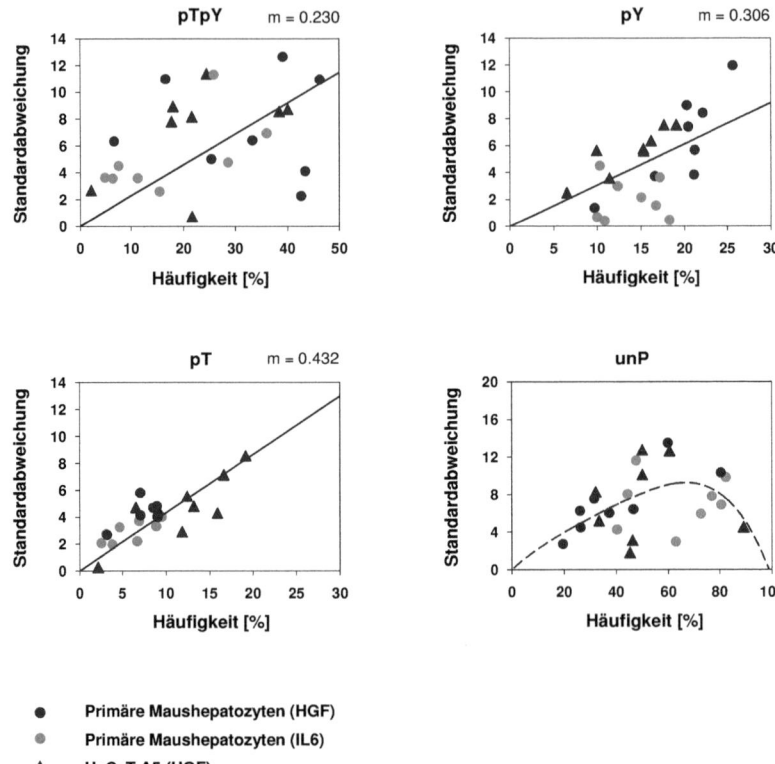

Abbildung 3.21.: Schätzung des biologischen Fehlers für die verschiedenen ERK1/2-Fraktionen zwischen identischen unabhängigen Kinetiken. Von drei unterschiedlichen ERK1-Aktivierungskinetiken (Versuchsanordnung: Zellsystem/Stimulus: primäre Maushepatozyten/HGF, primäre Maushepatozyten/IL6 und HaCaT A5-Zellen/HGF) wurden jeweils drei biologische Replikate gemessen und für jeden Zeitpunkt die Standardabweichungen der pTpY-, pY-, pT- und unP-Fraktionshäufigkeiten in Abhängigkeit der mittleren Häufigkeiten dargestellt. Die Trendlinien wurden mittels linearer oder polynomischer Regression an die Datenpunkte angepasst.

3.4. Analyse der rezeptorspezifischen ERK1/2-Phosphorylierungsdynamik in verschiedenen Zellsystemen und deren mathematische Modellierung

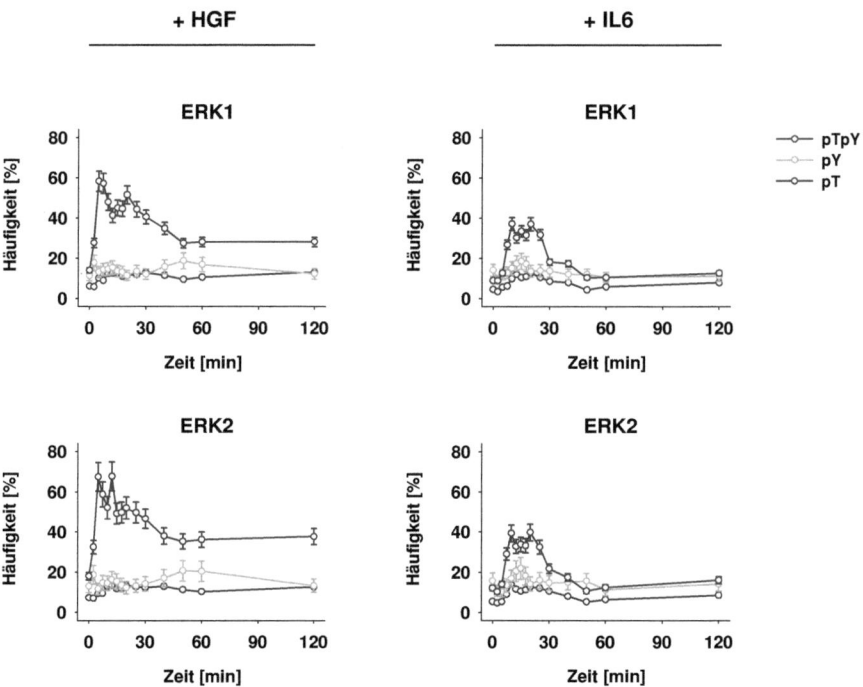

Abbildung 3.22.: ERK1/2-Phosphorylierungsprofile in primären Maushepatozyten als Antwort auf HGF- oder IL6-Stimulation (je 100 ng/ml). Die Daten resultieren aus 15 Einzelmessungen pro Kinetik. Die Balken geben den technisch-biologischen Fehler für die verschiedenen ERK1/2-Fraktionshäufigkeiten an (aus Tab. 3.8 auf Seite 64).

3. Ergebnisse

sehr gut überein.

Insgesamt wurden die Phosphorylierungsprofile beider Stimuli für ERK1 dreimal und für ERK2 zweimal gemessen. Um den Bedarf an biologischem Material zu verringern, wurde bei den übrigen Zeitreihen nur jeder zweite Datenpunkt analysiert. Die Einzeldaten sind in Tab. A.12 und A.13 auf Seite 154*ff* zusammengefasst und in Abb. A.30 und A.31 auf Seite 133*f* graphisch dargestellt. Abb. 3.23 auf Seite 69 zeigt die mittleren Profile der verschiedenen ERK1/2-Fraktionen sowie deren geschätzte Standardabweichungen als Antwort auf die HGF-Behandlung. Der Aktivierungsgrad beider Isoformen stieg innerhalb der ersten 5–7.5 min stark an und fiel im weiteren Verlauf langsam wieder ab. Das Ausgangsniveau wurde innerhalb des Beobachtungsintervalls von 120 min aber nicht mehr erreicht. Der maximale Aktivierungsgrad von ERK2 war mit ca. 61–68 % etwas höher als der von ERK1. Verglichen mit den doppelt phosphorylierten Fraktionen waren die Profile der pY-Fraktionen deutlich weniger markant. In den Einzeldaten (Abb. A.30 auf Seite 133) ist im Bereich von 2.5–5 min ein unterschiedlich stark ausgeprägtes Maximum gefolgt von einem unregelmäßigen Kurvenverlauf erkennbar. Die pT-Fraktionen von ERK1 und ERK2 nahmen zwischen 0 und 12.5 min kontinuierlich zu und im weiteren Verlauf langsam wieder ab. Im Bereich der maximalen Aktivierung waren die Anteile der beiden einfach phosphorylierten Spezies etwa drei- bis viermal niedriger als die der doppelt phosphorylierten. Die Profile der unphosphorylierten Proteinfraktionen zeigen zwischen 0 und ca. 7.5 min einen starken Einbruch um ≥ 61 % und eine langsame kontinuierliche Zunahme im weiteren Verlauf. Insgesamt sind die Profile der spezifischen ERK1/2-Fraktionen einander sehr ähnlich.

Abb. 3.24 auf Seite 70 zeigt die mittleren Profile und Standardabweichungen der ERK1/2-Fraktionshäufigkeiten als Antwort auf die IL6-Behandlung. Im Intervall von 5–10 min stieg der ERK1/2-Aktivierungsgrad auf etwa 40 % an und nahm anschließend langsam ab. Nach 60 min war das Ausgangsniveau wieder erreicht. Die Anteile der pY-Fraktionen zeigen bis 15 min (ERK1) oder 17.5 min (ERK2) einen Aufwärtstrend gefolgt von einer langsamen Abnahme. Die pT-Fraktionsanteile stiegen bis etwa 12.5 min kontinuierlich an, blieben im Rahmen der Messgenauigkeit bis 25 min konstant und sanken anschließend ebenfalls wieder ab. Auch hier waren die Profile der einfach phosphorylierten Spezies im Vergleich zu den doppelt phosphorylierten weniger markant. Die Anteile der unphosphorylierten Fraktionen zeigen einen schnellen Einbruch um ≥ 41 % gefolgt von einer langsamen Zunahme bis zum Ausgangsniveau. Die Phosphorylierungsprofile der spezifischen ERK1/2-Fraktionen stimmen auch hier wieder sehr gut überein.

3.4.5. Analyse von rezeptorspezifischen ERK1/2-Phosphorylierungsprofilen in HaCaT A5-Zellen

Als zweites Zellsystem wurden HaCaT A5-Zellen mit HGF und IL6 behandelt und jeweils eine Kinetik mit 15 Punkten analysiert. Abb. 3.25 auf Seite 71 zeigt die Phosphorylierungsprofile als Antwort auf beide Stimuli. Nach 2.5 min führte die HGF-Stimulation zu einem rapiden Anstieg der ERK1/2-Aktivierung. Der Aktivierungsgrad erreichte bei 7.5 min mit 36 % (ERK1) bzw. 35 % (ERK2) ein Maximum und fiel anschließend exponentiell wieder ab. Das Ausgangsniveau wurde jedoch nicht mehr erreicht: je 11 % des totalen ERK1 und ERK2 waren auch nach 120 min noch aktiv. Die Anteile der pT-Fraktionen nahmen zwischen 2.5 und 15 min ebenfalls stark zu und dann langsam wieder ab. Nach 120 min entsprach ihr Niveau ungefähr dem der doppelt phosphorylierten ERK1/2-Spezies. Die Anteile der pY-Fraktionen stiegen innerhalb der ersten 5 min auf 9–10 % an, blieben dann im Rahmen der Messgenauigkeit nahezu konstant und nahmen ab 60 min wieder ab.

Die Stimulation mit IL6 induzierte eine im Vergleich zu HGF signifikant schwächere ERK1/2-Aktivierung. Der Aktivierungsgrad stieg bis 10 min (ERK1) bzw. 15 min (ERK2) kontinuierlich

3.4. Analyse der rezeptorspezifischen ERK1/2-Phosphorylierungsdynamik in verschiedenen Zellsystemen und deren mathematische Modellierung

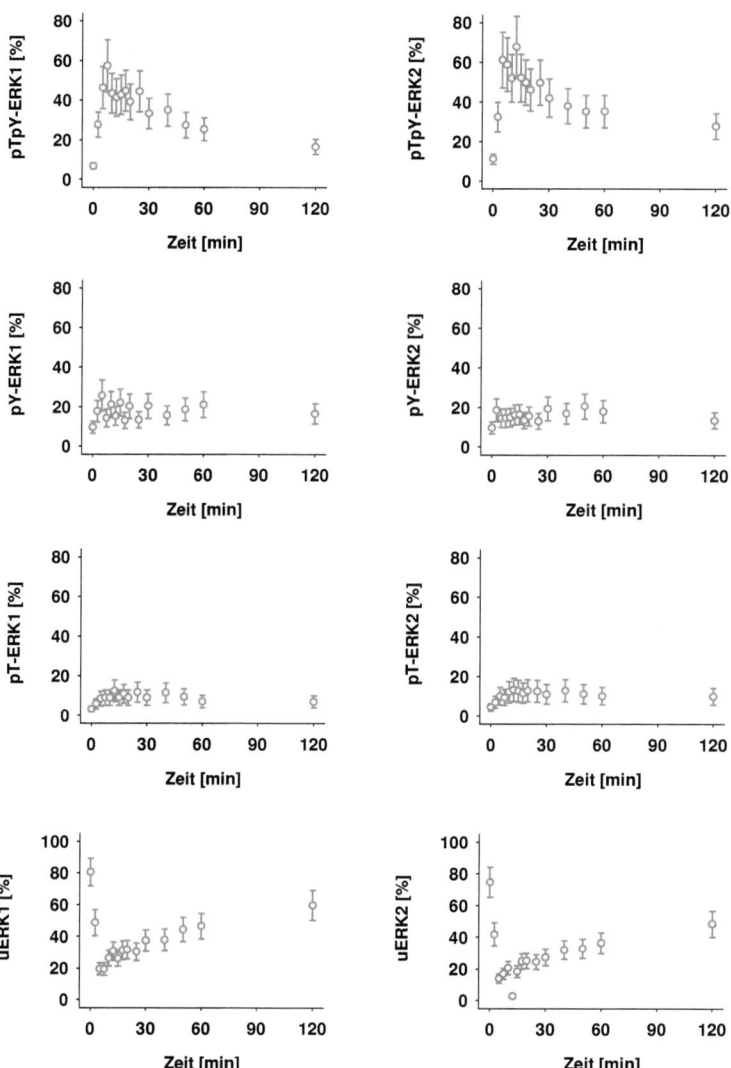

Abbildung 3.23.: HGF-induzierte Häufigkeitsprofile der verschiedenen ERK1- und ERK2-Fraktionen in primären Maushepatozyten. Gezeigt sind die mittleren prozentualen Häufigkeiten resultierend aus der Messung von drei (ERK1) bzw. zwei (ERK2) biologischen Replikaten sowie die geschätzten Standardabweichungen.

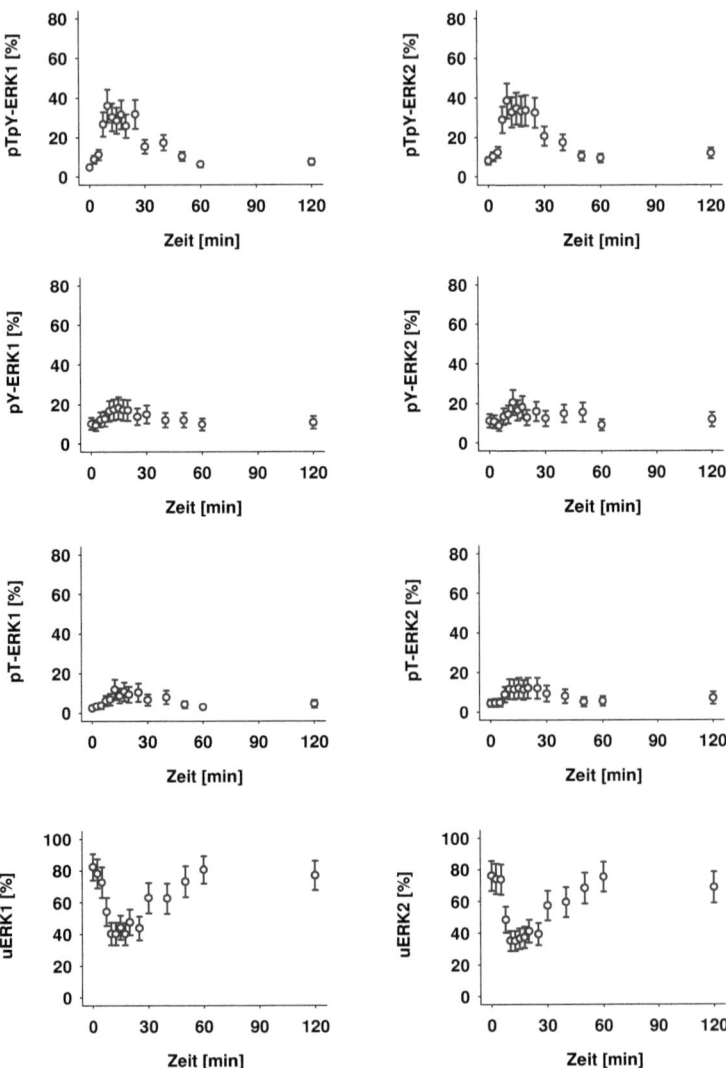

Abbildung 3.24.: IL6-induzierte Häufigkeitsprofile der verschiedenen ERK1- und ERK2-Fraktionen in primären Maushepatozyten. Gezeigt sind die mittleren prozentualen Häufigkeiten resultierend aus der Messung von drei (ERK1) bzw. zwei (ERK2) biologischen Replikaten sowie die geschätzten Standardabweichungen.

3.4. Analyse der rezeptorspezifischen ERK1/2-Phosphorylierungsdynamik in verschiedenen Zellsystemen und deren mathematische Modellierung

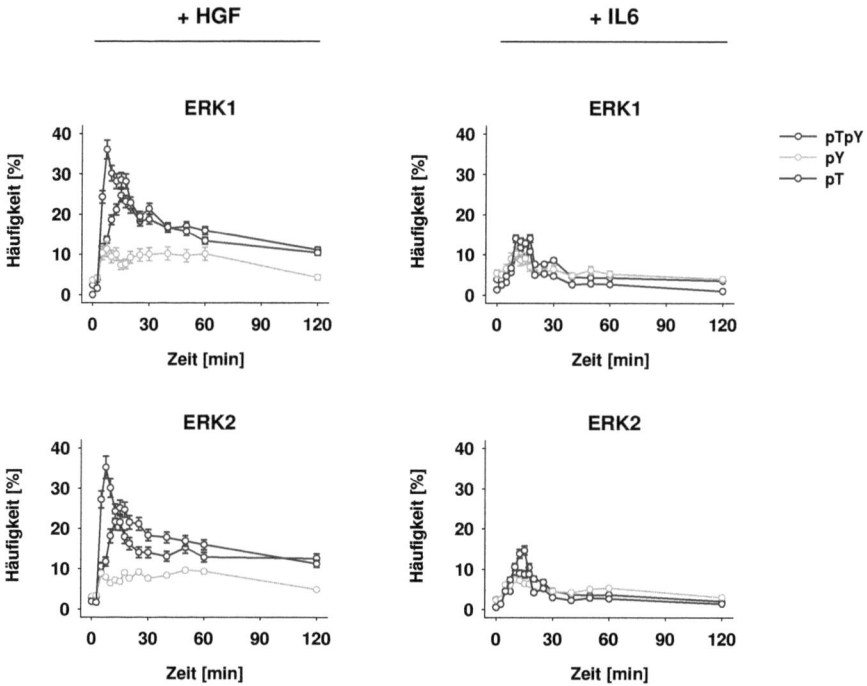

Abbildung 3.25.: ERK1/2-Phosphorylierungsprofile in HaCaT A5-Zellen als Antwort auf HGF- oder IL6-Stimulation (je 100 ng/ml). Die Daten resultieren aus 15 Einzelmessungen pro Kinetik. Die Balken geben den technisch-biologischen Fehler für die verschiedenen ERK1/2-Fraktionshäufigkeiten an (aus Tab. 3.9 auf Seite 64).

3. Ergebnisse

an und erreichte im Durchschnitt maximal 15 %. Nach 15 min nahm er rapide ab und war bei 40 min ähnlich niedrig wie das Ausgangsniveau. Aufgrund der geringen Aktivierungsstärke liegen die Profile der doppelt und einfach phosphorylierten ERK1/2-Fraktionen auf einem ähnlichen Niveau. Auch bei den pT- und pY-Fraktionen ist der zeitliche Zu- und Abnahmetrend deutlich erkennbar. Die Profile der spezifischen ERK1/2-Fraktionen stimmen sehr gut überein.

Die Phosphorylierungsprofile der HGF-Stimulation wurden für ERK1 insgesamt dreimal und für ERK2 zweimal gemessen. Für die IL6-Stimulation wurden jeweils zwei unabhängige Kinetiken erzeugt. Zur Verringerung der benötigten Zellzahl wurden bei den übrigen Kinetiken nur 8 anstelle der 15 Datenpunkte analysiert. Die Einzeldaten sind in Tab. A.14 und A.15 auf Seite 158*ff* zusammengefasst und in Abb. A.32 und A.33 auf Seite 135*f* graphisch dargestellt. Abb. 3.26 auf Seite 73 zeigt die mittleren Häufigkeiten der verschiedenen ERK1/2-Fraktionen als Antwort auf die HGF-Behandlung sowie deren geschätzte Standardabweichungen. Beide Isoformen wurden im Zeitintervall von 2.5–10 min stark aktiviert. Der Aktivierungsgrad nahm anschließend wieder ab; allerdings blieben etwa 20 % beider Isoformen dauerhaft aktiv. Die Schwankungen der Datenpunkte innerhalb der ersten 25 min der pTpY-ERK1-Kinetik sind auf unterschiedliche Aktivierungsstärken, die in den einzelnen Kinetiken erzielt wurden, zurückzuführen (Abb. A.32 auf Seite 135). Auch die mittleren Anteile der pY-Fraktionen waren für beide Isoformen nicht konsistent. Aus den Einzelzeitreihen für ERK1 geht hervor, dass der Anteil der pY-Fraktion bei etwa 5–7.5 min und bei 20 min ein Maximum erreichte und dann mit geringer Geschwindigkeit wieder abfiel. Bei den Einzelprofilen von ERK2 stieg der Anteil der pY-Fraktion innerhalb der ersten 5 min an und blieb im weiteren Verlauf nahezu konstant. Die Phosphorylierungsgrade der pT-Fraktionen nahmen bis 12.5 min (ERK2) bzw. 17.5 min (ERK1) zu und dann bis 25 min (ERK2) bzw. 30 min (ERK1) kontinuierlich ab. Im weiteren Verlauf stagnierten sie. Im Bereich der maximalen Aktivierung waren die einfach phosphorylierten Spezies etwa zwei- bis dreimal niedriger konzentriert als die doppelt phosphorylierten. Die Anteile der unphosphorylierten ERK1/2-Fraktionen nahmen bis 10 min rapide auf 32–39 % ab, stiegen im weiteren Verlauf bis etwa 30 min wieder an und stagnierten anschließend bei etwa 40–60 %. Die Profile der spezifischen ERK1/2-Fraktionen sind einander sehr ähnlich.

In Abb. 3.27 auf Seite 74 sind die mittleren IL6-induzierten Profile der spezifischen ERK1/2-Fraktionen sowie deren geschätzte Standardabweichungen dargestellt. Der ERK1/2-Aktivierungsstatus wies ein Maximum zwischen 10 und 15 min auf. Im Durchschnitt wurden höchstens 21 % des totalen ERK1 und 16 % des totalen ERK2 aktiviert. Nach 45 min war der Aktivierungsgrad wieder ähnlich niedrig wie zu Beginn der Kinetik. Der Anteil der pY-Fraktionen am totalen ERK1/2-Pool änderte sich über die Zeit hinweg nur wenig: zwischen 2.5 und 10 min ist eine geringfügige Zunahme und im weiteren Verlauf bis etwa 25 min eine Abnahme zurück zum Ausgangsniveau erkennbar. Die maximalen Phosphorylierungsgrade der pT-Fraktionen waren etwas höher als die von pY. Bei beiden Isoformen stieg der Anteil der pT-Spezies bis etwa 17.5 min kontinuierlich an, bis nach höchstens 45 min das Ausgangsniveau wieder erreicht wurde. Im Gegensatz zu den phosphorylierten Fraktionen ist das Profil von unphosphoryliertem ERK1/2 durch ein Minimum zwischen 10 und 15 min gekennzeichnet. Das Ausgangsniveau wurde nach 45 min wieder erreicht. Die IL6-induzierten Profile der spezifischen ERK1- und ERK2-Spezies ähneln einander sehr stark.

3.4.6. Die Aktivierungsstärke der MAPK/ERK-Signalkaskade hängt vom Rezeptor ab

Ein bedeutendes Ziel der Studie war die Klärung der Frage, ob es einen zelltypspezifischen Unterschied zwischen starken und schwachen Auslösern der MAPK/ERK-Signalkaskade gibt. Abb. 3.28 auf Seite 75 zeigt die HGF- und IL6-induzierten Aktivierungsprofile von ERK1/2 in

3.4. Analyse der rezeptorspezifischen ERK1/2-Phosphorylierungsdynamik in verschiedenen Zellsystemen und deren mathematische Modellierung

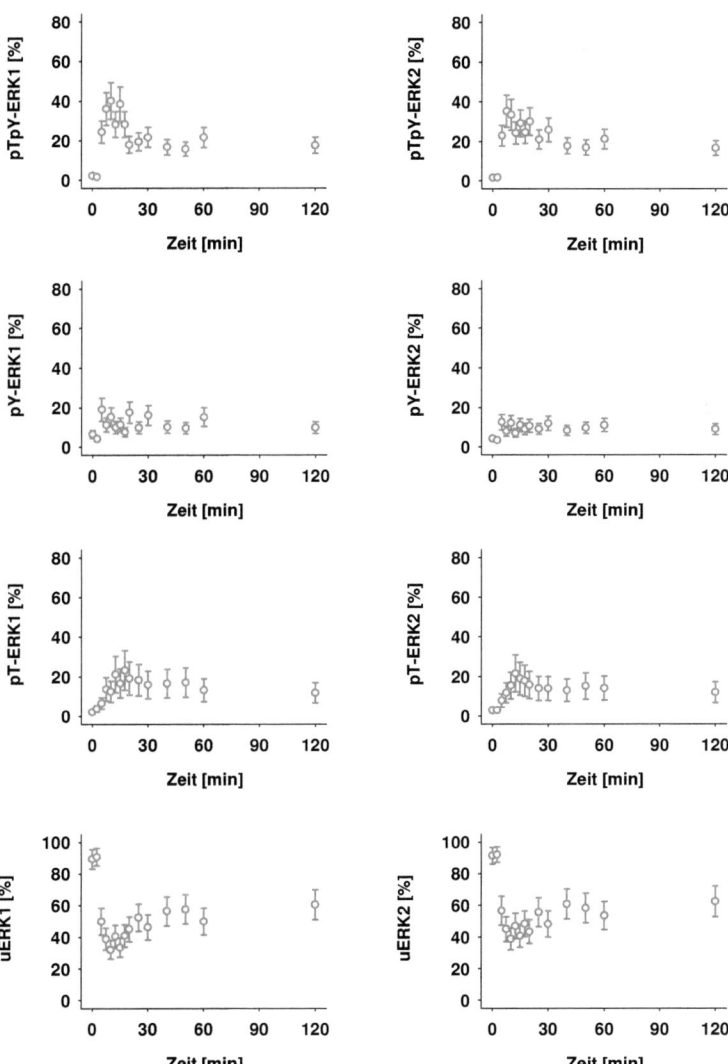

Abbildung 3.26.: HGF-induzierte Häufigkeitsprofile der verschiedenen ERK1- und ERK2-Fraktionen in HaCaT A5-Zellen. Gezeigt sind die mittleren prozentualen Häufigkeiten resultierend aus der Messung von drei (ERK1) bzw. zwei (ERK2) biologischen Replikaten sowie die geschätzten Standardabweichungen.

3. Ergebnisse

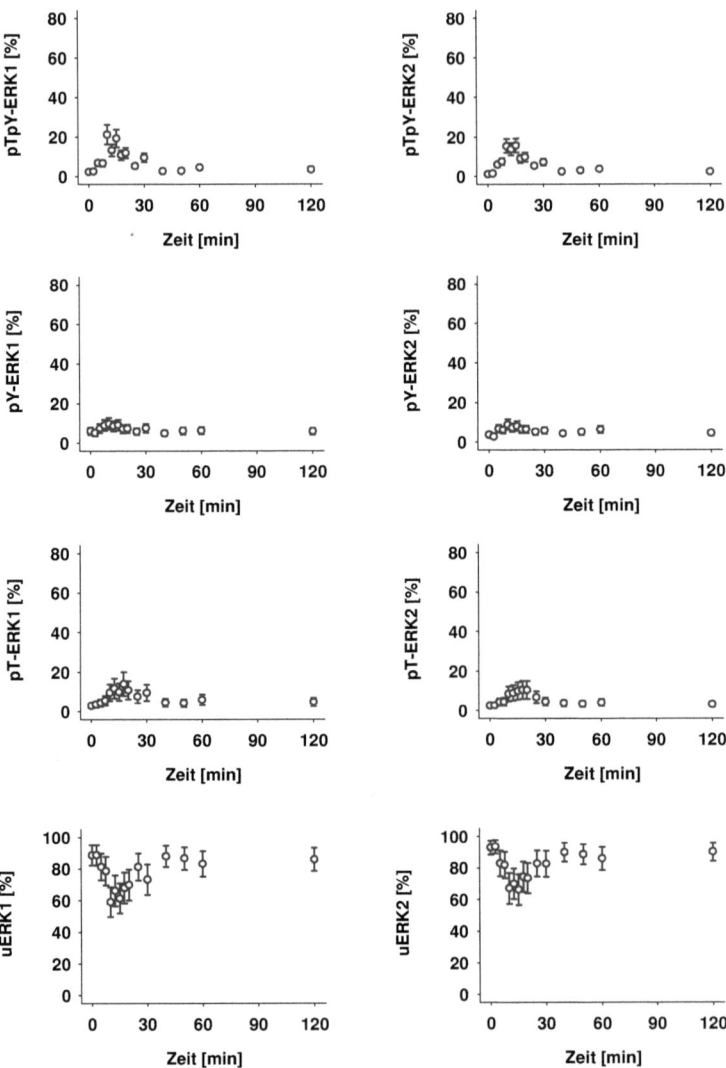

Abbildung 3.27.: IL6-induzierte Häufigkeitsprofile der verschiedenen ERK1- und ERK2-Fraktionen in HaCaT A5-Zellen. Gezeigt sind die mittleren prozentualen Häufigkeiten resultierend aus der Messung von zwei biologischen Replikaten sowie die geschätzten Standardabweichungen.

3.4. Analyse der rezeptorspezifischen ERK1/2-Phosphorylierungsdynamik in verschiedenen Zellsystemen und deren mathematische Modellierung

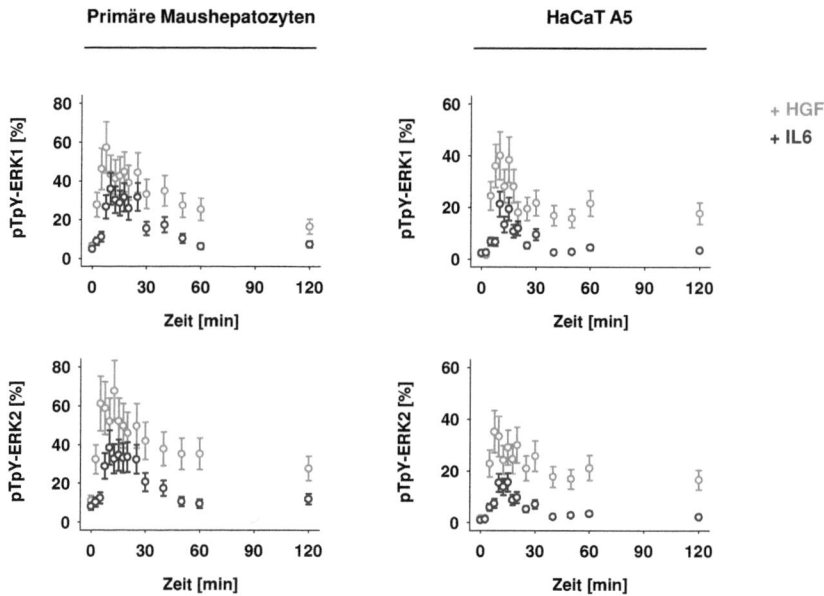

Abbildung 3.28.: Aktivierungsprofile von ERK1/2 in primären Maushepatozyten und in HaCaT A5-Zellen induziert durch HGF- (grün) oder IL6-Stimulation (blau) (je 100 ng/ml). Gezeigt sind die mittleren prozentualen Häufigkeiten der doppelt phosphorylierten ERK1/2-Fraktionen und die geschätzten Standardabweichungen von zwei oder drei biologischen Replikaten.

primären Maushepatozyten und in HaCaT A5-Zellen. Ein Vergleich der Profile aller Fraktionen ist in Abb. A.34 und A.35 auf Seite 142f dargestellt. Unabhängig vom Zelltyp wurde ERK1/2 durch den HGF-Rezeptor Met (RTK) stärker als durch den IL6-Rezeptor (Zytokinrezeptor) aktiviert: die Aktivierung setzte früher ein, erreichte ein höheres Niveau und hielt länger an. Obwohl beide Stimuli zu einer durchschnittlich stärkeren ERK1/2-Aktivierung in Hepatozyten führten, war der relative Aktivierungsstatus nach der HGF-Stimulation bezogen auf IL6 bei beiden Zelltypen ähnlich hoch. Zelltypspezifisch war hingegen der Zeitpunkt, zu dem die HGF-induzierte Signalleitung ERK1/2 erreichte: der Phosphorylierungsstatus stieg bei HaCaT A5-Zellen ungefähr 2.5 min später als bei den Hepatozyten an. Interessanterweise wurde bei der IL6-induzierten Signalleitung diesbezüglich kein signifikanter Unterschied beobachtet.

Wie die Resultate belegen, wird die relative Aktivierungsstärke der MAPK/ERK-Signalkaskade hauptsächlich durch den Liganden und seinen Rezeptor und weniger durch den Zelltyp bestimmt.

3.4.7. Die mathematische Modellierung offenbart kinetische Parameter der ERK-Phosphorylierung in primären Maushepatozyten

Zur Modellierung der quantitativen Daten wurden diese auf die Gesamtheit aller zellulären ERK1/2-Moleküle normiert. Der totale ERK1/2-Pool einer Zelle wurde dabei als 100 % definiert. Da das Expressionslevel von ERK1 und ERK2 signifikant von einem äquimolaren

3. Ergebnisse

Verhältnis abweicht (Lefloch et al., 2008), wurde die Stöchiometrie zwischen den beiden Isoformen experimentell bestimmt: in primären Maushepatozyten betrug sie 1:2.04 und in HaCaT A5-Zellen 1:2.62 (ERK1:ERK2) (Iwamoto, 2010). Zur Beschreibung der HGF- und IL6-induzierten ERK1/2-Phosphorylierungsdynamik wurde für beide Zellsysteme jeweils ein Modell für einen distributiven und eins für einen prozessiven Aktivierungsmechanismus erstellt (Iwamoto, 2010). Eine kürzliche Studie an primären Maus-Erythroid-Progenitorzellen belegt einen distributiven Mechanismus *in vivo* (Schilling et al., 2009). Dies bedeutet, dass sich der MEK-ERK-Komplex zwischen den beiden Phosphorylierungsereignissen, die für die Aktivierung von ERK erforderlich sind, wieder löst und einfach phosphoryliertes ERK freigesetzt wird. Abb. A.36 auf Seite 139 zeigt die Modellierung der experimentellen Daten unter der Annahme eines distributiven Aktivierungsmechanismus. Das zugehörige Modellschema für primäre Maushepatozyten ist in Abb. 3.29 auf Seite 77 dargestellt. Die wichtigsten Erkenntnisse, die sich daraus ableiten, sind im Folgenden erläutert:

Der distributive Mechanismus ist durch eine langsame MEK-ERK-Komplexbildung gekennzeichnet; nach der Komplexbildung laufen die Phosphorylierungreaktionen jeweils sehr schnell ab. Die Geschwindigkeiten der positionsspezifischen Phosphorylierungsreaktionen sind unabhängig vom Phosphorylierungsstatus der jeweils anderen Position. Mit Ausnahme der Komplexbildung, die für ERK1 und ERK2 unterschiedlich schnell abläuft, sind alle Reaktionen isoformunspezifisch. Ausgehend von unphosphoryliertem ERK entstehen beim ersten Phosphorylierungsschritt beide einfach phosphorylierten ERK-Isomere (pT-ERK und pY-ERK). Der überwiegende Anteil wird danach sofort wieder dephosphoryliert, wobei die Dephosphorylierung von pT-ERK um ein Vielfaches schneller als die von pY-ERK abläuft. Die vollständige Aktivierung erfolgt ausgehend vom pY-Intermediat durch eine zweite Phosphorylierungsreaktion an Threonin; zwischen MEK und pT-ERK findet hingegen keine neue Komplexbildung statt. Die Geschwindigkeit des zweiten Phosphorylierungsschritts wird hauptsächlich durch die Assoziationsrate zwischen aktivem MEK und ERK bestimmt. Im Gegensatz zur Aktivierung ist die Inaktivierung des doppelt phosphorylierten ERK unspezifisch: es gibt keine Präferenz, ob zuerst Threonin oder Tyrosin dephosphoryliert wird. Die erste Dephosphorylierungsreaktion erfolgt sehr langsam. Die resultierenden einfach phosphorylierten ERK-Spezies sind vor einer weiteren Komplexbildung mit MEK geschützt, d.h. sie müssen erst vollständig dephosphoryliert werden, bevor sie in einen neuen Phosphorylierungszyklus eintreten können. Der zweite Dephosphorylierungsschritt füllt den unphosphorylierten ERK-Pool wieder auf; dieser Schritt läuft ca. fünfmal schneller als der erste ab.

Zusammengefasst ergibt sich folgendes: Die distributive ERK-Aktivierung erfordert zwei getrennte Phosphorylierungsreaktionen. Auch die Inaktivierung erfolgt in zwei Schritten, die miteinander aufgrund der fünfmal schnelleren Geschwindigkeit der zweiten Dephosphorylierungsreaktion ein prozessiv-ähnliches Verhalten zeigen. Aktivierung und Inaktivierung von ERK sind getrennte Prozesse: die einfach phosphorylierten ERK-Intermediate, die beim ersten Dephosphorylierungsschritt entstehen, müssen erst vollständig dephosphoryliert werden, bevor sie für einen neuen Phosphorylierungszyklus zur Verfügung stehen. Unphosphoryliertes ERK ist sehr schnellen Phosphorylierungs- und Dephosphorylierungszyklen ausgesetzt; hingegen braucht die aktive Spezies bis zu zehnmal länger, um einen Zyklus zu durchlaufen. Abb. 3.30 auf Seite 77 zeigt schematisch den Kreislauf der ERK-Prozessierung.

Der Hauptunterschied zwischen dem prozessiven und distributiven Modell ist das Verhalten von pT- und pY-ERK nach der ersten Dephosphorylierungsreaktion: im prozessiven Modell sind diese nicht geschützt, sondern stehen für eine erneute MEK-ERK-Komplexbildung zur Verfügung (Iwamoto, 2010).

Das Modell der ERK1/2-Phosphorylierungsdynamik in HaCaT A5-Zellen befand sich zum Zeitpunkt der Fertigstellung dieser Arbeit noch in der Entwicklung.

3.4. Analyse der rezeptorspezifischen ERK1/2-Phosphorylierungsdynamik in verschiedenen Zellsystemen und deren mathematische Modellierung

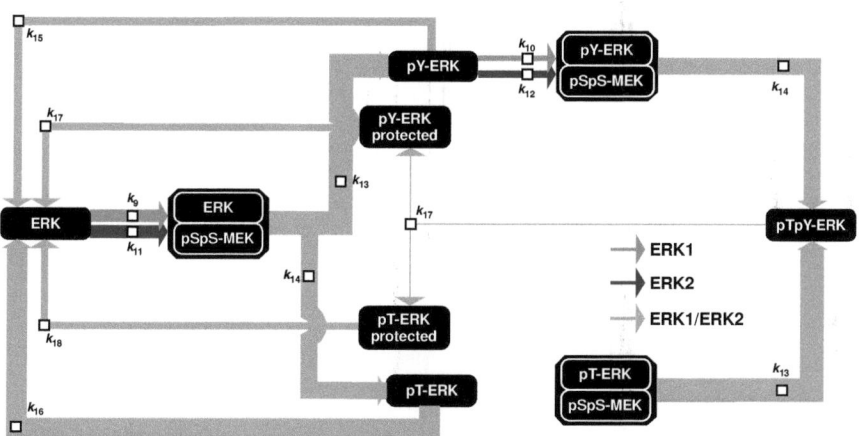

Abbildung 3.29.: Modell der distributiven ERK1/2-Aktivierung und –Deaktivierung in primären Maushepatozyten (aus Iwamoto, 2010). Die Dicke der Pfeile ist proportional zu den Reaktionsgeschwindigkeiten. Die Geschwindigkeitskonstanten k der verschiedenen Ereignisse sind in Tab. A.16 auf Seite 157 aufgelistet. Für Details siehe Text.

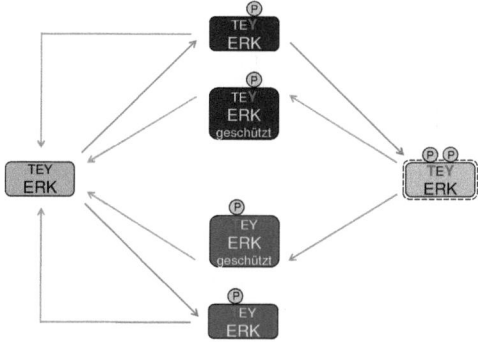

Abbildung 3.30.: Kreislauf der ERK-Prozessierung in primären Maushepatozyten (modifiziert aus Iwamoto, 2010, Seite 56). Der ERK-Phosphorylierungsmechanismus ist distributiv; die Aktivierung erfolgt über Tyrosin-phosphoryliertes ERK als Intermediat. Näheres dazu im Text. Die farbigen Pfeile repräsentieren verschiedene Reaktionstypen: orange, Phosphorylierung; grau, Dephosphorylierung.

3.4.8. Die Modellvalidierung bestätigt die distributive ERK-Phosphorylierung in primären Maushepatozyten

Zur Validierung des prozessiven und distributiven Modells wurde geprüft, ob mit deren Hilfe experimentelle Daten vorhergesagt werden können. Ziel der Untersuchung war die endgültige Klärung der Frage, ob die Aktivierung von ERK in primären Maushepatozyten einem distributiven oder prozessiven Mechanismus folgt. Zu diesem Zweck wurde ein Stimulationsexperiment unter veränderten Bedingungen durchgeführt: Die Hepatozyten wurden 10 min lang mit HGF vorstimuliert und anschließend mit dem MEK1/2-Inhibitor U0126 für die angezeigten Zeitpunkte behandelt. U0126 inhibiert MEK1/2, indem es entweder dessen Aktivierung verhindert oder die Katalyse hemmt (VanScyoc et al., 2008). Nach Lyse der Zellen wurden die Anteile der verschiedenen ERK1/2-Fraktionen mit *one-source*-Standardpaaren bestimmt. Insgesamt wurden drei biologisch-technische Replikate analysiert.

Durch die Hemmung der MEK1/2-Aktivität sollte die Phosphorylierungsdynamik ausschließlich auf die Dephosphorylierung und damit Inaktivierung von ERK1/2 durch zelluläre Phosphatasen zurückzuführen sein. Die Ergebnisse sind in Abb. 3.31 auf Seite 79 dargestellt und in Tab. A.17 auf Seite 158f zusammengefasst. Bei 0 min variierte der Anteil der aktiven ERK1/2-Spezies von 22–29 % (ERK1) bzw. von 30–39 % (ERK2). Er nahm mit einer Halbwertszeit von ungefähr 60 s kontinuierlich ab und lag nach 6 min nahe 0 %. Der Anteil der pY-Fraktion betrug bei beiden Isoformen zu Beginn der Kinetik zwischen 16 und 29 %. In zwei der drei Einzelzeitreihen wurde eine kontinuierliche Abnahme auf ≤ 2 % innerhalb von 6 min beobachtet. Bei der Zeitreihe mit dem niedrigsten Ausgangswert wurde hingegen ein Maximum bei 0.5 min detektiert; erst dann nahm der Phosphorylierungsgrad kontinuierlich auf das gleiche Endniveau ab. Die Halbwertszeit der pY-Fraktion war mit derjenigen der doppelt phosphorylierten ERK1/2-Fraktion vergleichbar. Auch der Anteil der pT-Fraktion beider Isoformen verringerte sich im zeitlichen Verlauf; im Vergleich zur pY- und pTpY-Fraktion war die Dephosphorylierungsrate mit einer Halbwertszeit von ungefähr 2.5 min niedriger. Wie erwartet zeigt das Profil der unphosphorylierten ERK1/2-Spezies eine kontinuierliche Zunahme, bis nach 6 min 97–98 % des totalen ERK1 und 96–97 % des totalen ERK2 im unphosphorylierten Zustand vorlagen. Die Einzeldaten der spezifischen ERK1- und ERK2-Fraktionen innerhalb der verschiedenen Zeitreihen waren stark korreliert.

Abb. A.37 auf Seite 140 zeigt die Modellvorhersagen bezüglich der verschiedenen ERK1/2-Spezies für den prozessiven und distributiven Aktivierungsmechanismus. Die Datenpunkte werden durch das distributive Modell besser als durch das prozessive beschrieben, da nur der erstgenannte Mechanismus die Zeitspanne bis zur vollständigen Dephosphorylierung aller ERK1/2-Fraktionen erfolgreich vorhersagte. Bei einem prozessiven Mechanismus wäre die pT-Fraktion beider Isoformen nach 6 min nur unvollständig dephosphoryliert. Hingegen liegen die Kurven des distributiven Modells am Ende der Kinetik jeweils auf dem gleichen Niveau wie die experimentellen Datenpunkte.

Die Modellvalidierung zeigt den Erfolg der mathematischen Modellierung. Wie die Resultate bestätigen, basieren Aktivierung und Deaktivierung von ERK1/2 in primären Maushepatozyten auf einem distributiven Mechanismus.

3.4.9. Der technische Fehler ist signifikant niedriger als der biologische

In Abschnitt 3.1.9 wurde die Reproduzierbarkeit der Phosphorylierungsgradbestimmung anhand des rekombinanten GST-ppERK2-Fusionsproteins untersucht. Dieser Abschnitt vergleicht die Fehler von technischen und biologischen Replikaten.

Abhängig von der Vorgeschichte der Proben setzte sich deren Aufarbeitungsprozedur aus verschiedenen Teilschritten zusammen. Im Unterschied zu rein technischen Replikaten beinhal-

3.4. Analyse der rezeptorspezifischen ERK1/2-Phosphorylierungsdynamik in verschiedenen Zellsystemen und deren mathematische Modellierung

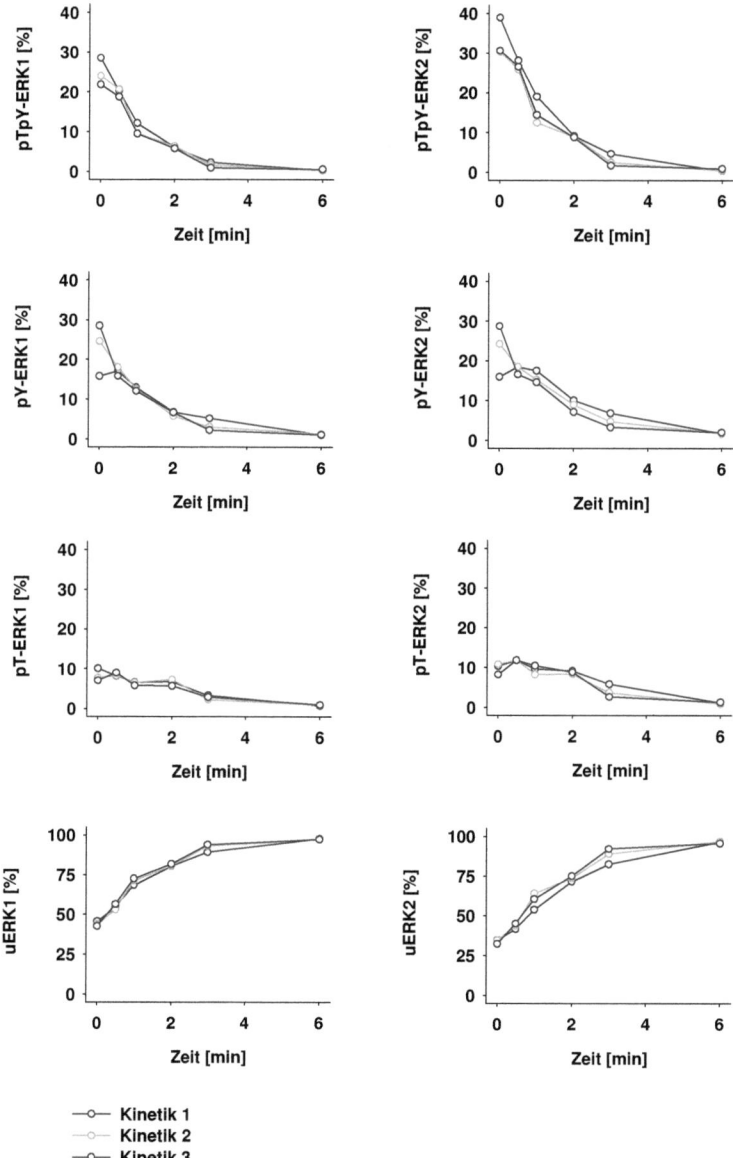

Abbildung 3.31.: *In vivo*-Dephosphorylierungskinetik von aktivem ERK1/2 bei Hemmung der MEK1/2-Aktivität. Primäre Maushepatozyten wurden 10 min lang mit HGF (100 ng/ml) vorstimuliert; anschließend wurde MEK1/2 durch Zugabe von U0126 inhibiert und die Phosphorylierungsgrade der verschiedenen ERK1/2-Fraktionen über 6 min isoformspezifisch bestimmt. Es wurden drei technisch-biologische Replikate analysiert.

teten technisch-biologische Replikate die Probenvorbereitungsschritte Stimulation und Probennahme. Biologische Replikate berücksichtigten zusätzlich den Fehler der Zellkultur. Abb. 3.32 auf Seite 81 zeigt exemplarisch die mittleren relativen Fehler aller ERK2-Fraktionen abhängig von der Probenvorgeschichte. Die von-Tag-zu-Tag-Variation biologischer Replikate bestimmte mit durchschnittlich 29 % die mit Abstand größte Fehlerquelle (Abb. 3.32A, G). Bei technisch-biologischen Replikaten von gleich behandelten Zellen war der relative Fehler mit etwa 12 % weniger als halb so groß (Abb. 3.32B, G). Wie erwartet wurde der niedrigste relative Fehler von 3.5 % bei Mehrfachinjektion desselben Verdaus mit identischen Standards erzielt (Abb. 3.32F, G). Wurde ein Verdau wiederholt mit Standards aus verschiedenen Herstellungsansätzen analysiert, war der relative Fehler ungefähr doppelt so groß (Abb. 3.32E, G). In der gleichen Größenordnung lag der Fehler auch, wenn verschiedene Gelbanden von rekombinantem GST-ppERK2 – unbehandelt (Abb. 3.32D, G) oder nach Immunpräzipitation (Abb. 3.32C, G) – mit identischen Standards gemessen wurden. Wie die Ergebnisse belegen, hatte die Immunpräzipitation im Unterschied zu den Prozeduren Gelelektrophorese, in-Gel-Verdau, Peptidextraktion und Standardherstellung keinen nennenswerten negativen Einfluss auf die Reproduzierbarkeit.

3.4. Analyse der rezeptorspezifischen ERK1/2-Phosphorylierungsdynamik in verschiedenen Zellsystemen und deren mathematische Modellierung

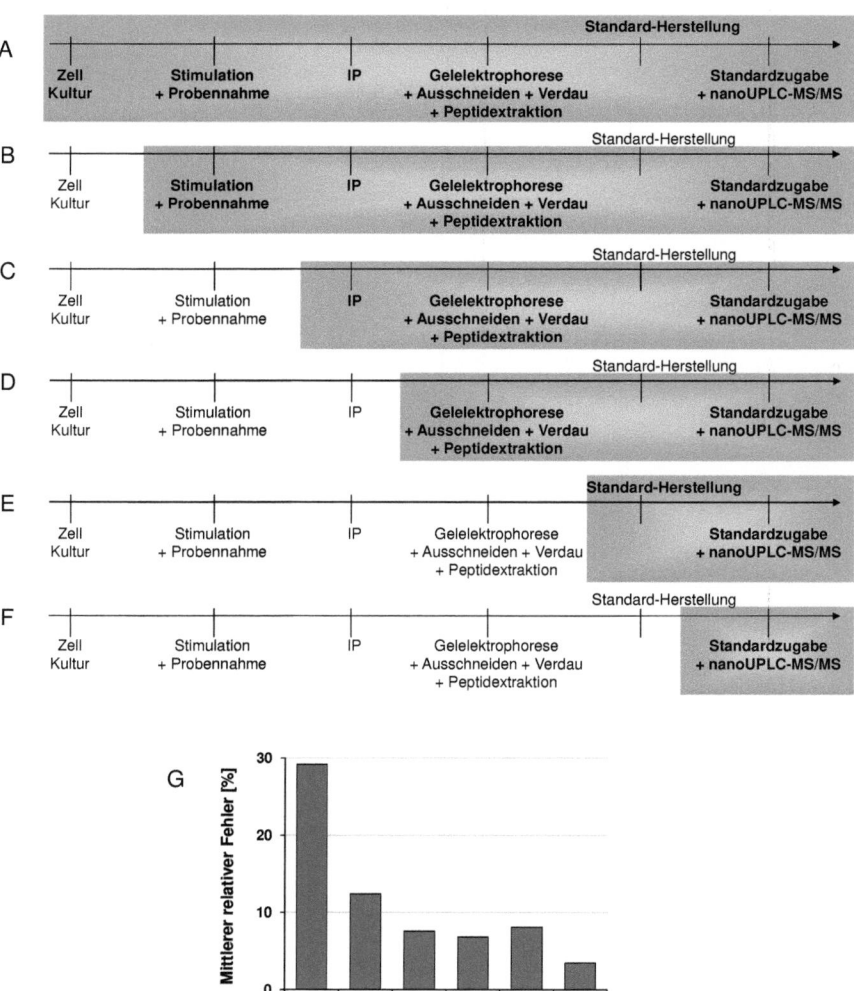

Abbildung 3.32.: Vergleich des mittleren relativen Fehlers von biologischen und technischen Replikaten am Beispiel der Phosphorylierungsgradbestimmung von ERK2. Der Gesamtfehler setzt sich aus den Einzelfehlern der verschiedenen Aufarbeitungs- und Analyseschritte abhängig von der Probenvorgeschichte zusammen (A-F). Das Balkendiagramm zeigt die mittleren Fehler der prozentualen Häufigkeiten aller vier spezifischen ERK2-Fraktionen (G). Die Fehler beziehen sich auf die in (A-F) jeweils grau hinterlegten Probenvorbereitungs- und Analyseschritte. Sie stammen aus folgenden Quellen: A) Abb. 3.21; B) Tab. 3.8; C, D) Tab. 3.6; E, F) Tab. 3.5. Zur Bestimmung des mittleren relativen Fehlers für (A) wurde der Fehler der unphosphorylierten Fraktion gemäß der angezeigten Polynomfunktion (Abb. 3.21) für eine Häufigkeit von 20.7 % berechnet. Dies entsprach dem durchschnittlichen Anteil der unphosphorylierten ERK2-Spezies in Hepatozyten nach 10minütiger Stimulation mit 100 ng/ml HGF (Tab. A.12 auf Seite 155).

4. Diskussion

Inhalt

4.1. Bedeutung der positionsspezifischen Phosphorylierungsgradanalyse	83
4.2. Das *one-source*-Prinzip	83
4.3. Anreicherung der Zielproteine	84
4.4. Selektivität der Analyse	84
4.5. Richtigkeit der *one-source*-Peptid-/Phosphopeptidstandard-Methode	85
4.5.1. Wiederfindung	85
4.5.2. Phosphatase-Aktivität in Zelllysaten	85
4.5.3. Spezifität der Antikörper	85
4.5.4. Proteaseauswahl	86
4.5.5. Peptidextraktion	86
4.5.6. Schlussfolgerung	86
4.6. Einfluss von Oxidation	86
4.7. Reproduzierbarkeit der Phosphorylierungsgradbestimmung	87
4.8. STAT6-Aktivierung in den Lymphomzelllinien MedB-1 und L1236	87
4.9. Akt1-Aktivierung in primären Maushepatozyten	88
4.10. ERK1/2-Aktivierung in primären Maushepatozyten mit und ohne Hemmung der PI3K	89
4.11. ERK1/2-Phosphorylierungsmechanismen in primären Säugetierzellen und der Tumorkeratinozyten-Zelllinie HaCaT A5	89
4.11.1. Temporäre Profile der ERK1/2-Aktivierung	89
4.11.2. Isoformspezifische Unterschiede zwischen ERK1 und ERK2	90
4.11.3. Schätzung des biologischen Fehlers	91
4.11.4. Vergleich zwischen primären Säugetierzellen und Tumor-Zelllinien	91
4.11.5. Distributives Modell für primäre Maushepatozyten	91
4.11.6. Experimentelle Modellvalidierung	92
4.11.7. Anpassungsgüte der Modellkurven an die experimentellen Datenpunkte	92
4.11.8. Einordnung des distributiven Modells in den wissenschaftlichen Kontext	93
4.11.9. Perspektiven	93
4.12. Vorteile zielgerichteter Analysen im Vergleich zu Hochdurchsatzstudien	94
4.13. Vergleich zwischen *one-source*- und AQUA-Standards	94
4.14. Limitierungen der *one-source*-Peptid-/Phosphopeptidstandard-Methode	95
4.15. Vorteile von *one-source*-Peptid-/Phosphopeptidstandards	96
4.16. Schlussfolgerungen	97
4.17. Ausblick	97

4.1. Bedeutung der positionsspezifischen Phosphorylierungsgradanalyse

Die Entwicklung von sensitiven quantitativen Methoden zur Beleuchtung von dynamischen Proteinphosphorylierungsereignissen ist für ein systematisches Verständnis von zellulärem Verhalten essentiell. Bislang wurden in den meisten Phosphoproteomik-Studien nur relative Konzentrationsunterschiede von phosphorylierten Peptiden zwischen zwei oder mehreren Proben analysiert. Im Vergleich dazu ist die Ermittlung des Phosphorylierungsgrads als Endresultat des Gegenspiels von Kinasen und Phosphatasen aufwendiger, weil dafür auch die unphosphorylierten Peptidspezies quantifiziert werden müssen. Die Bestimmung der Stöchiometrie von Phosphorylierungsereignissen bietet gegenüber der einfacheren Analyse von relativen Änderungen wesentliche Vorteile. Diese sind im Folgenden erläutert.

Die Kenntnis des Phosphorylierungsgrads ist informativer als die einer Zunahme um den Faktor x. So kann zum Beispiel eine zweifache Zunahme einen Anstieg des Phosphorylierungsgrads von 2 auf 4 %, aber auch von 50 auf 100 % bedeuten (van Bentem et al., 2008).

Die Mehrzahl der Proteine enthält mehrere, unterschiedlich regulierte Phosphorylierungsstellen (Olsen et al., 2006), die die komplexe Regulation von Proteinfunktionen ermöglichen (Mayya & Han, 2006). Die Kenntnis des Phosphorylierungsgrads erlaubt einen direkten Vergleich zwischen verschiedenen Phosphorylierungsstellen eines Proteins und ermöglicht daher, die Regeln für Mehrfachphosphorylierung zu entschlüsseln (Mayya & Han, 2009). Um ein genaues Verständnis der Aktivierungskinetiken zu erhalten, sollte der Phosphorylierungsgrad immer positionsspezifisch bestimmt werden (Olsen et al., 2006).

Kürzlich wurde vermutet, dass viele der bekannten Phosphorylierungsstellen keine Funktion besitzen (Lienhard, 2008) und dass Stellen mit niedriger Phosphorylierungsstöchiometrie biochemischer Untergrund sein könnten (Trinidad et al., 2006). Umgekehrt könnte eine niedrige Phosphorylierungsstöchiometrie auch einen schnelleren Mechanismus der Proteinaktivierung repräsentieren (Munton et al., 2007), in den kurzlebige, hoch aktive Phosphorylierungsformen auftreten. Die Information des Phosphorylierungsgrads an Stellen mit bekannten Funktionen könnte genutzt werden, um zu bewerten, ob Phosphorylierungsstellen mit niedriger Stöchiometrie *in vivo* funktional sind (Mayya & Han, 2009).

Zudem ermöglicht die Kenntnis des Phosphorylierungsgrads, obwohl eine relative Größe, Daten zwischen verschiedenen Experimenten, Konditionen und Laboratorien direkt miteinander zu vergleichen. Letztendlich ist die Information der Phosphorylierungsstöchiometrie für die mathematische Modellierung wichtig.

4.2. Das *one-source*-Prinzip

Die *one-source*-Standardmethode basiert auf der Verwendung von stabilisotopenmarkierten internen Standards für ein endogenes Peptid/Phosphopeptid-Paar, das durch proteolytische Spaltung generiert wird. *One-source*-Peptid/Phosphopepid-Standardpaare werden durch Dephosphorylierung von Phosphopeptidstandards hergestellt. Auch andere massenspektrometrische Methoden zur Bestimmung von Proteinphosphorylierungsgraden basieren auf der Verwendung von Phosphatasen (z.B. Johnson et al., 2009; Smith et al., 2007; Steen et al., 2005). In fast allen Studien wurde die Dephosphorylierungsreaktion durch alkalische Phosphatase katalysiert. Diese hat den Nachteil, dass sie sich nur durch Säure-, aber nicht durch Hitzebehandlung inaktivieren lässt (http://www.neb.com/nebecomm/products/productM0290.asp).

Ein der *one-source*-Methode ähnliches Prinzip wurde bereits für die Herstellung von absolut quantifizierten PASTA-Peptiden angewandt (Zinn et al., 2009). Bei *one-source*-Standards kann hingegen auf die absolute Quantifizierung verzichtet werden, da die Kenntnis des molaren Verhältnisses bereits zum Einsatz als Standardpaar ausreicht. In der Literatur sind verschiedene Dephosphorylierungsverfahren beschrieben, unter anderem die Verwendung von Flusssäure

(Kuyama et al., 2003), alkalischer Phosphatase (Ahmad & Huang, 1981; Hegeman et al., 2004), λ-Phosphatase (Johnson et al., 2009) und antarktischer Phosphatase (Rina et al., 2000). In der vorliegenden Arbeit wurde ausschließlich antarktische Phosphatase verwendet, da dieses Enzym hitzelabil ist und durch moderate Temperaturerhöhung innerhalb weniger Minuten irreversibel inaktiviert wird (Abschnitt 3.1.2). Die vollständige Inaktivierung der Phosphatase vor Vereinigung der Peptid-/Phosphopeptidaliquots ist essentiell. Nur so ist sichergestellt, dass das molare Standardverhältnis gleich dem Mischungsverhältnis ist und über die Zeit hinweg stabil bleibt. Da eine Ansäuerung der Standardlösungen unnötig ist, können die Standards schon zum frühestmöglichen Zeitpunkt auf der Stufe des Proteinverdaus (bei ca. pH 8) der Probe zugegeben werden. Verluste während der weiteren Probenvorbereitung werden auf diese Weise kompensiert. Wie die Kontrollanalysen mittels nanoESI-MS ergaben, wurden alle getesteten Standardpeptide mit einer Effizienz von $\geq 99\,\%$ erfolgreich dephosphoryliert. Da die *one-source*-Standardmethode im Gegensatz zum AQUA-Verfahren ein relativer Quantifizierungsansatz ist, wird der Fehler zweier unabhängiger, absoluter Standardquantifizierungen für das phosphorylierte und unphosphorylierte Zielpeptid eliminiert. Hingegen werden *one-source*-Peptid-/Phosphopeptidstandards nur durch volumetrische Mischung kalibriert – ein Schritt, der mit hoher Genauigkeit ausgeführt werden kann. Zur Anpassung an den individuellen Phosphorylierungsgrad der Probe können *one-source*-Standardpaare im beliebigen Verhältnis hergestellt werden.

4.3. Anreicherung der Zielproteine

Proteine, die in zellulären Signaltransduktionswegen eine Rolle spielen, werden oft nur auf niedrigem Niveau exprimiert. Zur Verringerung der Probenkomplexität ist daher eine Anreicherung der Zielproteine erforderlich. Dies erlaubt die Analyse von Signalmolekülen, auch wenn sie in der Zelle in vergleichsweise niedriger Anzahl vorliegen. Studien, die nur die zeitlichen Änderungen von phosphorylierten Peptidspezies verfolgen, basieren meist auf der selektiven Anreicherung von Phosphopeptiden mittels IMAC (*immobilized metal ion affinity chromatography*) (Posewitz & Tempst, 1999) oder TiO_2 (Larsen et al., 2005). Für die Analyse des Phosphorylierungsgrads sind diese Verfahren allerdings weniger geeignet, da die unphosphorylierten Peptide verloren gehen. In der vorliegenden Arbeit wurden alle endogenen Zielproteine mittels Immunpräzipitation und anschließender SDS/PAGE isoliert.

Anreicherungsmethoden wie die Immunpräzipitation werden häufig genutzt, um Zielproteine aus dem heterogenen Pool zellulärer Proteine zu reinigen (z.B. Mayya et al., 2006; Richardson et al., 2004). Der Erfolg der Methode hängt von der Verfügbarkeit eines Antikörpers für jedes Zielprotein ab. Um sicherzustellen, dass die phosphorylierte und unphosphorylierte Fraktion eines Proteins mit gleicher Effizienz aufgereinigt wird, muss der verwendete Antikörper gegen ein unmodifiziertes Sequenzmotiv gerichtet sein (siehe auch Abschnitt 4.5.3).

4.4. Selektivität der Analyse

Hingegen ist eine hohe Proteinspezifität des Antikörpers für den Erfolg der Phosphorylierungsgradanalyse weniger ausschlaggebend: einerseits werden alle immunpräzipitierten Proteine in einem zweiten Schritt über SDS/PAGE aufgereinigt, und andererseits gewährleistet die hohe Selektivität der Massenspektrometrie eine individuelle Detektion aller Zielpeptide. Die Selektivität wird durch die Elutionszeit, den Ladungszustand, das charakteristische Isotopenmuster sowie durch die hohe Massengenauigkeit des Orbitrap-Massenspektrometers (≤ 3 ppm) erzielt. In den untersuchten Gelbanden wurden teilweise über 50 verschiedene zelluläre Proteine identifiziert. Generell wird die Quantifizierung nur gestört, wenn die Signale von Analyt- und Standardpeptiden von einem Störsignal überlagert sind. Aufgrund der hohen Übereinstimmung zwischen berechneten und experimentellen Isotopenmustern kann eine solche Überlagerung in der Regel durch Vergleich der Isotopenmuster erkannt werden. In diesen Fällen kann für die Bestimmung des Phosphorylierungsgrads ein anderer, nicht überlagerter Ladungszustand herangezogen werden.

4.5. Richtigkeit der *one-source*-Peptid-/Phosphopeptidstandard-Methode

4.5.1. Wiederfindung

Die Anwendung der *one-source*-Standardmethode auf synthetische Referenzmischungen mit verschiedenen Phosphorylierungsgraden im Bereich von 9.1 bis 90.9 % ergab eine sehr gute Übereinstimmung zwischen den volumetrischen und experimentellen Phosphorylierungsgraden. Wie die Ergebnisse belegen, können Phosphorylierungsgrade von Peptidlösungen mit Hilfe von *one-source*-Standards sehr genau und hoch reproduzierbar bestimmt werden. Ein systematischer Fehler, z.B. aufgrund unvollständiger Dephosphorylierung, wurde daher ausgeschlossen.

Wie erwartet stimmten auch die volumetrischen und experimentellen molaren Verhältnisse zwischen dem phosphorylierten und unphosphorylierten Referenzpeptid sehr gut überein. Um das Standardverhältnis dem Phosphorylierungsgrad der Probe anzupassen, können *one-source*-Standardpaare in praktisch jedem beliebigen Verhältnis hergestellt werden. Die Resultate zeigen jedoch, dass die Genauigkeit der Standardherstellung bei einem 1:1-Verhältnis am höchsten ist. In diesem Fall können *one-source*-Standards mit einem relativen Fehler unter 5 % hergestellt werden. Darin ist neben der Ungenauigkeit des volumetrischen Mischungsschritts auch der Fehler der Massenspektrometrie-Analyse enthalten. Daher kann davon ausgegangen werden, dass der Fehler der Standardherstellung sogar noch kleiner ist. In der Praxis beträgt der lineare Bereich der ESI-Orbitrap-Massenspektren etwa zwei Größenordnungen. Bei einem von 1:1 stark abweichenden Standardverhältnis ist der volumetrische Mischungsfehler möglicherweise größer als der Messfehler bei unterschiedlichen Signalintensitäten zwischen Analyt- und Standardpeptiden. Eine Anpassung des Standardverhältnisses an hohe oder niedrige Phosphorylierungsgrade ist daher nur bei Massenspektrometern mit geringem linearen Bereich erforderlich.

4.5.2. Phosphatase-Aktivität in Zelllysaten

Bei der Lyse von Zellen werden alle endogenen Phosphatasen freigesetzt. Eine Grundvoraussetzung für die Richtigkeit der *one-source*-Standardmethode ist das Fehlen jeglicher Phosphatase-Aktivität während der Probenvorbereitung. Um die Phosphorylierungsstöchiometrie nicht zu unterschätzen, muss die Dephosphorylierung von Proteinen durch Zugabe von Phosphatase-Inhibitoren erfolgreich unterdrückt werden. Mit Hilfe von GST-markiertem ERK2 wurde die Phosphatase-Aktivität in primären Maushepatozyten-Lysaten in Anwesenheit von Inhibitoren untersucht. Unter den beschriebenen Versuchsbedingungen konnte eine Restaktivität von zellulären Phosphatasen zwar nicht gänzlich ausgeschlossen werden; allerdings wäre ein eventueller Einfluss auf die Phosphorylierungsstöchiometrie sehr gering.

4.5.3. Spezifität der Antikörper

Für die Richtigkeit der Phosphorylierungsgradbestimmung ist es ferner entscheidend, dass die phosphorylierte und unphosphorylierte Fraktion eines Zielproteins mit der gleichen Effizienz aufgereinigt wird. Die Analyse von GST-markiertem ERK2 mit und ohne Immunpräzipitation führte zu vergleichbaren Phosphorylierungsgraden. Folglich besitzt der verwendete Antikörper die gleiche Affinität zur phosphorylierten und unphosphorylierten Proteinfraktion. Dies war zu

4. Diskussion

erwarten, da der Antikörper gegen ein unmodifiziertes Sequenzmotiv gerichtet war. Gleichermaßen kann davon ausgegangen werden, dass auch die übrigen in dieser Arbeit verwendeten Antikörper phospho-unspezifisch sind, da sie gegen nicht-phosphorylierte Epitope gerichtet waren.

4.5.4. Proteaseauswahl

Mit Hilfe von *one-source*-Standards werden Proteinphosphorylierungsgrade nach dem Proteinverdau auf Peptidebene bestimmt. Phosphatgruppen können die proteolytische Spaltung hemmen (Previs et al., 2008). Die Hemmung tritt besonders bei Ser-/Thr-Phosphorylierung auf und ist am stärksten in den Positionen +1, 2 und 3 der Spaltstelle (Winter et al., 2009a). Meistens bewirkt die Phosphorylierung eine verlangsamte Spaltung, so dass am Ende der Proteolyse eine gewisse Menge an unvollständig gespaltenen Phosphopeptiden vorliegt. Dies hat zur Folge, dass eine bestimmte Phosphorylierungsstelle in zwei Phosphopeptiden unterschiedlicher Länge präsent ist. Die Bestimmung des Phosphorylierungsgrads führt dann zu einem systematischen Fehler, da die kürzere Peptidvariante bevorzugt für die unphosphorylierte Spezies auftritt. Zur Vermeidung von Interferenzen zwischen proteolytischer Spaltung und Phosphorylierung sollte daher eine Protease gewählt werden, die Phosphopeptide mit einem Abstand von mindestens drei Aminosäureresten zwischen Phosphorylierungs- und Spaltstellen generiert. Dies traf auf alle in dieser Arbeit analysierten Proteine zu. Die Richtigkeit der mit *one-source*-Standards bestimmten Phosphorylierungsgrade wird durch die Tatsache unterstützt, dass selbst bei Verwendung verschiedener Proteasen die experimentellen Phosphorylierungsgrade im Rahmen der Messgenauigkeit übereinstimmten (Abschnitt 3.1.6).

4.5.5. Peptidextraktion

Ein weiterer systematischer Fehler könnte auftreten, wenn die Effizienz der Peptidextraktion nach in-Gel-Verdau zwischen phosphorylierten und unphosphorylierten Peptiden unterschiedlich wäre. Dieser Fragestellung wurde bereits in einigen Studien nachgegangen. Mayya et al. bestimmten die relativen Änderungen der vier verschiedenen phosphorylierten und unphosphorylierten Formen von Cdk (*cyclin-dependent kinase*) mittels AQUA-Standards und verglichen sie mit den Ergebnissen eines quantitativen Immunoblots (Mayya et al., 2006). Zhang et al. analysierten die Phosphorylierungsstöchiometrie von definierten Referenzmischungen aus zweifach phosphoryliertem und unphosphoryliertem rekombinanten ERK2 nach SDS/PAGE und in-Gel-Verdau (Zhang et al., 2002b). Atrih et al. testeten unterschiedliche Puffersysteme für die Peptidextraktion nach Immunpräzipitation und in-Gel-Verdau von Akt1 (Atrih et al., 2010). Alle Studien kamen zu dem Schluss, dass sich phosphorylierte und unphosphorylierte Peptide während des Verdaus und der Extraktion ähnlich verhalten.

4.5.6. Schlussfolgerung

Die Richtigkeit der *one-source*-Standardmethode wurde erfolgreich durch systematische Überprüfung der einzelnen Methodenschritte validiert. In keinem der Methodenschritte wurde ein systematischer Fehler nachgewiesen. Daher kann davon ausgegangen werden, dass die experimentellen Phosphorylierungsgrade die Phosphorylierungsgrade *in vivo* zum Zeitpunkt der Zelllyse reflektieren.

4.6. Einfluss von Oxidation

Bei dem STAT6-Peptidpaar DGRG-[Y/pY]-VPATIKMTVER wurde ein variabler Grad an Methioninoxidation detektiert. Dies betraf sowohl die endogenen Peptide als auch die Standards. Methioninreste können *in vivo* wie auch *in vitro* während der Probenvorbereitung und Gelelektrophorese oxidiert werden (Froelich & Reid, 2008). Da die Phosphorylierungsgradbestimmung auf Grundlage der oxidierten und nicht-oxidierten Peptidspezies zu gleichen Resultaten führte, kann davon ausgegangen werden, dass die Methioninoxidation sowohl bei den Standards als auch bei den endogenen Peptiden unbeeinflusst vom Phosphorylierungsstatus auftrat.

Die mit *one-source*-Standards bestimmten Phosphorylierungsgrade sind unabhängig von der absoluten Standardkonzentration. Somit wird die Quantifizierung durch partielle Methioninoxidation nicht beeinträchtigt. Wenn eine individuelle Analyse von oxidierten und nichtoxidierten Peptidspezies nicht von Interesse ist, kann Methionin mittels Wasserstoffperoxid (0.5 %) vollständig oxidiert werden. Die chemische Oxidation ist auch sinnvoll, um eine Wechselwirkung zwischen Oxidation und Phosphorylierung generell auszuschließen.

4.7. Reproduzierbarkeit der Phosphorylierungsgradbestimmung

Der relative Fehler der quantitativen Analyse ist abhängig vom Phosphorylierungsgrad. Wie erwartet ist er umso größer, je kleiner der Phosphorylierungsgrad ist. Bei der Quantifizierung von einfach phosphorylierten Peptiden, die nur ein einziges *one-source*-Standardpaar erfordern, betrug der mittlere relative Fehler für die phosphorylierte und unphosphorylierte Fraktion weniger als 10 % – sogar, wenn die Standards aus verschiedenen Herstellungsansätzen stammten. Die Resultate bestätigen die gute Reproduzierbarkeit der Standarderzeugung. Die gesamte Prozedur der Probenaufarbeitung war hoch reproduzierbar, wie die Übereinstimmung der experimentellen Phosphorylierungsgrade bei der Analyse mehrerer identischer STAT6-Gelbanden zeigt (Abschnitt 3.1.7).

Auch niedrige Phosphorylierungsgrade zwischen 1 und 10 % können mit *one-source*-Standards genau und reproduzierbar bestimmt werden. Dies geht aus den ERK1/2-Dephosphorylierungsprofilen in primären Mausheptozyten (Abschnitt 3.4.8) und den GM-CSF-induzierten ERK2-Aktivierungskinetiken in HaCaT A5-Zellen (Abschnitt 3.1.11) hervor. In den untersuchten Einzelkinetiken scheint die Neutralisation von IL6 einen positiven Effekt auf die ERK2-Aktivierungsstärke zu haben. Zur Validierung dieser Aussage müssten jedoch mehrere biologische Replikate analysiert werden. Die Ergebnisse legen nahe, dass auch Stellen mit niedriger Phosphorylierungsstöchiometrie biologisch funktional sind.

Am Beispiel der Phosphorylierungsgradbestimmung von ERK2, die auf drei *one-source*-Standardpaaren basierte, wurde der Fehler von technischen Replikaten mit dem von biologischen Replikaten verglichen. Wie erwartet war der relative technische Fehler deutlich niedriger als der biologische. Letzterer betrug durchschnittlich 29 %. Der mittlere relative Fehler von technischen Replikaten bei der Analyse von rekombinantem ERK2 lag unter 8 %, wenn die Standards aus dem gleichen Herstellungsansatz stammten. Es wird geschätzt, dass der relative technische Fehler auch mit neu hergestellten Standards weniger als 13 % beträgt. Die Reproduzierbarkeit der Phosphorylierungsgradbestimmung mit *one-source*-Standards liegt in der gleichen Größenordnung wie bei der absoluten Quantifizierung mit AQUA-Peptiden: Mayya et al. beobachteten einen relativen Fehler von etwa 10 % bei der Analyse technischer Replikate und etwa 24 % bei biologischen Replikaten (Mayya et al., 2006). Allerdings berücksichtigt die Studie nicht den Fehler der Standardquantifizierung. Dieser beträgt zusätzlich für jedes Standardpeptid etwa 10 % (Zinn et al., 2009).

4.8. STAT6-Aktivierung in den Lymphomzelllinien MedB-1 und L1236

Wie die Analyse von STAT6 in MedB-1- und L1236-Zellen ergab, wurde dessen Aktivierungsstatus durch Stimulation mit IL13 nur mäßig erhöht. Der hohe STAT6-Phosphorylierungsgrad

4. Diskussion

von 85 % in gehungerten, unstimulierten L1236-Zellen war mit dem basalen Phosphorylierungsstatus ohne Behandlung vergleichbar. Wahrscheinlich war das Hungern der Zellen in diesem Experiment nicht erfolgreich gewesen. Dies wird durch die Tatsache unterstützt, dass der Phosphorylierungsstatus ohne Stimulation im nächsten Versuch (nach erfolgreichem Hungern) nur bei 25 % lag. In beiden Zelllinien wurde ein hoher basaler Phosphorylierungsgrad $\geq$ 65 % nachgewiesen. Allerdings wurde in unbehandelten L1236-Zellen einmalig ein STAT6-Aktivierungsstatus von nur 8–9 % gemessen (Abschnitt 3.1.6). Dieser außergewöhnlich niedrige Aktivierungsgrad könnte auf eine Aktivität von zellulären Phosphatasen während der Probenvorbereitung trotz Phosphatase-Inhibitoren zurückzuführen sein.

Raia et al. analysierten die STAT5- und STAT6-Phosphorylierung mit Hilfe von quantitativen Immunoblots. In MedB-1-Zellen bewirkte eine Erhöhung der IL13-Konzentration keine signifikante Steigerung der STAT6-Aktivierung. Im Gegensatz dazu stieg in MedB-1- und L1236-Zellen der Aktivierungsstatus von STAT5 bei Erhöhung der IL13-Konzentration signifikant an. Die Analyse des STAT5-Phosphorylierungsgrads an Position Tyr694 (STAT5A) und Tyr699 (STAT5B) mit *one-source*-Standards ergab für beide Zelltypen einen sehr niedrigen Wert nahe 0 % im unstimulierten Zustand und eine Zunahme um $\geq$ 30 % nach 40minütiger IL13-Stimulation. Wie der starke dosisabhängige Anstieg der STAT5-Aktivierung und die mäßige dosisunabhänge Zunahme der STAT6-Aktivierung zeigen, wird das IL13-induzierte Signal in den untersuchten Lymphomzelllinien primär über STAT5 weitergeleitet (Raia et al., 2010).

4.9. Akt1-Aktivierung in primären Maushepatozyten

Mit Hilfe von *one-source*-Standards wurde erstmals nachgewiesen, dass der Phosphorylierungsgrad von Akt1 an Ser473 in unstimulierten primären Maushepatozyten weniger als 1 % beträgt. Wahrscheinlich wird die Phosphorylierung an Ser473 benötigt, um Akt1 vollständig zu aktivieren und seinen Aktivierungszustand zu stabilisieren (Sarbassov et al., 2005). Folglich sind über 99 % des Akt1-Pools im unstimulierten Zustand inaktiv. Nach 15minütiger Stimulation mit HGF war der Phosphorylierungsstatus auf etwa 23 % angestiegen. Somit waren nur etwa 23 % aller Akt1-Moleküle nach der HGF-Behandlung in einem stabilen, vollständig aktivierten Zustand. Die Mehrzahl der Moleküle blieb trotz der HGF-Stimulation an Ser473 unphosphoryliert.

Zusätzlich zur Massenspektrometrie-Analyse wurde die Akt1-Phosphorylierung in primären Maushepatozyten mittels quantitativem Immunoblotting quantifiziert. In dem Zelltyp wurde eine hohe biologische Varianz beobachtet. In manchen Fällen stimmten die massenspektrometrischen Daten gut mit denen des Immunoblots überein. Für eine genauere Aussage sollten mehrere biologische Replikate mit *one-source*-Standards untersucht werden.

Zur Bestimmung des Akt1-Aktivierungsstatus veröffentlichten Atrih et al. kürzlich ein ähnliches Verfahren basierend auf absoluter Quantifizierung mittels AQUA-Peptiden (Atrih et al., 2010). Auch in dieser Studie konnte das Akt1-Peptid mit der Phosphorylierungsstelle Thr308 bei Verdau mit AspN nicht detektiert werden. Zur Ermittlung des positionsspezifischen Phosphorylierungsgrads an Thr308 benutzten die Autoren stattdessen Chymotrypsin. Allerdings ist bei chymotryptischem Verdau die C-terminale Spaltstelle nur eine Aminosäurerest von der Phosphorylierungsstelle entfernt. Aufgrund der möglichen Hemmung der Proteolyse durch die benachbarte Phosphatgruppe kann die Phosphorylierungsgradbestimmung mit einem systematischen Fehler behaftet sein.

Atrih et al. wiesen nach, dass nur 35 % der Akt1-Moleküle in humanen T-Zellen durch Behandlung mit Pervanadat, einem Tyrosinphosphatase-Inhibitor, an Ser473 phosphoryliert wurden. Dies ist im Einklang mit dem niedrigen Akt1-Aktivierungsstatus in stimulierten primären Maushepatozyten. Weitere Phosphorylierungsgradanalysen in unterschiedlichen Zellsystemen und unter verschiedenen Stimulationsbedingungen könnten zeigen, ob die vergleichsweise nied-

4.10. ERK1/2-Aktivierung in primären Maushepatozyten mit und ohne Hemmung der PI3K

rige Akt1-Aktivierung ein generelles Merkmal ist. Wie bei der Analyse der dynamischen ERK-Aktivierung beobachtet, hängt der Aktivierungsstatus stark von Rezeptor und Stimulus ab. Es wäre interessant, zu testen, ob der Akt1-Phosphorylierungsgrad zelltyp- und stimulusspezifisch ist.

4.10. ERK1/2-Aktivierung in primären Maushepatozyten mit und ohne Hemmung der PI3K

Der niedrigere ERK1/2-Aktivierungsstatus bei Hemmung der PI3K deutet an, dass zwischen der ERK-Signalkaskade und dem PI3K-Signalweg eine Verbindung (*crosstalk*) besteht. Zu demselben Schluss kamen auch Wang et al., die eine Beeinflussung der ERK-Aktivierung durch die PI3K in NIH 3T3-Fibroblasten nachwiesen (Wang et al., 2009).

Zur Absicherung des Resultats in primären Maushepatozyten wurden mehrere biologische Replikate mittels quantitativem Immunoblotting analysiert. Mit diesem Verfahren wurde eine hohe Varianz beobachtet. In manchen Fällen stimmten die Ergebnisse gut mit den massenspektrometrischen Daten überein; einige Replikate zeigten den Effekt der PI3K-abhängigen ERK-Aktivierung jedoch nicht. Der Grund hierfür könnte eine ungenügende Spezifität des PI3K-Inhibitors LY sein. Zudem reagiert PI3K sehr sensitiv auf biologische Variationen, woraus eine inhomogene Antwort resultieren kann. Um eine Verbindung zwischen der ERK-Signalkaskade und dem PI3K-Signalweg zu untersuchen, sollte ein anderes experimentelles Design mit einem anderen Zielprotein anstelle der PI3K gewählt werden.

Die *in vivo*-Phosphorylierung von ERK wurde bereits in einigen Studien mittels Massenspektrometrie quantifiziert. In den meisten Fällen wurden jedoch nur relative Änderungen der phosphorylierten Peptidspezies ermittelt (z.B. Blagoev et al., 2004; Huang et al., 2010; Morandell et al., 2010; Olsen et al., 2006). Ballif et al. quantifizierten alle vier verschiedenen ERK2-Formen relativ mit SILAC (Ballif et al., 2005). Die ERK1/2-Phosphorylierungsstöchiometrie wurde kürzlich markierungsfrei bestimmt (Schilling et al., 2009). Mit Hilfe von *one-source*-Peptid/Phosphopeptid-Paaren wurde der positionsspezifische Phosphorylierungsgrad von ERK1 und ERK2 erstmals hochgenau mit internen Standards ermittelt.

4.11. ERK1/2-Phosphorylierungsmechanismen in primären Säugetierzellen und der Tumorkeratinozyten-Zelllinie HaCaT A5

4.11.1. Temporäre Profile der ERK1/2-Aktivierung

Die ERK-Signalkaskade spielt eine zentrale Rolle in der Antwort von Zellen auf extrazelluläre Stimuli wie Wachstumsfaktoren und Zytokine. Dennoch sind die Mechanismen der ERK-Aktivierung und –Deaktivierung *in vivo* nicht vollständig verstanden. Durch die Kombination von quantitativem Immunoblotting zur Analyse der dynamischen MEK-Aktivität und Massenspektrometrie zur positionsspezifischen Phosphorylierungsgradbestimmung von ERK1 und ERK2 wurden experimentelle Daten zur mathematischen Modellierung generiert.

Die temporären Profile der ERK1/2-Aktivierung stimmen gut mit den MEK-Phosphorylierungsprofilen (Iwamoto, 2010, Seite 22) überein. Dies ist in Einklang mit der Studie von Santos et al., in der das Aktivierungsprofil von MEK1/2 das von ERK1/2 reflektiert (Santos et al., 2007). Die Dynamik der MEK-Phosphorylierung wurde mittels quantitativem Immunoblotting als unabhängiger Technik ermittelt. Somit wird die Richtigkeit der *one-source*-Standardmethode indirekt bestätigt.

RTK und Zytokinrezeptoren sind starke bzw. schwache Aktivatoren der ERK-Signalkaskade (Roux & Blenis, 2004; Schilling et al., 2009). Die experimentellen Daten bestätigen dies:

4. Diskussion

während die Behandlung mit HGF ca. 60 % des ERK1/2-Pools in primären Maushepatozyten aktivierte, waren es bei dem Zytokin IL6 nur etwa 30 %. Der niedrigere, IL6-induzierte ERK1/2-Aktivierungsgrad war unabhängig vom Zelltyp. Kürzlich wurde in primären Erythroid-Progenitorzellen nach Stimulation mit dem Zytokin Erythropoetin ebenfalls ein niedriger ERK1/2-Aktivierungsgrad von etwa 10 % nachgewiesen (Schilling et al., 2009). Folglich wird die ERK-Phosphorylierungsstärke hauptsächlich durch den Liganden und seinen Rezeptor und weniger durch den Zelltyp bestimmt.

In allen Kinetiken wurde die maximale ERK-Aktivierung nach 7.5 bis 15 min beobachtet. Die experimentellen Phosphorylierungsprofile sind im Einklang mit einer Vielzahl von anderen Studien, in denen die MAPK-Aktivität nach 3 bis 15 min ein Maximum erreichte. Das Verhalten nach Erreichen des Maximums kann sehr unterschiedlich sein (zusammengefasst in Kholodenko & Birtwistle, 2009).

Durch Variation von Stärke und Dauer der ERK-Aktivität können unterschiedliche physiologische Zellantworten gesteuert werden (Marshall, 1995; Murphy & Blenis, 2006). Tatsächlich wurden abhängig vom Stimulus verschiedene ERK1/2-Aktivierungsprofile beobachtet: sowohl in primären Maushepatozyten als auch in HaCaT A5-Zellen induzierte HGF eine stärkere und länger anhaltende ERK1/2-Aktivierung als IL6. Beide Stimuli haben teilweise unterschiedliche zelluläre Funktionen: HGF stimuliert Hepatozyten und HaCaT A5-Zellen vorrangig zur Proliferation (Delehedde et al., 2002; Michalopoulos & DeFrances, 1997), wohingegen IL6 ruhende Hepatozyten zur Proliferation vorbereitet (Taub, 2004) und bei HaCaT A5-Zellen neben der Proliferation auch die Migration anregt (Lederle et al., 2010).

Die unterschiedlichen ERK1/2-Phosphorylierungsprofile bei beiden Stimuli können auf verschiedene positive und negative Feedbackmechanismen, z.B. von ERK zu Raf, MEK, RKIP oder SOS (Buday et al., 1995), zurückzuführen sein (zusammengefasst in Kholodenko et al., 2010; Kolch et al., 2005; Ramos, 2008). Den stärksten Einfluss auf die Dauer der Signalleitung haben Phosphatasen (Heinrich et al., 2002). Nach der Phosphorylierung wandert ein Teil des zytoplasmatischen ERK-Pools in den Zellkern. Dieser Übergang ist schnell, reversibel und streng kontrolliert (Pouyssegur et al., 2002). Der Zellkern ist ein Ort der Signalbeendigung, da ERK von seinem Aktivator MEK ferngehalten und durch Induktion von MKP-1/2 dephosphoryliert wird (Brondello et al., 1997; Pouyssegur et al., 2002; Volmat et al., 2001). Die Aktivität von MKP-1 kann durch ERK-Phosphorylierung modifiziert werden. Die phosphorylierte MKP-1-Form wird langsamer degradiert (Brondello et al., 1999).

In der vorliegenden Studie wurde nur der zytoplasmatische ERK-Pool analysiert. Im Zytoplasma reguliert die konstitutiv exprimierte MKP-3 die ERK-Signalleitung herunter (Groom et al., 1996; Muda et al., 1996). Im Unterschied zur MKP-1 fördert die Phosphorylierung von MKP-3 durch ERK deren Degradierung (Marchetti et al., 2005).

4.11.2. Isoformspezifische Unterschiede zwischen ERK1 und ERK2

ERK1 und ERK2 haben sehr ähnliche Sequenzen und werden in den Zellen von Säugetieren ubiquitär exprimiert. Es gibt keine Hinweise auf isoformspezifische Module in der Ras/Raf/MEK-Signalleitung, die spezifisch ERK1 oder ERK2 aktivieren könnten (Lefloch et al., 2009). In den meisten experimentellen Studien verhalten sich ERK1 und ERK2 ähnlich. Dies legt nahe, dass sie funktional redundant sind (Kolch, 2000). Dennoch sind ERK2-Knockout-Mäuse nicht lebensfähig. Die Unfähigkeit von ERK1, die ERK2-Funktion zu kompensieren, legt eine spezifische Funktion von ERK2 nahe (Saba-El-Leil et al., 2003).

Die vorliegende Studie belegt, dass unter den gewählten Bedingungen ERK1 und ERK2 sehr ähnliche Aktivierungskinetiken und -stärken zeigen. Zusätzlich wurde auch eine starke Korrelation zwischen dem dynamischen Verhalten der einfach phosphorylierten Spezies beobachtet. Aus dem distributiven Modell geht hervor, dass außer der MEK-ERK-Komplexbildung alle

4.11. ERK1/2-Phosphorylierungsmechanismen in primären Säugetierzellen und der Tumorkeratinozyten-Zelllinie HaCaT A5

Reaktionen isoformunspezifsch sind. Die Resultate stützen die These, dass ERK1 und ERK2 funktional redundant sind. Biologische Unterschiede könnten auf das generell höhere Expressionslevel von ERK2 im Vergleich zu ERK1 zurückzuführen sein, und die totale ERK1/2-Aktivität könnte die Zellproliferation bestimmen (Lefloch et al., 2008; Lefloch et al., 2009). Allerdings wurde kürzlich demonstriert, dass ERK1 die Kernmembran mit niedrigerer Geschwindigkeit als ERK2 durchdringt und somit proliferative Signale weniger effizient weiterleitet (Marchi et al., 2008). Desweiteren könnten ERK1 und ERK2 auch spezifische Effektormoleküle haben (Krens et al., 2008; Lloyd, 2006) und so zu unterschiedlichen Zellantworten führen.

4.11.3. Schätzung des biologischen Fehlers

Der für die mathematische Modellierung geschätzte Fehler der experimentellen Kinetiken basierte auf den Ausgleichslinien der Standardabweichung-*versus*-Häufigkeits-Diagramme der verschiedenen ERK1-Spezies. Der geschätzte Fehler hat gegenüber dem direkten Messfehler den Vorteil, dass die einzelnen Datenpunkte zusammenhängend betrachtet werden. Auf diese Weise kann auch bei zufälliger Übereinstimmung eines Datenpunktes ein Fehler angegeben werden.

Aufgrund der starken Korrelation zwischen dem dynamischem Verhalten von ERK1 und ERK2 kann davon ausgegangen werden, dass beide Isoformen mit dem gleichen biologischen Fehler behaftet sind.

4.11.4. Vergleich zwischen primären Säugetierzellen und Tumor-Zelllinien

Bislang stammen die meisten Daten, die zur mathematischen Modellierung verwendet wurden, aus Studien mit immortalisierten Tumor-Zelllinien. Verglichen mit primären Zellen sind Tumor-Zelllinien leichter handhabbar und in größerer Menge verfügbar. Ihr Nachteil ist jedoch die genetische Instabilität. Hinsichtlich Signaltransduktionsnetzwerken weisen sie wesentliche Änderungen auf (Schilling et al., 2009), wobei die ERK-Signalkaskade zu den am häufigsten geänderten Signalwegen gehört (Bos, 1989). Tatsächlich führte die HGF-Stimulation in der Tumorkeratinozyten-Zelllinie HaCaT A5 durchschnittlich zu einer dauerhaften, in primären Maushepatozyten hingegen zu einer vorübergehenden ERK-Aktivierung. Wie der quantitative Unterschied belegt, sollten Signalleitungsmechanismen auch in primären Zellen untersucht werden.

4.11.5. Distributives Modell für primäre Maushepatozyten

Die meisten Studien unterscheiden nicht zwischen einfach und doppelt phosphoryliertem ERK (Lefloch et al., 2008). Im Gegensatz dazu erlaubt die *one-source*-Standardmethode, die vier möglichen ERK1/2-Formen individuell zu quantifizieren. In allen experimentellen Kinetiken bildete die doppelt phosphorylierte ERK1/2-Spezies den größten Anteil; hingegen waren die einfach phosphorylierten Formen in einem geringeren Maß vorhanden. Die Existenz von einfach phosphoryliertem ERK lässt nicht automatisch auf einen distributiven Phosphorylierungsmechanismus schließen, denn eine spezielle Version des Phosphopeptids kann sowohl durch Phosphorylierung als auch durch Dephosphorylierung einer anderen Version entstanden sein. Um den Mechanismus der ERK-Aktivierung und –Deaktivierung *in vivo* zu verstehen, sind mathematische Modelle essentiell.

Basierend auf den HGF- und IL6-induzierten ERK1/2-Phosphorylierungskinetiken wurden für primäre Maushepatozyten zwei mathematische Modelle erstellt: für einen prozessiven und einen distributiven Phosphorylierungsmechanismus. Wie die experimentelle Modellvalidierung offenbart, ist die ERK1/2-Aktivierung in primären Maushepatozyten distributiv. Diese Art der

4. Diskussion

ERK-Aktivierung erfordert zwei getrennte Phosphorylierungsreaktionen. Dadurch wird eine erhöhte Spezifität und Effektivität der Signalleitung erreicht (Huang & Ferrell, 1996; Ubersax & Ferrell, 2007). Nach dem ersten Phosphorylierungsereignis entstehen beide einfach phosphorylierten Spezies, allerding kann nur die pY-Version als Intermediat zur aktiven, doppelt phosphorylierten Form weiterprozessiert werden. Das Modell schließt die duale Aktivierung von ERK über die pT-Form aus. Daher ist im Modellschema die Komplexbildung zwischen pT-ERK und pSpS-MEK nicht erlaubt. Die meisten ERK-Moleküle werden nach dem ersten Phosphorylierungsereignis sofort wieder dephosphoryliert. Dies könnte ein Sicherheitsmechanismus zur Verhinderung einer zufälligen störungsbedingten Aktivierung sein.

Die Geschwindigkeiten der positionsspezifischen Phosphorylierungsreaktionen sind unabhängig vom Phosphorylierungsstatus der jeweils anderen Position. Dies könnte implizieren, dass die Affinität von aktiviertem MEK für unphosphoryliertes und einfach phosphoryliertes ERK vergleichbar ist.

Wie das Modell zeigt, sind die Aktivierung und Deaktivierung von ERK getrennte Prozesse. Ausgehend von der aktiven Form erlaubt die Modellstruktur nur die Dephosphorylierung zu geschützten ERK-Spezies. Der Schutz der einfach phosphorylierten ERK-Intermediate vor Rephosphorylierung könnte auf eine Blockade der MEK-Bindungsstelle durch die Phosphatase zurückzuführen sein (Kim et al., 2003). MKP-3 wurde beschrieben, spezifisch ERK1/2 im Zytoplasma zu dephosphorylieren (Groom et al., 1996; Mourey et al., 1996; Muda et al., 1996). Das Enzym gehört zur heterogenen Gruppe der MAPK-spezifischen Proteinphosphatasen, die sowohl Phosphotyrosin- als auch Phosphoserin-/Phosphothreoninreste innerhalb eines Substrates dephosphorylieren können (Groom et al., 1996; Stewart et al., 1999). Die Bindungen von MKP-3 und MEK an ERK schließen sich gegenseitig aus, wobei die Affinität von MKP-3 zu ERK größer als die von MEK ist (Kholodenko et al., 2010).

Wie das Modell belegt, läuft der zweite Dephosphorylierungsschritt fünfmal schneller als der erste ab. Auch dies könnte ein Indiz sein, dass die Phosphatase nach der ersten Dephosphorylierung mit ERK verbunden bleibt. Die schnelle Dephosphorylierung ist wichtig, um den unphosphorylierten ERK-Pool wieder aufzufüllen.

4.11.6. Experimentelle Modellvalidierung

Sowohl das prozessive als auch das distributive Modell war in der Lage, die experimentellen ERK1/2-Phosphorylierungskinetiken zu beschreiben. Doch nur das distributive Modell sagte erfolgreich die schnelle Dephosphorylierung des totalen ERK-Pools bei Hemmung der MEK-Aktivität voraus. Die Daten stimmen gut mit einer vor Kurzem veröffentlichten Studie von Fujioka et al. überein. Die Autoren analysierten die Dephosphorylierungsrate von ERK durch zelluläre Phosphatasen. In EGF-vorstimulierten, mit U0126 behandelten HeLa-Zellen nahm das Niveau von phosphoryliertem ERK mit einer Halbwertszeit von etwa 50 s rapide ab (Fujioka et al., 2006).

Die experimentelle Modellvalidierung bestätigte erstmals den distributiven ERK-Phosphorylierungsmechanismus in primären Maushepatozyten.

4.11.7. Anpassungsgüte der Modellkurven an die experimentellen Datenpunkte

Während die HGF-induzierten ERK1/2-Aktivierungskinetiken in den Primärzellen bei hoher Zeitauflösung zwei bis drei Maxima zeigen, sind die zugehörigen Modellkurven durch einen einzigen Peak charakterisiert. Unter Berücksichtigung einer Vielzahl von Parametern könnte das Auftreten mehrerer Maxima beschrieben werden. Allerdings besteht die Herausforderung der mathematischen Modellierung darin, das Optimum zwischen der Komplexität und dem Abstraktionsniveau eines Modells zu finden: eine hohe Komplexität könnte mit einer erhöhten Unsicherheit der Modellvorhersagen korrelieren, da verschiedene Parametersets die Daten gleich gut beschreiben. Hingegen bedeutet ein hohes Abstraktionsniveau den potentiellen Verlust der Vorhersagekraft (Chen et al., 2010). Um die Daten der verschiedenen Stimulationskinetiken mit nur einer Mindestanzahl an Parametern zu beschreiben, wurde die Modellkomplexität schrittweise reduziert. Daher vernachlässigt das Modell konsequent den Einfluss von Gerüstproteinen, Feedbackmechanismen und anderen, induzierbaren Proteinen (Iwamoto, 2010).

Während das Modell die experimentellen Stimulationskinetiken gut beschreibt, deckt die Vorhersage der dynamischen Dephosphorylierung bei Hemmung der MEK-Aktivität nicht alle Datenpunkte ab. Jedoch war das distributive Modell in der Lage, die Zeitspanne bis zur vollständigen Dephosphorylierung korrekt vorherzusagen. Unter Berücksichtigung des neuen Datensatzes könnte das Modell weiterentwickelt werden.

4.11.8. Einordnung des distributiven Modells in den wissenschaftlichen Kontext

Wie die vorliegende Studie zeigt, folgt die ERK-Phosphorylierung in primären Maushepatozyten einem zweistufigen distributiven Mechanismus. Gerüstproteine, die einen prozessiven Mechanismus begünstigen könnten (Burack & Sturgill, 1997; Levchenko et al., 2000), spielen augenscheinlich keine große Rolle. Dies könnte darauf zurückzuführen sein, dass unter physiologischen Bedingungen nur ein geringer Anteil von MEK und ERK an Gerüstproteine gebunden ist (Kortum & Lewis, 2004).

Die Ergebnisse bestätigen bisherige Studien, die einen distributiven ERK-Phosphorylierungsmechanismus *in vitro* (Burack & Sturgill, 1997; Ferrell & Bhatt, 1997) und *in vivo* (Schilling et al., 2009) belegen. Der distributive Mechanismus ist eine Strategie, die zelluläre Proteine vor unspezifischer Aktivierung schützt (Ubersax & Ferrell, 2007).

Nach dem ersten Phosphorylierungsereignis entstehen beide einfach phosphorylierten ERK-Spezies. Allerding kann nur die pY-Version zur aktiven, doppelt phosphorylierten Form weiterprozessiert werden. Die Ergebnisse unterstützen die Beobachtung von Schilling et al., dass die ERK-Aktivierung in primären Erythroid-Progenitorzellen zuerst über die Tyrosinphosphorylierung erfolgt (Schilling et al., 2009). Gleichzeitig werden *in vitro*-Studien bestätigt, die darauf hindeuten, dass die Phosphorylierung von Threonin und Tyrosin zufällig abläuft (Burack & Sturgill, 1997; Ferrell & Bhatt, 1997).

Das vorliegende Modell belegt einen zufälligen, unspezifischen Dephosphorylierungsmechanismus. Damit widerspricht es den Ergebnissen aus *in vitro*- (Zhao & Zhang, 2001) und *in vivo*-Studien (Yao et al., 2000), die eine distributive Deaktivierung nachweisen, bei der doppelt phosphoryliertes ERK zuerst am Tyrosinrest dephosphoryliert wird. Jedoch kann die Diskrepanz zwischen den Studien auch auf die unterschiedlichen experimentellen Designs zurückzuführen sein.

4.11.9. Perspektiven

Die abschließende mathematische Modellierung der ERK1/2-Phosphorylierungskinetiken in der Keratinozytenzelllinie HaCaT A5 wird darüber Aufschluss geben, ob der distributive Aktivierungsmechanismus auch in dieser Zelllinie gültig ist. Eine Ausweitung der Analyse auf andere Zelltypen könnte zeigen, ob die distributive ERK-Phosphorylierung *in vivo* ein generelles Merkmal ist.

4. Diskussion

4.12. Vorteile zielgerichteter Analysen im Vergleich zu Hochdurchsatzstudien

Im Unterschied zu globalen Analysen, die auf die simultane Identifizierung und Charakterisierung möglichst vieler Phosphorylierungsstellen und Interaktionspartner ausgerichtet sind (sogenannte *shot-gun*-Analysen) (z.B. Olsen et al., 2006), erlauben zielgerichtete Studien detaillierte Einblicke in die Phosphorylierungsdynamik einzelner Proteine. Phosphorylierungszyklen können in sehr kurzen Zeitabständen stattfinden (Reinders & Sickmann, 2005). Daher können quantitative Analysen mit hoher Auflösung wichtige Hinweise über zelluläre Ereignisse geben, deren zeitliches Profil für die biologische Zellantwort wichtig ist (Kolch et al., 2005; Marshall, 1995; Stork, 2002).

Bislang kann die Stöchiometrie von Phosphorylierungsereignissen in Hochdurchsatzstudien noch nicht bestimmt werden. Die Quantifizierung von relativen Änderungen könnte jedoch Phosphorylierungsstellen mit großen Änderungen selektieren (z.B. > Faktor 2) und wichtige Stellen mit kleinen Änderungen übersehen (van Bentem et al., 2008).

Wegen der geringen Häufigkeit ist die Analyse von Phosphoproteinen eine spezielle Herausforderung (Kirkpatrick et al., 2005). Mit Hilfe von synthetischen Standards können phosphorylierte und unphosphorylierte endogene Peptide aufgrund ihrer Elutionszeit und spezifischen Masse mit LC-MS/MS eindeutig identifiziert und die Phosphorylierungsstöchiometrie genau quantifiziert werden.

Zusammengefasst ergibt sich folgendes Bild: Methoden mit hohem Datendurchsatz sind wichtig, um Hypothesen bezüglich der Funktion von Proteinen aufzustellen. Zur Validierung der Hypothesen sollten anschließend detaillierte Studien durchgeführt werden (Nita-Lazar et al., 2008), da nur auf diese Weise quantitative Daten mit einer für Modellierungsexperimente ausreichenden Genauigkeit generiert werden können. Solche Detail-Studien sind als komplementär zu globalen, Überblick-orientierten Proteomik-Analysen zu betrachten (Mayya & Han, 2006).

4.13. Vergleich zwischen *one-source*- und AQUA-Standards

Die *one-source*-Standardmethode ist angelehnt an das AQUA-Verfahren (Gerber et al., 2003), verzichtet aber auf die absolute Standardquantifizierung. Dies bietet eine höhere Genauigkeit: der Fehler von zwei unabhängigen absoluten Peptid-/Phosphopeptidquantifizierungen wird eliminiert und durch den Fehler zweier volumetrischer Messungen ersetzt. Dadurch lässt sich das relative Standardverhältnis deutlich genauer einstellen (< 5 % Fehler bei einer 1:1-Standardmischung). Da die *one-source*-Standardmethode ein relativer Quantifizierungsansatz ist, sind die ermittelten Phosphorylierungsgrade unabhängig von der Standardkonzentration.

Im Unterschied zur absoluten Proteinquantifizierung, für die meist eine Zahl von unmodifizierten Peptiden zur Auswahl steht, liegt bei der Phosphorylierungsgradanalyse die zu quantifizierende Proteinregion fest. Eine gewisse Flexibilität besteht lediglich in der Auswahl einer optimalen Protease. Problematisch bei der AQUA-Strategie ist, dass Methionin und Tryptophan in partiell oxidierter Form vorliegen können und so bei Methionin- oder Tryptophan-haltigen Standards möglicherweise zur Überschätzung der eigentlichen Standardkonzentration führen (Mayya et al., 2006). Für *one-source*-Standards wurde hingegen gezeigt, dass eine Methioninoxidation keinen Einfluss auf die Genauigkeit der Quantifizierung hat. Konzeptuell trifft dies auch auf die Oxidation an Tryptophan zu. In den meisten Fällen ist eine absolute Quantifizierung endogener Phosphopeptide ohnehin eine Herausforderung, da Verluste während der Probenvorbereitung vor Zugabe der Standards schwierig zu korrigieren sind. Proteinverluste, die während Anreicherungsprozessen wie der Immunpräzipitation auftreten, sind für die quantitative Massenspektrometrie ein Thema, das erst seit kurzem adressiert wird (Brun et al.,

Tabelle 4.1.: Vergleich der erforderlichen Peptidsynthesen und Isotopenmarkierungen zwischen AQUA- und *one-source*-Standards abhängig von der Anzahl der Phosphorylierungsstellen je Peptid.

Phosphorylierungsstellen je Peptid	Anzahl der erforderlichen Peptidsynthesen		Anzahl der erforderlichen isotopenmarkierten Aminosäuren	
	AQUA	*one-source*	AQUA	*one-source*
1	2	1	2	1
2	4	3	4	6
3	8	7	8	28

2007; Ciccimaro et al., 2009; Hanke et al., 2008; Zinn et al., 2010).

One-source- und AQUA-Standards unterscheiden sich in der Anzahl der benötigten Isotopenmarkierungen. Während bei AQUA-Standards jedes Peptid in der Regel nur eine Isotopenmarkierung enthält, hängt deren Anzahl bei *one-source*-Standards von der Zahl der zu quantifizierenden Phosphorylierungsstellen ab (Tab. 4.1). Bei Peptiden mit einer Phosphorylierungsstelle wird bei beiden Verfahren je Peptid eine Isotopenmarkierung benötigt. Allerdings ist bei *one-source*-Standards effektiv eine Synthese weniger erforderlich, denn nur das phosphorylierte Standardpeptid muss synthetisiert werden. Bei Peptiden mit zwei Phosphorylierungsstellen werden insgesamt vier Isotopenmarkierungen für AQUA-Standards und sechs Isotopenmarkierungen für *one-source*-Standards benötigt. Ab drei Phosphorylierungsstellen ist der Unterschied sehr groß: acht Markierungen für AQUA-Peptide stehen 28 Markierungen für *one-source*-Standards gegenüber.

Aufgrund der hohen Kosten für isotopenmarkierte Aminosäuren erscheinen *one-source*-Standards nur bei Peptiden mit maximal zwei Phosphorylierungsstellen attraktiv.

Olsen et al. wiesen nach, dass die Verteilung zwischen einfach, doppelt, dreifach, vierfach und höher phosphorylierten Peptiden in einer Zelle etwa 68:23:5:2:2 beträgt (Olsen et al., 2006). Wegen der bekannten Diskriminierung des Standardsprotokolls gegen Phosphopeptide mit drei oder mehr Phosphorylierungsstellen (Seidler et al., 2010) sind hoch phosphorylierte Peptide in Phosphoproteinverdaus wahrscheinlich deutlich häufiger vertreten. Die Anzahl der erforderlichen Synthesen für *one-source*-Standards (Tab. 4.1) entspricht der maximal vorkommenden Zahl verschiedener phosphorylierter Versionen eines Peptids. Die tatsächlich auftretende Zahl ist in vielen Fällen kleiner, da es sich bei der Kinase-katalysierten Phosphorylierung oft um einen geordneten Prozess anstelle eines chaotisch-statistischen Prozesses handelt (zusammengefasst in Salazar & Hofer, 2009). Dadurch wird in der Praxis die Zahl der notwendigen Standards wiederum reduziert.

4.14. Limitierungen der *one-source*-Peptid-/Phosphopeptidstandard-Methode

Die Hauptlimitierung der *one-source*-Standardmethode sind die vergleichsweise hohen Kosten: für jedes phosphorylierte Analytpeptid ist die Synthese eines stabilisotopenmarkierten Standards notwendig. Zudem lassen sich manche Phosphopeptide nur schwer synthetisieren. Weiterhin erfordert jedes Protein die Auswahl einer geeigneten Protease, die mindestens drei Aminosäurereste von der Phosphorylierungsstelle entfernt spaltet. Nur so kann eine Hemmung der Verdaueffizienz aufgrund einer benachbarten Phosphatgruppe ausgeschlossen wer-

4. Diskussion

den. Um dies zu umgehen, könnten die Standardpeptide mit einer am N- und/oder C-Terminus verlängerten Aminosäuresequenz synthetisiert werden. Bei Zugabe der Standards während des Verdaus könnte die Protease das endogene Protein und die Standardpeptide gleichermaßen prozessieren. Somit würde eine unterschiedliche Verdaueffizienz für die phosphorylierte und unphosphorylierte Proteinversion kompensiert.

Erfolgt die Quantifizierung auf Basis der intakten Molekülionen – wie es bei den hier vorgestellten Analysen der Fall war – ergibt sich eine weitere Limitierung: Bei der Quantifizierung von Peptiden mit zwei Phosphorylierungsstellen müssen sich die beiden einfach phosphorylierten Peptidisomere während der Chromatographie trennen. Diese haben die gleichen Massen und können im Molekülionenspektrum nicht voneinander unterschieden werden. Im Rahmen dieser Arbeit wurden alle chromatographischen Analysen mittels nanoUPLC durchgeführt. Dieses Verfahren zeichnet sich durch eine außergewöhnlich hohe Trennleistung aus, die in der Regel zu einer chromatographischen Trennung von Phosphopeptidisomeren führt (Winter et al., 2009b). Die Notwendigkeit der Trennung von isobaren Phosphopeptiden kann mit Hilfe der SRM (*selected reaction monitoring*)-Strategie umgangen werden. In SRM-Analysen werden spezifische Molekül-zu-Fragmentionen-Übergänge in einem Triple-Quadrupol-Massenspektrometer verfolgt. Die selektive Quantifizierung basiert bei diesem Verfahren auf isomerspezifischen Übergängen (Elschenbroich & Kislinger, 2010).

Weiterhin ist die Anwendbarkeit der *one-source*-Standardmethode durch die Anzahl der erforderlichen Isotopenmarkierungen limitiert. Bei drei Phosphorylierungsstellen kann ein Peptid theoretisch in sieben verschiedenen, phosphorylierten Formen existieren. Für die positionsspezifische Phosphorylierungsgradbestimmung würden folglich sieben Standardpeptide mit insgesamt 28 isotopenmarkierten Aminosäuren für deren individuelle Markierung benötigt.

Die untere Bestimmungsgrenze für eine robuste Phosphopeptidquantifizierung beträgt schätzungsweise 10–20 fmol. Bei Zugabe von geeigneten Additiven zur Probe, z.B. Citrat, könnte die Detektionseffizienz insbesondere von mehrfach phosphorylierten Peptiden verbessert werden (Seidler et al., 2010; Winter et al., 2009c). Die SRM-Analyse mit einem Triple-Quadrupol-Massenspektrometer könnte die Bestimmungsgrenze bis in den Subfemtomol-Bereich senken (Mayya et al., 2006).

4.15. Vorteile von *one-source*-Peptid-/Phosphopeptidstandards

One-source-Peptid-/Phosphopeptidstandards zur Bestimmung des Phosphorylierungsgrads von Proteinen weisen zahlreiche vorteilhafte Eigenschaften auf. Diese sind im Folgenden zusammengefasst:

I Das Verfahren ist auf alle Arten von Proben anwendbar, darunter Primärzellen und Gewebe.

II Unterschiedliche LC-Wiederfindungsraten und Ionisierungseffizienzen zwischen phosphorylierten und unphosphorylierten Analytpeptiden werden kompensiert.

III Die ermittelten Phosphorylierungsgrade sind positionsspezifisch – auch bei Peptiden mit zwei Phosphorylierungsstellen. Dies erlaubt detaillierte Einblicke in intrazelluläre Signaltransduktionsmechanismen.

IV Nur die phosphorylierten Standardpeptide müssen synthetisiert werden. Die unphosphorylierten Standards werden mit Hilfe von antarktischer Phosphatase daraus erzeugt.

V Eine absolute Standardquantifizierung ist nicht essentiell. *One-source*-Peptid/Phosphopeptid-Paare bieten eine höhere Genauigkeit als absolut quantifizierte AQUA-Peptide, da

VI Die ermittelten Phosphorylierungsgrade sind unabhängig von der Standardkonzentration.

VII *One-source*-Standards können jederzeit innerhalb von etwa $2\frac{1}{2}$ Stunden frisch hergestellt werden.

VIII Hohe Reinheitsanforderungen an die Standardpeptide entfallen. Verunreinigungen, z.B. durch Fehlsynthesen, unterscheiden sich in ihrer molekularen Masse von den Standards und beeinflussen die Quantifizierung nicht.

die Fehler zweier separater Quantifizierungen durch zwei kleinere, volumetrische Fehler ersetzt werden.

IX Selbst kleine Phosphorylierungsgrade zwischen 1 und 10 % können reproduzierbar und genau bestimmt werden.

X Die Phosphorylierungsgradbestimmung ist sehr sensitiv. Im Unterschied zu Methoden, die auf differenzieller Derivatisierung in Kombination mit enzymatischer Dephosphorylierung beruhen, wird die Probe bei Anwendung von *one-source*-Standards ohne Aliquotierung komplett analysiert. Zudem können Analytsignale mit Hilfe von isotopenmarkierten Standards aufgrund der gleichen Elutionszeit und der genauen Masse selbst im Untergrundbereich noch identifiziert werden.

XI Mehrere *one-source*-Standardpaare können parallel als Multiplex hergestellt werden. Dies wurde erfolgreich am Beispiel dreier ERK2-Phosphopeptidstandards, die sich in der Position der Phosphorylierung unterschieden, demonstriert.

4.16. Schlussfolgerungen

Die Dynamik von Proteinphosphorylierungen reguliert die schnelle Aktivierung und Deaktivierung von zellulären Signalnetzwerken. Die Herausforderung von phosphoproteomischen Studien besteht daher nicht nur in der Identifizierung und Katalogisierung aller Phosphorylierungsstellen, sondern vor allem in der Quantifizierung der Phosphoryierunsstöchiometrie zur Verfolgung von zeitlichen Änderungen als Reaktion auf eine Vielzahl von zellulären Störungen (Johnson et al., 2009; Nita-Lazar et al., 2008).

Wie diese Arbeit zeigt, können Proteinphosphorylierungsgrade mit stabilisotopenmarkierten *one-source*-Peptid-/Phosphopeptidstandards mit hoher Genauigkeit bestimmt werden. Das Potential der Methode zur positionsspezifischen Quantifizierung von mehrfach phosphorylierten Proteinen wurde erfolgreich am Beispiel der zentralen Signalproteine ERK1 und ERK2 demonstriert.

Innovative Forschung auf dem Gebiet der Signaltransduktion basiert auf der Kombination und Optimierung von interdisziplinären Ansätzen. Durch Kombination der mittels *one-source*-Standards gewonnenen experimentellen Daten mit mathematischer Modellierung wurde erstmals ein zweistufiger, distributiver ERK-Phosphorylierungsmechanismus in primären Maushepatozyten gezeigt. Die *one-source*-Standardmethode ist daher ein wertvolles Werkzeug, um die Regeln zur Regulation multipler Phosphorylierungsereignisse zu entschlüsseln. Dies kann zu einem tieferen Verständnis von komplexen Signaltransduktionsmechanismen beitragen.

4.17. Ausblick

Die in dieser Arbeit angewandte Anreicherungsstrategie zeigt einen relativ geringen Probendurchsatz aufgrund des vergleichsweise hohen Aufwands der Immunpräzipitation und des in-Gel-Verdaus. Für die Phosphorylierungsgradanalyse einer größeren Zahl an Signalproteinen könnten *one-source*-Standards bereits auf der Stufe des Zelllysats zugegeben und die Proteine in-Lösung verdaut werden. Anschließend könnte der Verdau mittels geeigneter chromatographischer Verfahren wie Kationenaustauschchromatographie (Villen & Gygi, 2008) oder ZIC-HILIC (*zwitterionic hydrophilic interaction liquid chromatography*) (Boersema et al., 2007) aufgetrennt und die Fraktionen mittels nanoUPLC-SRM-Massenspektrometrie analysiert werden. SRM ermöglicht eine selektive Quantifizierung von Peptiden auch in komplexen biologischen Proben (Kim et al., 2010).

Abnorme Proteinphosphorylierung ist eine Ursache oder Konsequenz vieler Krankheiten (Cohen, 2002b). Dementsprechend sind Proteinkinasen und ihre Substrate wichtige therapeutische Angriffspunkte (Cohen, 2002b; Lim, 2005). Mit der *one-source*-Standardmethode könnten Proteinphosphorylierungsgrade in normalem und krankem Gewebe erhalten und miteinander verglichen werden. Dies wiederum könnte wertvoll sein, um Angriffspunkte für Therapien zu identifizieren und neue diagnostische oder therapeutische Strategien zu entwickeln.

Die sehr genaue, aber experimentell aufwendige Phosphorylierungsgradbestimmung mittels LC-MS-Analyse kann zur Validierung einfacherer, Antikörper-basierter Verfahren verwendet werden, wenn Phosphorylierungsstellen-spezifische Antikörper zur Verfügung stehen. Diese Verfahren zeigen über Multiplexing und eine kürzere Analysenzeit einen höheren Probendurchsatz (O'Neill et al., 2006).

Literatur

Ahmad, Z. & Huang, K. P. (1981). Dephosphorylation of rabbit skeletal-muscle glycogen-synthase (phosphorylated by cyclic AMP-independent synthase kinase-1) by phosphatases. *Journal of Biological Chemistry*, 256(2), 757–760.

Alessi, D. R., Andjelkovic, M., Caudwell, B., Cron, P., Morrice, N., Cohen, P., & Hemmings, B. (1996). Mechanism of activation of protein kinase B by insulin and IGF-1. *Embo Journal*, 15(23), 6541–6551.

Alessi, D. R., James, S. R., Downes, C. P., Holmes, A. B., Gaffney, P. R. J., Reese, C. B., & Cohen, P. (1997). Characterization of a 3-phosphoinositide-dependent protein kinase which phosphorylates and activates protein kinase B alpha. *Current Biology*, 7(4), 261–269.

Alessi, D. R., Saito, Y., Campbell, D. G., Cohen, P., Sithanandam, G., Rapp, U., Ashworth, A., Marshall, C. J., & Cowley, S. (1994). Identification of the sites in MAP kinase kinase-1 phosphorylated by p74 (Raf-1). *Embo Journal*, 13(7), 1610–1619.

Anderson, N. G., Maller, J. L., Tonks, N. K., & Sturgill, T. W. (1990). Requirement for integration of signals from 2 distinct phosphorylation pathways for activation of MAP kinase. *Nature*, 343(6259), 651–653.

Andrews, S. S. & Arkin, A. R. (2006). Simulating cell biology. *Current Biology*, 16(14), R523–R527.

Atrih, A., Turnock, D., Sellar, G., Thompson, A., Feuerstein, G., Ferguson, M. A. J., & Huang, J. T. J. (2010). Stoichiometric quantification of Akt phosphorylation using LC-MS/MS. *Journal of Proteome Research*, 9(2), 743–751.

Ballif, B. A., Roux, P. P., Gerber, S. A., MacKeigan, J. P., Blenis, J., & Gygi, S. P. (2005). Quantitative phosphorylation profiling of the ERK/p90 ribosomal S6 kinase-signaling cassette and its targets, the tuberous sclerosis tumor suppressors. *Proceedings of the National Academy of Sciences of the United States of America*, 102(3), 667–672.

Bambara, R. A., Fay, P. J., & Mallaber, L. M. (1995). Methods of analyzing processivity. *DNA Replication*, 262, 270–280.

Becker, V., Schilling, M., Bachmann, J., Baumann, U., Raue, A., Maiwald, T., Timmer, J., & Klingmuller, U. (2010). Covering a broad dynamic range: Information processing at the erythropoietin receptor. *Science*, 328(5984), 1404–1408.

Birchmeier, C., Birchmeier, W., Gherardi, E., & Vande Woude, G. (2003). Met, metastasis, motility and more. *Nature Reviews Molecular Cell Biology*, 4(12), 915–925.

Birtwistle, M. R., Hatakeyama, M., Yumoto, N., Ogunnaike, B. A., Hoek, J. B., & Kholodenko, B. N. (2007). Ligand-dependent responses of the ErbB signaling network: experimental and modeling analyses. *Molecular Systems Biology*, 3.

Blagoev, B. & Mann, M. (2006). Quantitative proteomics to study mitogen-activated protein kinases. *Methods*, 40(3), 243–250.

Blagoev, B., Ong, S. E., Kratchmarova, I., & Mann, M. (2004). Temporal analysis of phosphotyrosine-dependent signaling networks by quantitative proteomics. *Nature Biotechnology*, 22(9), 1139–1145.

Blume-Jensen, P. & Hunter, T. (2001). Oncogenic kinase signalling. *Nature*, 411(6835), 355–365.

Boersema, P. J., Divecha, N., Heck, A. J. R., & Mohammed, S. (2007). Evaluation and optimization of ZIC-HILIC-RP as an alternative MudPIT strategy. *Journal of Proteome Research*, 6(3), 937–946.

Bos, J. L. (1989). Ras oncogenes in human cancer — a review. *Cancer Research*, 49(17), 4682–4689.

Brondello, J. M., Brunet, A., Pouyssegur, J., & McKenzie, F. R. (1997). The dual specificity mitogen-activated protein kinase phosphatase-1 and -2 are induced by the p42/p44(MAPK) cascade. *Journal of Biological Chemistry*, 272(2), 1368–1376.

Brondello, J. M., Pouyssegur, J., & McKenzie, F. R. (1999). Reduced MAP kinase phosphatase-1 degradation after p42/p44(MAPK)-dependent phosphorylation. *Science*, 286(5449), 2514–2517.

Bruggeman, F. J. & Westerhoff, H. V. (2007). The nature of systems biology. *Trends in Microbiology*, 15(1), 45–50.

Brun, V., Dupuis, A., Adrait, A., Marcellin, M., Thomas, D., Court, M., Vandenesch, F., & Garin, J. (2007). Isotope-labeled protein standards. *Molecular & Cellular Proteomics*, 6(12), 2139–2149.

Buday, L., Warne, P. H., & Downward, J. (1995). Down-regulation of the Ras activation pathway by MAP kinase phosphorylation of SOS. *Oncogene*, 11(7), 1327–1331.

Burack, W. R. & Sturgill, T. W. (1997). The activating dual phosphorylation of MAPK by MEK is nonprocessive. *Biochemistry*, 36(20), 5929–5933.

Cantley, L. (2003). The phosphoinositide 3-kinase pathway. *Science*, 296(5573), 1655–1657.

Cao, L., Yu, K., Banh, C., Nguyen, V., Ritz, A., Raphael, B. J., Kawakami, Y., Kawakami, T., & Salomon, A. R. (2007). Quantitative time-resolved phosphoproteomic analysis of mast cell signaling. *Journal of Immunology*, 179, 5864–5876.

Castell, J. V., Gomezlechon, M. J., David, M., Hirano, T., Kishimoto, T., & Heinrich, P. C. (1988). Recombinant human interleukin-6 (IL-6/BSF-2/HSF) regulates the synthesis of acute phase proteins in human hepatocytes. *Febs Letters*, 232(2), 347–350.

Chan, S. M., Ermann, J., Su, L., Fathman, C. G., & Utz, P. J. (2004). Protein microarrays for multiplex analysis of signal transduction pathways. *Nature Medicine*, 10(12), 1390–1396.

Chang, L. F. & Karin, M. (2001). Mammalian MAP kinase signalling cascades. *Nature*, 410(6824), 37–40.

Chen, W. W., Niepel, M., & Sorger, P. K. (2010). Classic and contemporary approaches to modeling biochemical reactions. *Genes & Development*, 24(17), 1861–1875.

Cho, K. H., Shin, S. Y., Kim, H. W., Wolkenhauer, O., McFerran, B., & Kolch, W. (2003). Mathematical modeling of the influence of RKIP on the ERK signaling pathway. In C. Priami (Ed.), *Computational Methods in Systems Biology, Proceedings*, volume 2602 of *Lecture Notes in Computer Science* (pp. 127–141). Berlin: Springer-Verlag Berlin.

Choe, L., D'Ascenzo, M., Relkin, N. R., Pappin, D., Ross, P., Williamson, B., Guertin, S., Pribil, P., & Lee, K. H. (2007). 8-plex quantitation of changes in cerebrospinal fluid protein expression in subjects undergoing intravenous immunoglobulin treatment for Alzheimer's disease. *Proteomics*, 7(20), 3651–3660.

Ciccimaro, E., Hanks, S. K., Yu, K. H., & Blair, I. A. (2009). Absolute quantification of phosphorylation on the kinase activation loop of cellular focal adhesion kinase by stable isotope dilution liquid chromatography/mass spectrometry. *Analytical Chemistry*, 81(9), 3304–3313.

Cohen, P. (2000). The regulation of protein function by multisite phosphorylation – a 25 year update. *Trends in Biochemical Sciences*, 25(12), 596–601.

Cohen, P. (2001). The role of protein phosphorylation in human health and disease - delivered on june 30th 2001 at the FEBS meeting in lisbon. *European Journal of Biochemistry*, 268(19), 5001–5010.

Cohen, P. (2002a). The origins of protein phosphorylation. *Nature Cell Biology*, 4(5), E127–E130.

Cohen, P. (2002b). Protein kinases - the major drug targets of the twenty-first century? *Nature Reviews Drug Discovery*, 1(4), 309–315.

Cooper, J. A. (1991). Estimation of phosphorylation stoichiometry by separation of phosphorylated isoforms. *Methods in Enzymology*, 201, 251–261.

Crews, C. M., Alessandrini, A., & Erikson, R. L. (1992). The primary structure of MEK, a protein-kinase that phosphorylates the ERK gene-product. *Science*, 258(5081), 478–480.

Cutillas, P. R., Geering, B., & Waterfield, M. D. (2005). Quantification of gel-separated proteins and their phosphorylation sites by LC-MS using unlabeled internal standards – analysis of phosphoprotein dynamics in a B cell lymphoma cell line. *Molecular & Cellular Proteomics*, 4(8), 1038–1051.

De Leenheer, A. P. & Thienpont, L. M. (1992). Applications of isotope-dilution mass-spectrometry in clinical-chemistry, pharmacokinetics, and toxicology. *Mass Spectrometry Reviews*, 11(4), 249–307.

Delehedde, M., Lyon, M., Vidyasagar, R., McDonnell, T. J., & Fernig, D. G. (2002). Hepatocyte growth factor/scatter factor binds to small heparin-derived oligosaccharides and stimulates the proliferation of human HaCaT keratinocytes. *Journal of Biological Chemistry*, 277(14), 12456–12462.

Dengjel, J., Kratchmarova, I., & Blagoev, B. (2009). Receptor tyrosine kinase signaling: a view from quantitative proteomics. *Molecular Biosystems*, 5(10), 1112–1121.

Domanski, D., Murphy, L. C., & Borchers, C. H. (2010). Assay development for the determination of phosphorylation stoichiometry using multiple reaction monitoring methods with and without phosphatase treatment: Application to breast cancer signaling pathways. *Analytical Chemistry*, 82(13), 5610–5620.

Dummler, B. & Hemmings, B. A. (2007). Physiological roles of PKB/Akt isoforms in development and disease. *Biochemical Society Transactions*, 35, 231–235.

Ebisuya, M., Kondoh, K., & Nishida, E. (2005). The duration, magnitude and compartmentalization of ERK MAP kinase activity: mechanisms for providing signaling specificity. *Journal of Cell Science*, 118(14), 2997–3002.

Eblen, S. T., Slack-Davis, J. K., Tarcsafalvi, A., Parsons, J. T., Weber, M. J., & Catling, A. D. (2004). Mitogen-activated protein kinase feedback phosphorylation regulates MEK1 complex formation and activation during cellular adhesion. *Molecular and Cellular Biology*, 24(6), 2308–2317.

Elschenbroich, S. & Kislinger, T. (2010). Targeted proteomics by selected reaction monitoring mass spectrometry: applications to systems biology and biomarker discovery. *Molecular Biosystems*.

Ferrell, J. E. & Bhatt, R. R. (1997). Mechanistic studies of the dual phosphorylation of mitogen-activated protein kinase. *Journal of Biological Chemistry*, 272(30), 19008–19016.

Froelich, J. M. & Reid, G. E. (2008). The origin and control of ex vivo oxidative peptide modifications prior to mass spectrometry analysis. *Proteomics*, 8(7), 1334–1345.

Fujioka, A., Terai, K., Itoh, R. E., Aoki, K., Nakamura, T., Kuroda, S., Nishida, E., & Matsuda, M. (2006). Dynamics of the Ras/ERK MAPK cascade as monitored by fluorescent probes. *Journal of Biological Chemistry*, 281(13), 8917–8926.

Fusenig, N. E. & Boukamp, P. (1998). Multiple stages and genetic alterations in immortalization, malignant transformation, and tumor progression of human skin keratinocytes. *Molecular Carcinogenesis*, 23(3), 144–158.

Gauldie, J., Richards, C., Harnish, D., Lansdorp, P., & Baumann, H. (1987). Interferon beta-2/B-cell stimulatory factor type-2 shares identity with monocyte-derived hepatocyte-stimulating factor and regulates the major acute phase protein response in liver-cells. *Proceedings of the National Academy of Sciences of the United States of America*, 84(20), 7251–7255.

Gembitsky, D. S., Lawlor, K., Jacovina, A., Yaneva, M., & Tempst, P. (2004). A prototype antibody microarray platform to monitor changes in protein tyrosine phosphorylation. *Molecular & Cellular Proteomics*, 3(11), 1102–1118.

Gerber, S. A., Rush, J., Stemman, O., Kirschner, M. W., & Gygi, S. P. (2003). Absolute quantification of proteins and phosphoproteins from cell lysates by tandem MS. *Proceedings of the National Academy of Sciences of the United States of America*, 100(12), 6940–6945.

Gerhartz, C., Heesel, B., Sasse, J., Hemmann, U., Landgraf, C., SchneiderMergener, J., Horn, F., Heinrich, P. C., & Graeve, L. (1996). Differential activation of acute phase response factor/STAT3 and STAT1 via the cytoplasmic domain of the interleukin 6 signal transducer gp130 .1. Definition of a novel phosphotyrosine motif mediating STAT1 activation. *Journal of Biological Chemistry*, 271(22), 12991–12998.

Gold, L. I., Jussila, T., Fusenig, N. E., & Stenback, F. (2000). TGF-beta isoforms are differentially expressed in increasing malignant grades of HaCaT keratinocytes, suggesting separate roles in skin carcinogenesis. *Journal of Pathology*, 190(5), 579–588.

Goodlett, D. R., Keller, A., Watts, J. D., Newitt, R., Yi, E. C., Purvine, S., Eng, J. K., von Haller, P., Aebersold, R., & Kolker, E. (2001). Differential stable isotope labeling of peptides for quantitation and de novo sequence derivation. *Rapid Communications in Mass Spectrometry*, 15(14), 1214–1221.

Groom, L. A., Sneddon, A. A., Alessi, D. R., Dowd, S., & Keyse, S. M. (1996). Differential regulation of the MAP, SAP and RK/p38 kinases by Pyst1, a novel cytosolic dual-specificity phosphatase. *Embo Journal*, 15(14), 3621–3632.

Gropengiesser, J., Varadarajan, B. T., Stephanowitz, H., & Krause, E. (2009). The relative influence of phosphorylation and methylation on responsiveness of peptides to MALDI and ESI mass spectrometry. *Journal of Mass Spectrometry*, 44(5), 821–831.

Grossman, R. M., Krueger, J., Yourish, D., Granellipiperno, A., Murphy, D. P., May, L. T., Kupper, T. S., Sehgal, P. B., & Gottlieb, A. B. (1989). Interleukin-6 is expressed in high-levels in psoriatic skin and stimulates proliferation of cultured human keratinocytes. *Proceedings of the National Academy of Sciences of the United States of America*, 86(16), 6367–6371.

Guiter, C., Dusanter-Fourt, I., Copie-Bergman, C., Boulland, M. L., le Gouvello, S., Gaulard, P., Leroy, K., & Castellano, F. (2004). Constitutive STAT6 activation in primary mediastinal large B-cell lymphoma. *Blood*, 104(2), 543–549.

Hanahan, D. & Weinberg, R. A. (2000). The hallmarks of cancer. *Cell*, 100(1), 57–70.

Hanke, S., Besir, H., Oesterhelt, D., & Mann, M. (2008). Absolute SILAC for accurate quantitation of proteins in complex mixtures down to the attomole level. *Journal of Proteome Research*, 7(3), 1118–1130.

Hathaway, D. R. & Haeberle, J. R. (1985). A radioimmunoblotting method for measuring myosin light chain phosphorylation levels in smooth-muscle. *American Journal of Physiology*, 249(3), C345–C351.

He, T., Alving, K., Feild, B., Norton, J., Joseloff, E. G., Patterson, S. D., & Domon, B. (2004). Quantitation of phosphopeptides using affinity chromatography and stable isotope labeling. *Journal of the American Society for Mass Spectrometry*, 15(3), 363–373.

Hegeman, A. D., Harms, A. C., Sussman, M. R., Bunner, A. E., & Harper, J. F. (2004). An isotope labeling strategy for quantifying the degree of phosphorylation at multiple sites in proteins. *Journal of the American Society for Mass Spectrometry*, 15(5), 647–653.

Heinrich, P. C., Behrmann, I., Muller-Newen, G., Schaper, F., & Graeve, L. (1998). Interleukin-6-type cytokine signalling through the gp130/Jak/STAT pathway. *Biochemical Journal*, 334, 297–314.

Heinrich, R., Neel, B. G., & Rapoport, T. A. (2002). Mathematical models of protein kinase signal transduction. *Molecular Cell*, 9(5), 957–970.

Hilger, R. A., Scheulen, M. E., & Strumberg, D. (2002). The Ras-Raf-MEK-ERK pathway in the treatment of cancer. *Onkologie*, 25(6), 511–518.

Holmberg, C. I., Tran, S. E. F., Eriksson, J. E., & Sistonen, L. (2002). Multisite phosphorylation provides sophisticated regulation of transcription factors. *Trends in Biochemical Sciences*, 27(12), 619–627.

Hsu, J. L., Huang, S. Y., Chow, N. H., & Chen, S. H. (2003). Stable-isotope dimethyl labeling for quantitative proteomics. *Analytical Chemistry*, 75(24), 6843–6852.

Huang, C. Y. F. & Ferrell, J. E. (1996). Ultrasensitivity in the mitogen-activated protein kinase cascade. *Proceedings of the National Academy of Sciences of the United States of America*, 93(19), 10078–10083.

Huang, P. H., Miraldi, E. R., Xu, A. M., Kundukulam, V. A., Del Rosario, A. M., Flynn, R. A., Cavenee, W. K., Furnari, F. B., & White, F. M. (2010). Phosphotyrosine signaling analysis of site-specific mutations on EGFRvIII identifies determinants governing glioblastoma cell growth. *Molecular Biosystems*, 6(7), 1227–1237.

Ishihama, Y., Oda, Y., Tabata, T., Sato, T., Nagasu, T., Rappsilber, J., & Mann, M. (2005). Exponentially modified protein abundance index (emPAI) for estimation of absolute protein amount in proteomics by the number of sequenced peptides per protein. *Molecular & Cellular Proteomics*, 4(9), 1265–1272.

Iwamoto, N. (2010). Data-based mathematical modeling reveals distributive ERK phosphorylation in primary mouse hepatocytes. Master's thesis, Universität Heidelberg.

Jin, L. L., Tong, J. F., Prakash, A., Peterman, S. M., St-Germain, J. R., Taylor, P., Trudel, S., & Moran, M. F. (2010). Measurement of protein phosphorylation stoichiometry by selected reaction monitoring mass spectrometry. *Journal of Proteome Research*, 9(5), 2752–2761.

Johnson, H., Eyers, C. E., Eyers, P. A., Beynon, R. J., & Gaskell, S. J. (2009). Rigorous determination of the stoichiometry of protein phosphorylation using mass spectrometry. *Journal of the American Society for Mass Spectrometry*, 20(12), 2211–2220.

Jordan, J. D., Landau, E. M., & Iyengar, R. (2000). Signaling networks: The origins of cellular multitasking. *Cell*, 103(2), 193–200.

Kanshin, E., Wang, S. P., Ashmarina, L., Fedjaev, M., Nifant'ev, I., Mitchell, G. A., & Pshezhetsky, A. V. (2009). The stoichiometry of protein phosphorylation in adipocyte lipid droplets: Analysis by N-terminal isotope tagging and enzymatic dephosphorylation. *Proteomics*, 9(22), 5067–5077.

Kholodenko, B. N. & Birtwistle, M. R. (2009). Four-dimensional dynamics of MAPK information-processing systems. *Wiley Interdisciplinary Reviews-Systems Biology and Medicine*, 1(1), 28–44.

Kholodenko, B. N., Hancock, J. F., & Kolch, W. (2010). Signalling ballet in space and time. *Nature Reviews Molecular Cell Biology*, 11(6), 414–426.

Kim, H. J. & Bar-Sagi, D. (2004). Modulation of signalling by sprouty: A developing story. *Nature Reviews Molecular Cell Biology*, 5(6), 441–450.

Kim, J., Nie, B., Sahm, H., Brown, D., Tegeler, T., You, J., & Wang, M. (2010). Targeted quantitative analysis of superoxide dismutase 1 in cisplatin-sensitive and cisplatin-resistant human ovarian cancer cells. *Journal of Chromatographie B, Analytical Technologies in the Biomedical and Life Sciences*, 878(7-8), 700–704.

Kim, Y., Rice, A. E., & Denu, J. M. (2003). Intramolecular dephosphorylation of ERK by MKP3. *Biochemistry*, 42(51), 15197–15207.

Kirkpatrick, D. S., Gerber, S. A., & Gygi, S. P. (2005). The absolute quantification strategy: a general procedure for the quantification of proteins and post-translational modifications. *Methods*, 35(3), 265–273.

Kitano, H. (2002a). Computational systems biology. *Nature*, 420(6912), 206–210.

Kitano, H. (2002b). Systems biology: A brief overview. *Science*, 295(5560), 1662–1664.

Klingmuller, U., Bauer, A., Bohl, S., Nickel, P. J., Breitkopf, K., Dooley, S., Zellmer, S., Kern, C., Merfort, I., Sparna, T., Donauer, J., Walz, G., Geyer, M., Kreutz, C., Hermes, M., Gotschel, F., Hecht, A., Walter, D., Egger, L., Neubert, K., Borner, C., Brulport, M., Schormann, W., Sauer, C., Baumann, F., Preiss, R., MacNelly, S., Godoy, P., Wiercinska, E., Ciuclan, L., Edelmann, J., Zeilinger, K., Heinrich, M., Zanger, U. M., Gebhardt, R., Maiwald, T., Heinrich, R., Timmer, J., von Weizsacker, F., & Hengstler, J. G. (2006). Primary mouse hepatocytes for systems biology approaches: a standardized in vitro system for modelling of signal transduction pathways. *Iee Proceedings Systems Biology*, 153(6), 433–447.

Kolch, W. (2000). Meaningful relationships: the regulation of the Ras/Raf/MEK/ERK pathway by protein interactions. *Biochemical Journal*, 351, 289–305.

Kolch, W., Calder, M., & Gilbert, D. (2005). When kinases meet mathematics: the systems biology of MAPK signalling. *Febs Letters*, 579(8), 1891–1895.

Korf, U., Derdak, S., Tresch, A., Henjes, F., Schumacher, S., Schmidt, C., Hahn, B., Lehmann, W. D., Poustka, A., Beissbarth, T., & Klingmuller, U. (2008). Quantitative protein microarrays for time-resolved measurements of protein phosphorylation. *Proteomics*, 8(21), 4603–4612.

Kortum, R. L. & Lewis, R. E. (2004). The molecular scaffold KSR1 regulates the proliferative and oncogenic potential of cells. *Molecular and Cellular Biology*, 24(10), 4407–4416.

Krens, S. F. G., Corredor-Adamez, M., He, S. N., Snaar-Jagalska, B. E., & Spaink, H. P. (2008). ERK1 and ERK2 MAPK are key regulators of distinct gene sets in zebrafish embryogenesis. *Bmc Genomics*, 9.

Krutzik, P. O., Irish, J. M., Nolan, G. P., & Perez, O. D. (2004). Analysis of protein phosphorylation and cellular signaling events by flow cytometry: techniques and clinical applications. *Clinical Immunology*, 110(3), 206–221.

Krutzik, P. O. & Nolan, G. P. (2003). Intracellular phospho-protein staining techniques for flow cytometry: Monitoring single cell signaling events. *Cytometry Part A*, 55A(2), 61–70.

Kuyama, H., Toda, C., Watanabe, M., Tanaka, K., & Nishimura, O. (2003). An efficient chemical method for dephosphorylation of phosphopeptides. *Rapid Communications in Mass Spectrometry*, 17(13), 1493–1496.

Larsen, M. R., Thingholm, T. E., Jensen, O. N., Roepstorff, P., & Jorgensen, T. J. D. (2005). Highly selective enrichment of phosphorylated peptides from peptide mixtures using titanium dioxide microcolumns. *Molecular & Cellular Proteomics*, 4(7), 873–886.

Le Page, C., Koumakpayi, I., Alam-Fahmy, M., Mes-Masson, A., & Saad, F. (2006). Expression and localisation of Akt-1, Akt-2 and Akt-3 correlate with clinical outcome of prostate cancer patients. *British Journal of Cancer*, 94(12), 1906–1912.

Lederle, W., Depner, S., Schnur, S., Obermueller, E., Catone, N., Just, A., Fusenig, N., & Mueller, M. (2010). IL-6 promotes malignant growth of skin SCCs by regulating a network of autocrine and paracrine cytokines. *International Journal of Cancer*, 000, 000–000.

Lefloch, R., Pouyssegur, J., & Lenormand, P. (2008). Single and combined silencing of ERK1 and ERK2 reveals their positive contribution to growth signaling depending on their expression levels. *Molecular and Cellular Biology*, 28(1), 511–527.

Lefloch, R., Pouyssegur, J., & Lenormand, P. (2009). Total ERK1/2 activity regulates cell proliferation. *Cell Cycle*, 8(5), 705–711.

Lehmann, U., Schmitz, J., Weissenbach, M., Sobota, R. M., Hortner, M., Friederichs, K., Behrmann, I., Tsiaris, W., Sasaki, A., Schneider-Mergener, J., Yoshimura, A., Neel, B. G., Heinrich, P. C., & Schaper, F. (2003). SHP2 and SOCS3 contribute to Tyr-759-dependent attenuation of interleukin-6 signaling through gp130. *Journal of Biological Chemistry*, 278(1), 661–671.

Lemmon, M. A. & Schlessinger, J. (2010). Cell signaling by receptor tyrosine kinases. *Cell*, 141(7), 1117–1134.

Levchenko, A., Bruck, J., & Sternberg, P. W. (2000). Scaffold proteins may biphasically affect the levels of mitogen-activated protein kinase signaling and reduce its threshold properties. *Proceedings of the National Academy of Sciences of the United States of America*, 97(11), 5818–5823.

Lienhard, G. E. (2008). Non-functional phosphorylations? *Trends in Biochemical Sciences*, 33(8), 351–352.

Lim, Y. P. (2005). Mining the tumor phosphoproteome for cancer markers. *Clinical Cancer Research*, 11(9), 3163–3169.

Lin, L. W. & Saitoh, T. (1995). Changes in protein-kinases in brain aging and Alzheimers-disease – implications for drug-therapy. *Drugs & Aging*, 6(2), 136–149.

Liu, Q., Sasaki, T., Kozieradzki, I., Wakeham, A., Itie, A., Dumont, D., & Penninger, J. (1999). SHIP is a negative regulator of growth-factor receptor-mediated PKB/Akt activation and myeloid cell survival. *Genes & Development*, 13, 786–791.

Lloyd, A. (2006). Distinct functions for ERKs? *Journal of Biology*, 5(5), 13.

Lobke, C., Laible, M., Rappl, C., Ruschhaupt, M., Sahin, O., Arlt, D., Wiemann, S., Poustka, A., Sultmann, H., & Korf, U. (2008). Contact spotting of protein microarrays coupled with spike-in of normalizer protein permits time-resolved analysis of ERBB receptor signaling. *Proteomics*, 8(8), 1586–1594.

Luo, J., Manning, B. D., & Cantley, L. C. (2003). Targeting the PI3K-Akt pathway in human cancer: Rationale and promise. *Cancer Cell*, 4(4), 257–262.

Lutticken, C., Wegenka, U. M., Yuan, J. P., Buschmann, J., Schindler, C., Ziemiecki, A., Harpur, A. G., Wilks, A. F., Yasukawa, K., Taga, T., Kishimoto, T., Barbieri, G., Pellegrini, S., Sendtner, M., Heinrich, P. C., & Horn, F. (1994). Association of transcription factor APRF and protein-kinase JAK1 with the interleukin-6 signal transducer gp130. *Science*, 263(5143), 89–92.

Maiwald, T., Kreutz, C., Pfeifer, A. C., Bohl, S., Klingmuller, U., & Timmer, J. (2007). Dynamic pathway modeling - feasibility analysis and optimal experimental design. *Reverse Engineering Biological Networks*, 1115, 212–220.

Manning, G., Whyte, D. B., Martinez, R., Hunter, T., & Sudarsanam, S. (2002). The protein kinase complement of the human genome. *Science*, 298(5600), 1912–+.

Marcantonio, M., Trost, M., Courcelles, M., Desjardins, M., & Thibault, P. (2008). Combined enzymatic and data mining approaches for comprehensive phosphoproteome analyses. *Molecular & Cellular Proteomics*, 7(4), 645–660.

Marchetti, S., Gimond, C., Chambard, J. C., Touboul, T., Roux, D., Pouyssegur, J., & Pages, G. (2005). Extracellular signal-regulated kinases phosphorylate mitogen-activated protein kinase phosphatase 3/DUSP6 at serines 159 and 197, two sites critical for its proteasomal degradation. *Molecular and Cellular Biology*, 25(2), 854–864.

Marchi, M., D'Antoni, A., Formentini, I., Parra, R., Brambilla, R., Ratto, G. M., & Costa, M. (2008). The N-terminal domain of ERK1 accounts for the functional differences with ERK2. *Plos One*, 3(12).

Marshall, C. J. (1995). Specificity of receptor tyrosine kinase signaling - transient versus sustained extracellular signal-regulated kinase activation. *Cell*, 80(2), 179–185.

Martini, M., Hohaus, S., Petrucci, G., Cenci, T., Pierconti, F., Massini, G., Teofili, L., Leone, G., & Larocca, L. M. (2008). Phosphorylated STAT5 represents a new possible prognostic marker in Hodgkin lymphoma. *American Journal of Clinical Pathology*, 129(3), 472–477.

Mayya, V. & Han, D. K. (2006). Proteomic applications of protein quantification by isotope-dilution mass spectrometry. *Expert Review of Proteomics*, 3(6), 597–610.

Mayya, V. & Han, D. K. (2009). Phosphoproteomics by mass spectrometry: insights, implications, applications and limitations. *Expert Review of Proteomics*, 6(6), 605–618.

Mayya, V., Rezual, K., Wu, L. F., Fong, M. B., & Han, D. K. (2006). Absolute quantification of multisite phosphorylation by selective reaction monitoring mass spectrometry - determination of inhibitory phosphorylation status of cyclin-dependent kinases. *Molecular & Cellular Proteomics*, 5(6), 1146–1157.

Melanson, J. E., Avery, S. L., & Pinto, D. M. (2006). High-coverage quantitative proteomics using amine-specific isotopic labeling. *Proteomics*, 6(16), 4466–4474.

Michalopoulos, G. K. & DeFrances, M. C. (1997). Liver regeneration. *Science*, 276(5309), 60–66.

Michaud, G. A., Salcius, M., Zhou, F., Bangham, R., Bonin, J., Guo, H., Snyder, M., Predki, P. F., & Schweitzer, B. I. (2003). Analyzing antibody specificity with whole proteome microarrays. *Nature Biotechnology*, 21(12), 1509–1512.

Mikita, T., Campbell, D., Wu, P. G., Williamson, K., & Schindler, U. (1996). Requirements for interleukin-4-induced gene expression and functional characterization of STAT6. *Molecular and Cellular Biology*, 16(10), 5811–5820.

Miyagi, M. & Rao, K. C. S. (2007). Proteolytic O-18-labeling strategies for quantitative proteomics. *Mass Spectrometry Reviews*, 26(1), 121–136.

Moller, P., Bruderlein, S., Strater, J., Leithauser, F., Hasel, C., Bataille, F., Moldenhauer, G., Pawlita, M., & Barth, T. F. E. (2001). MedB-1, a human tumor cell line derived from a primary mediastinal large B-cell lymphoma. *International Journal of Cancer*, 92(3), 348–353.

Mora, A., Komander, D., van Aalten, D. M. F., & Alessi, D. R. (2004). PDK1, the master regulator of AGC kinase signal transduction. *Seminars in Cell & Developmental Biology*, 15(2), 161–170.

Morandell, S., Grosstessner-Hain, K., Roitinger, E., Hudecz, O., Lindhorst, T., Teis, D., Wrulich, O. A., Mazanek, M., Taus, T., Ueberall, F., Mechtler, K., & Huber, L. A. (2010). QIKS - quantitative identification of kinase substrates. *Proteomics*, 10(10), 2015–2025.

Mourey, R. J., Vega, Q. C., Campbell, J. S., Wenderoth, M. P., Hauschka, S. D., Krebs, E. G., & Dixon, J. E. (1996). A novel cytoplasmic dual specificity protein tyrosine phosphatase implicated in muscle and neuronal differentiation. *Journal of Biological Chemistry*, 271(7), 3795–3802.

Muda, M., Boschert, U., Dickinson, R., Martinou, J. C., Martinou, I., Camps, M., Schlegel, W., & Arkinstall, S. (1996). MKP-3, a novel cytosolic protein-tyrosine phosphatase that exemplifies a new class of mitogen-activated protein kinase phosphatase. *Journal of Biological Chemistry*, 271(8), 4319–4326.

Munton, R. P., Tweedie-Cullen, R., Livingstone-Zatchej, M., Weinandy, F., Waidelich, M., Longo, D., Gehrig, P., Potthast, F., Rutishauser, D., Gerrits, B., Panse, C., Schlapbach, R., & Mansuy, I. M. (2007). Qualitative and quantitative analyses of protein phosphorylation in naive and stimulated mouse synaptosomal preparations. *Molecular & Cellular Proteomics*, 6(2), 283–293.

Murakami, M., Hibi, M., Nakagawa, N., Nakagawa, T., Yasukawa, K., Yamanishi, K., Taga, T., & Kishimoto, T. (1993). IL-6-induced homodimerization of gp-130 and associated activation of a tyrosine kinase. *Science*, 260(5115), 1808–1810.

Murata, T. & Puri, R. K. (1997). Comparison of IL-13- and IL-4-induced signaling in EBV-immortalized human B cells. *Cellular Immunology*, 175(1), 33–40.

Murphy, L. O. & Blenis, J. (2006). MAPK signal specificity: the right place at the right time. *Trends in Biochemical Sciences*, 31(5), 268–275.

Narazaki, M., Witthuhn, B. A., Yoshida, K., Silvennoinen, O., Yasukawa, K., Ihle, J. N., Kishimoto, T., & Taga, T. (1994). Activation of JAK2 kinase mediated by the interleukin-6 signal transducer gp130. *Proceedings of the National Academy of Sciences of the United States of America*, 91(6), 2285–2289.

Nekrasova, T., Shive, C., Gao, Y. H., Kawamura, K., Guardia, R., Landreth, G., & Forsthuber, T. G. (2005). ERK1-deficient mice show normal T cell effector function and are highly susceptible to experimental autoimmune encephalomyelitis. *Journal of Immunology*, 175(4), 2374–2380.

Nita-Lazar, A., Saito-Benz, H., & White, F. M. (2008). Quantitative phosphoproteomics by mass spectrometry: Past, present, and future. *Proteomics*, 8(21), 4433–4443.

Olsen, J. V., Blagoev, B., Gnad, F., Macek, B., Kumar, C., Mortensen, P., & Mann, M. (2006). Global, in vivo, and site-specific phosphorylation dynamics in signaling networks. *Cell*, 127(3), 635–648.

O'Neill, R. A., Bhamidipati, A., Bi, X. H., Deb-Basu, D., Cahill, L., Ferrante, J., Gentalen, E., Glazer, M., Gossett, J., Hacker, K., Kirby, C., Knittle, J., Loder, R., Mastroieni, C., MacLaren, M., Mills, T., Nguyen, U., Parker, N., Rice, A., Roach, D., Suich, D., Voehringer, D., Voss, K., Yang, J., Yang, T., & Vander Horn, P. B. (2006). Isoelectric focusing technology quantifies protein signaling in 25 cells. *Proceedings of the National Academy of Sciences of the United States of America*, 103(44), 16153–16158.

Ong, S. E., Blagoev, B., Kratchmarova, I., Kristensen, D. B., Steen, H., Pandey, A., & Mann, M. (2002). Stable isotope labeling by amino acids in cell culture, SILAC, as a simple and accurate approach to expression proteomics. *Molecular & Cellular Proteomics*, 1(5), 376–386.

Ong, S. E. & Mann, M. (2005). Mass spectrometry-based proteomics turns quantitative. *Nature Chemical Biology*, 1(5), 252–262.

Orton, R. J., Sturm, O. E., Vyshemirsky, V., Calder, M., Gilbert, D. R., & Kolch, W. (2005). Computational modelling of the receptor-tyrosine-kinase-activated MAPK pathway. *Biochemical Journal*, 392, 249–261.

Pages, G., Guerin, S., Grall, D., Bonino, F. D., Smith, A., Anjuere, F., Auberger, P., & Pouyssegur, J. (1999). Defective thymocyte maturation in p44 MAP kinase (Erk 1) knockout mice. *Science*, 286(5443), 1374–1377.

Palsson, B. (2002). In silico biology through "omics". *Nature Biotechnology*, 20(7), 649–650.

Patwardhan, P. & Miller, W. T. (2007). Processive phosphorylation: Mechanism and biological importance. *Cellular Signalling*, 19, 2218–2226.

Pearson, G., Robinson, F., Gibson, T. B., Xu, B. E., Karandikar, M., Berman, K., & Cobb, M. H. (2001). Mitogen-activated protein (MAP) kinase pathways: Regulation and physiological functions. *Endocrine Reviews*, 22(2), 153–183.

Platanias, L. C. (2003). Map kinase signaling pathways and hematologic malignancies. *Blood*, 101(12), 4667–4679.

Posewitz, M. C. & Tempst, P. (1999). Immobilized gallium(III) affinity chromatography of phosphopeptides. *Analytical Chemistry*, 71(14), 2883–2892.

Pouyssegur, J., Volmat, V., & Lenormand, P. (2002). Fidelity and spatio-temporal control in MAP kinase (ERKs) signalling. *Biochemical Pharmacology*, 64(5-6), 755–763.

Previs, M. J., VanBuren, P., Begin, K. J., Vigoreaux, J. O., LeWinter, M. M., & Matthews, D. E. (2008). Quantification of protein phosphorylation by liquid chromatography-mass spectrometry. *Analytical Chemistry*, 80(15), 5864–5872.

Quintaje, S. B. & Orchard, S. (2008). The annotation of both human and mouse kinomes in UniProtKB/Swiss-Prot - one small step in manual annotation, one giant leap for full comprehension of genomes. *Molecular & Cellular Proteomics*, 7(8), 1409–1419.

Raggiaschi, R., Gotta, S., & Terstappen, G. C. (2005). Phosphoproteome analysis. *Bioscience Reports*, 25(1-2), 33–44.

Raia, V., Schilling, M., Böhm, M., Hahn, B., Kowarsch, A., Raue, A., Sticht, C., Bohl, S., Saile, M., Möller, P., Gretz, N., Timmer, J., Theis, F., Lehmann, W. D., Lichter, P., & Klingmuller, U. (2010). Dynamic mathematical modeling of IL13-induced signaling in Hodgkin and primary mediastinal B-cell lymphoma allows prediction of therapeutic targets. *Cancer Research, in press*.

Ramos, J. W. (2008). The regulation of extracellular signal-regulated kinase (ERK) in mammalian cells. *International Journal of Biochemistry & Cell Biology*, 40(12), 2707–2719.

Reinders, J. & Sickmann, A. (2005). State-of-the-art in phosphoproteomics. *Proteomics*, 5(16), 4052–4061.

Richardson, C. J., Broenstrup, M., Fingar, D. C., Julich, K., Ballif, B. A., Gygi, S., & Blenis, J. (2004). SKAR is a specific target of S6 kinase 1 in cell growth control. *Current Biology*, 14(17), 1540–1549.

Rikova, K., Guo, A., Zeng, Q., Possemato, A., Yu, J., Haack, H., Nardone, J., Lee, K., Reeves, C., Li, Y., Hu, Y., Tan, Z. P., Stokes, M., Sullivan, L., Mitchell, J., Wetzel, R., MacNeill, J., Ren, J. M., Yuan, J., Bakalarski, C. E., Villen, J., Kornhauser, J. M., Smith, B., Li, D., Zhou, X., Gygi, S. P., Gu, T. L., Polakiewicz, R. D., Rush, J., & Comb, M. J. (2007). Global survey of phosphotyrosine signaling identifies oncogenic kinases in lung cancer. *Cell*, 131(6), 1190–1203.

Rina, M., Pozidis, C., Mavromatis, K., Tzanodaskalaki, M., Kokkinidis, M., & Bouriotis, V. (2000). Alkaline phosphatase from the Antarctic strain TAB5 - properties and psychrophilic adaptations. *European Journal of Biochemistry*, 267(4), 1230–1238.

Roberts, P. J. & Der, C. J. (2007). Targeting the Raf-MEK-ERK mitogen-activated protein kinase cascade for the treatment of cancer. *Oncogene*, 26(22), 3291–3310.

Robinson, D. R., Wu, Y. M., & Lin, S. F. (2000). The protein tyrosine kinase family of the human genome. *Oncogene*, 19(49), 5548–5557.

Rolling, C., Treton, D., Pellegrini, S., Galanaud, P., & Richard, Y. (1996). IL4 and IL13 receptors share the gamma c chain and activate STAT6, STAT3 and STAT5 proteins in normal human B cells. *Febs Letters*, 393(1), 53–56.

Rosario, M. & Birchmeier, W. (2003). How to make tubes: signaling by the Met receptor tyrosine kinase. *Trends in Cell Biology*, 13(6), 328–335.

Ross, P. L., Huang, Y. L. N., Marchese, J. N., Williamson, B., Parker, K., Hattan, S., Khainovski, N., Pillai, S., Dey, S., Daniels, S., Purkayastha, S., Juhasz, P., Martin, S., Bartlet-Jones, M., He, F., Jacobson, A., & Pappin, D. J. (2004). Multiplexed protein quantitation in Saccharomyces cerevisiae using amine-reactive isobaric tagging reagents. *Molecular & Cellular Proteomics*, 3(12), 1154–1169.

Roux, P. P. & Blenis, J. (2004). ERK and p38 MAPK-activated protein kinases: a family of protein kinases with diverse biological functions. *Microbiology and Molecular Biology Reviews*, 68(2), 320–+.

Saba-El-Leil, M. K., Vella, F. D. J., Vernay, B., Voisin, L., Chen, L., Labrecque, N., Ang, S. L., & Meloche, S. (2003). An essential function of the mitogen-activated protein kinase Erk2 in mouse trophoblast development. *Embo Reports*, 4(10), 964–968.

Salazar, C. & Hofer, T. (2007). Versatile regulation of multisite protein phosphorylation by the order of phosphate processing and protein-protein interactions. *Febs Journal*, 274, 1046–1061.

Salazar, C. & Hofer, T. (2009). Multisite protein phosphorylation - from molecular mechanisms to kinetic models. *Febs Journal*, 276(12), 3177–3198.

Santos, S. D. M., Verveer, P. J., & Bastiaens, P. I. H. (2007). Growth factor-induced MAPK network topology shapes Erk response determining PC-12 cell fate. *Nature Cell Biology*, 9(3), 324–U139.

Sarbassov, D. D., Guertin, D. A., Ali, S. M., & Sabatini, D. M. (2005). Phosphorylation and regulation of Akt/PKB by the rictor-mTOR complex. *Science*, 307(5712), 1098–1101.

Scheeren, F. A., Diehl, S. A., Smit, L. A., Beaumont, T., Naspetti, M., Bende, R. J., Blom, B., Karube, K., Ohshima, K., van Noesel, C. J. M., & Spits, H. (2008). IL-21 is expressed in Hodgkin lymphoma and activates STAT5: evidence that activated STAT5 is required for Hodgkin lymphomagenesis. *Blood*, 111(9), 4706–4715.

Schilling, M., Maiwald, T., Bohl, S., Kollmann, M., Kreutz, C., Timmer, J., & Klingmuller, U. (2005). Quantitative data generation for systems biology: the impact of randomisation, calibrators and normalisers. *Iee Proceedings Systems Biology*, 152(4), 193–200.

Schilling, M., Maiwald, T., Hengl, S., Winter, D., Kreutz, C., Kolch, W., Lehmann, W. D., Timmer, J., & Klingmuller, U. (2009). Theoretical and experimental analysis links isoform-specific ERK signalling to cell fate decisions. *Molecular Systems Biology*, 5.

Schindler, C. & Darnell, J. E. (1995). Transcriptional responses to polypeptide ligands - the JAK-STAT pathway. *Annual Review of Biochemistry*, 64, 621–651.

Schnolzer, M., Jedrzejewski, P., & Lehmann, W. D. (1996). Protease-catalyzed incorporation of O-18 into peptide fragments and its application for protein sequencing by electrospray and matrix-assisted laser desorption/ionization mass spectrometry. *Electrophoresis*, 17(5), 945–953.

Schreiber, T. B., Mausbacher, N., Breitkopf, S. B., Grundner-Culemann, K., & Daub, H. (2008). Quantitative phosphoproteomics - an emerging key technology in signal-transduction research. *Proteomics*, 8(21), 4416–4432.

Sefton, B. M. (1991). Measurement of stoichiometry of protein-phosphorylation by biosynthetic labeling. *Methods in Enzymology*, 201, 245–251.

Seidler, J., Adal, M., Kubler, D., Bossemeyer, D., & Lehmann, W. D. (2009). Analysis of autophosphorylation sites in the recombinant catalytic subunit alpha of cAMP-dependent kinase by nano-UPLC-ESI-MS/MS. *Analytical and Bioanalytical Chemistry*, 395(6), 1713–1720.

Seidler, J., Zinn, N., Haaf, E., Boehm, M. E., Winter, D., Schlosser, A., & Lehmann, W. D. (2010). Metal ion-mobilizing additives for comprehensive detection of femtomole amounts of phosphopeptides by reversed phase LC-MS. *Amino Acids*, 16.

Shankaran, H., Ippolito, D. L., Chrisler, W. B., Resat, H., Bollinger, N., Opresko, L. K., & Wiley, H. S. (2009). Rapid and sustained nuclear-cytoplasmic ERK oscillations induced by epidermal growth factor. *Molecular Systems Biology*, 5, 13.

She, Q. B., Solit, D. B., Ye, Q., O'Reilly, K. E., Lobo, J., & Rosen, N. (2005). The BAD protein integrates survival signaling by EGFR/MAPK and PI3K/Akt kinase pathways in PTEN-deficient tumor cells. *Cancer Cell*, 8(4), 287–297.

Shuai, K., Stark, G. R., Kerr, I. M., & Darnell, J. E. (1993). A single phosphotyrosine residue of STAT91 required for gene activation by interferon-gamma. *Science*, 261(5129), 1744–1746.

Sickmann, A. & Meyer, H. E. (2001). Phosphoamino acid analysis. *Proteomics*, 1(2), 200–206.

Skinnider, B. F. & Mak, T. W. (2002). The role of cytokines in classical Hodgkin lymphoma. *Blood*, 99(12), 4283–4297.

Smith, J. R., Olivier, M., & Greene, A. S. (2007). Relative quantification of peptide phosphorylation in a complex mixture using O-18 labeling. *Physiological Genomics*, 31(2), 357–363.

Stahl, N., Boulton, T. G., Farruggella, T., Ip, N. Y., Davis, S., Witthuhn, B. A., Quelle, F. W., Silvennoinen, O., Barbieri, G., Pellegrini, S., Ihle, J. N., & Yancopoulos, G. D. (1994). Association and activation of JAK-TYK kinases by CNTF-LIF-OSM-IL-6 beta-receptor components. *Science*, 263(5143), 92–95.

Stahl, N., Farruggella, T. J., Boulton, T. G., Zhong, Z., Darnell, J. E., & Yancopoulos, G. D. (1995). Choice of STATs and other substrates specified by modular tyrosine-based motifs in cytokine receptors. *Science*, 267(5202), 1349–1353.

Stambolic, V., Mak, T., & Woodgett, J. (1999). Modulation of cellular apoptotic potential: contributions to oncogenesis. *Oncogene*, 18(45), 6094–6103.

Stambolic, V. & Woodgett, J. (2006). Functional distinctions of protein kinase B/Akt isoforms defined by their influence on cell migration. *Trends in Cell Biology*, 16(9), 461–466.

Stark, J., Callard, R., & Hubank, M. (2003). From the top down: towards a predictive biology of signalling networks. *Trends in Biotechnology*, 21(7), 290–293.

Steen, H., Jebanathirajah, J. A., Rush, J., Morrice, N., & Kirschner, M. W. (2006). Phosphorylation analysis by mass spectrometry - myths, facts, and the consequences for qualitative and quantitative measurements. *Molecular & Cellular Proteomics*, 5(1), 172–181.

Steen, H., Jebanathirajah, J. A., Springer, M., & Kirschner, M. W. (2005). Stable isotope-free relative and absolute quantitation of protein phosphorylation stoichiometry by MS. *Proceedings of the National Academy of Sciences of the United States of America*, 102(11), 3948–3953.

Stewart, A. E., Dowd, S., Keyse, S. M., & McDonald, N. Q. (1999). Crystal structure of the MAPK phosphatase Pyst1 catalytic domain and implications for regulated activation. *Nature Structural Biology*, 6(2), 174–181.

Stewart, I., Thomson, T., & Figeys, D. (2001). O-18 labeling: a tool for proteomics. *Rapid Communications in Mass Spectrometry*, 15(24), 2456–2465.

Stork, P. J. (2002). ERK signaling: duration, duration, duration. *Cell Cycle*, 1(5), 315–317.

Sun, G. Q., Sharma, A. K., & Budde, R. J. A. (1998). Autophosphorylation of Src and Yes blocks their inactivation by Csk phosphorylation. *Oncogene*, 17(12), 1587–1595.

Swameye, I., Muller, T. G., Timmer, J., Sandra, O., & Klingmuller, U. (2003). Identification of nucleocytoplasmic cycling as a remote sensor in cellular signaling by databased modeling. *Proceedings of the National Academy of Sciences of the United States of America*, 100(3), 1028–1033.

Taub, R. (2004). Liver regeneration: From myth to mechanism. *Nature Reviews Molecular Cell Biology*, 5(10), 836–847.

Tetaz, T., Morrison, J., Andreou, J., & Fidge, N. (1990). Relaxed specificity of endoproteinase-Asp-N - this enzyme cleaves at peptide-bonds N-terminal to glutamate as well as aspartate and cysteic acid residues. *Biochemistry International*, 22(3), 561–566.

Trinidad, J. C., Specht, C. G., Thalhammer, A., Schoepfer, R., & Burlingame, A. L. (2006). Comprehensive identification of phosphorylation sites in postsynaptic density preparations. *Molecular & Cellular Proteomics*, 5(5), 914–922.

Ubersax, J. A. & Ferrell, J. E. (2007). Mechanisms of specificity in protein phosphorylation. *Nature Reviews Molecular Cell Biology*, 8(7), 530–541.

van Bentem, S. D., Mentzen, W. I., de la Fuente, A., & Hirt, H. (2008). Towards functional phosphoproteomics by mapping differential phosphorylation events in signaling networks. *Proteomics*, 8(21), 4453–4465.

van Riel, N. A. W. (2006). Dynamic modelling and analysis of biochemical networks: mechanism-based models and model-based experiments. *Briefings in Bioinformatics*, 7(4), 364–374.

VanScyoc, W. S., Holdgate, G. A., Sullivan, J. E., & Ward, W. H. J. (2008). Enzyme kinetics and binding studies on inhibitors of MEK protein kinase. *Biochemistry*, 47(17), 5017–5027.

Villen, J. & Gygi, S. P. (2008). The SCX/IMAC enrichment approach for global phosphorylation analysis by mass spectrometry. *Nature Protocols*, 3(10), 1630–1638.

Volmat, V., Camps, M., Arkinstall, S., Pouyssegur, J., & Lenormand, P. (2001). The nucleus, a site for signal termination by sequestration and inactivation of p42/p44 MAP kinases. *Journal of Cell Science*, 114(19), 3433–3443.

Wang, C. C., Cirit, M., & Haugh, J. M. (2009). PI3K-dependent cross-talk interactions converge with Ras as quantifiable inputs integrated by Erk. *Molecular Systems Biology*, 5.

Weniger, M. A., Melzner, I., Menz, C. K., Wegener, S., Bucur, A. J., Dorsch, K., Mattfeldt, T., Barth, T. F. E., & Moller, P. (2006). Mutations of the tumor suppressor gene SOCS-1 in classical Hodgkin lymphoma are frequent and associated with nuclear phospho-STAT5 accumulation. *Oncogene*, 25(18), 2679–2684.

Whiteman, E. L., Cho, H., & Birnbaum, M. J. (2002). Role of Akt/protein kinase B in metabolism. *Trends in Endocrinology and Metabolism*, 13(10), 444–451.

Widmann, C., Gibson, S., Jarpe, M. B., & Johnson, G. L. (1999). Mitogen-activated protein kinase: Conservation of a three-kinase module from yeast to human. *Physiological Reviews*, 79(1), 143–180.

Winter, D., Kugelstadt, D., Seidler, J., Kappes, B., & Lehmann, W. D. (2009a). Protein phosphorylation influences proteolytic cleavage and kinase substrate properties exemplified by analysis of in vitro phosphorylated plasmodium falciparum glideosome-associated protein 45 by nano-ultra performance liquid chromatography-tandem mass spectrometry. *Analytical Biochemistry*, 393(1), 41–47.

Winter, D., Pipkorn, R., & Lehmann, W. D. (2009b). Separation of peptide isomers and conformers by ultra performance liquid chromatography. *Journal of Separation Science*, 32(8), 1111–1119.

Winter, D., Seidler, J., Ziv, Y., Shiloh, Y., & Lehmann, W. D. (2009c). Citrate boosts the performance of phosphopeptide analysis by UPLC-ESI-MS/MS. *Journal of Proteome Research*, 8(1), 418–424.

Wolf, J., Kapp, U., Bohlen, H., Kornacker, M., Schoch, C., Stahl, B., Mucke, S., vonKalle, C., Fonatsch, C., Schaefer, H. E., Hansmann, M. L., & Diehl, V. (1996). Peripheral blood mononuclear cells of a patient with advanced Hodgkin's lymphoma give rise to permanently growing Hodgkin Reed Sternberg cells. *Blood*, 87(8), 3418–3428.

Wu, W. W., Wang, G. H., Baek, S. J., & Shen, R. F. (2006). Comparative study of three proteomic quantitative methods, DIGE, cICAT, and iTRAQ, using 2D gel- or LC-MALDI TOF/TOF. *Journal of Proteome Research*, 5(3), 651–658.

Yan, J. X., Packer, N. H., Gooley, A. A., & Williams, K. L. (1998). Protein phosphorylation: technologies for the identification of phosphoamino acids. *Journal of Chromatography A*, 808(1-2), 23–41.

Yao, Z., Dolginov, Y., Hanoch, T., Yung, Y. V., Ridner, G., Lando, Z., Zharhary, D., & Seger, R. (2000). Detection of partially phosphorylated forms of ERK by monoclonal antibodies reveals spatial regulation of ERK activity by phosphatases. *Febs Letters*, 468(1), 37–42.

Yeung, K., Seitz, T., Li, S. F., Janosch, P., McFerran, B., Kaiser, C., Fee, F., Katsanakis, K. D., Rose, D. W., Mischak, H., Sedivy, J. M., & Kolch, W. (1999). Suppression of Raf-1 kinase activity and MAP kinase signalling by RKIP. *Nature*, 401(6749), 173–177.

Yoon, S. & Seger, R. (2006). The extracellular signal-regulated kinase: Multiple substrates regulate diverse cellular functions. *Growth Factors*, 24(1), 21–44.

Yoshizaki, K., Nishimoto, N., Matsumoto, K., Tagoh, H., Taga, T., Deguchi, Y., Kuritani, T., Hirano, T., Hashimoto, K., N., O., & al., e. (1990). Interleukin 6 and expression of its receptor on epidermal keratinocytes. *Cytokine*, 2(5), 381–387.

Zhang, R. J., Sioma, C. S., Thompson, R. A., Xiong, L., & Regnier, F. E. (2002a). Controlling deuterium isotope effects in comparative proteomics. *Analytical Chemistry*, 74(15), 3662–3669.

Zhang, X. L., Jin, Q. K., Carr, S. A., & Annan, R. S. (2002b). N-terminal peptide labeling strategy for incorporation of isotopic tags: a method for the determination of site-specific absolute phosphorylation stoichiometry. *Rapid Communications in Mass Spectrometry*, 16(24), 2325–2332.

Zhao, Y. & Zhang, Z. Y. (2001). The mechanism of dephosphorylation of extracellular signal-regulated kinase 2 by mitogen-activated protein kinase phosphatase 3. *Journal of Biological Chemistry*, 276(34), 32382–32391.

Zinn, N., Hahn, B., Pipkorn, R., Schwarzer, D., & Lehmann, W. D. (2009). Phosphorus-based absolutely quantified standard peptides for quantitative proteomics. *Journal of Proteome Research*, 8(10), 4870–4875.

Zinn, N., Winter, D., & Lehmann, W. D. (2010). Recombinant isotope labeled and selenium quantified proteins for absolute protein quantification. *Analytical Chemistry*, 82(6), 2334–2340.

Teilpublikationen

Hahn, B., Böhm, M.E., Raia, V., Zinn, N., Möller, P., Klingmüller, U., & Lehmann, W.D. (2011). One-source peptide/phosphopeptide standards for accurate phosphorylation degree determination. *Proteomics*, in press.

Raia, V., Schilling, M., Böhm, M., Hahn, B., Kowarsch, A., Raue, A., Sticht, C., Bohl, S., Saile, M., Möller, P., Gretz, N., Timmer, J., Theis, F., Lehmann, W.D., Lichter, P., & Klingmüller, U. (2010). Dynamic mathematical modeling of IL13-induced signaling in Hodgkin and primary mediastinal B-cell lymphoma allows prediction of therapeutic targets. *Cancer Research*, in press.

Kienast, A., Kaschek, D., Becker, V., D'Alessandro, L.A., Hahn, B., Lehmann, W.D., Timmer, T., & Klingmüller, U. In-spot normalisation and binding model-based calibration for high precision multiplexed forward-phase protein arrays. *Proteomics*, submitted.

Zinn, N., Hahn, B., Pipkorn, R., Schwarzer, D., & Lehmann, W.D. (2009). Phosphorus-based absolutely quantified standard peptides for quantitative proteomics. *Journal of Proteome Research*, 8(10), 4870-4875.

Danksagung

An erster Stelle bedanke ich mich ganz herzlich bei meinen Betreuern Prof. Dr. Wolf-Dieter Lehmann, PD Dr. Ursula Klingmüller und Prof. Dr. Walter Nickel. Wolf-Dieter schlug mir das interessante und hoch aktuelle Thema dieser Arbeit vor und stellte zudem die Finanzierung meiner Doktorandenstelle im Forschungsnetzwerk SYSTEMBIOLOGIE DER SIGNALWEGE IN KREBSZELLEN (SBCANCER) als Teil der Helmholtz Allianz Systembiologie sicher. Zudem konnte ich durch seine Unterstützung drei äußerst interessante und erfahrungsreiche Monate in England verbringen.

Mein weiterer Dank gilt den jetzigen und ehemaligen Mitgliedern der Arbeitsgruppe Molekulare Strukturanalyse: Martin Böhm, Dr. Anna Konopka, Jutta Panke, Muhd Fauzi Safian, Dr. Jörg Seidler, Sebastian Tittebrandt, Christina Wild, Dr. Dominic Winter und Dr. Nico Zinn. Ganz besonders bedanke ich mich für die vielen aufschlussreichen Diskussionen während und nach der Mittagspause. Mit dieser Gruppe wurde es nie langweilig!

Ein herzlicher Dank geht an meine Kooperationspartner für die Durchführung der Zellkulturexperimente: Dr. Lorenza D'Alessandro, Dr. Valentina Raia und Dr. Alexandra Kienast aus der Gruppe von PD Dr. Ursula Klingmüller und Dr. Sofia Depner aus der Gruppe von PD Dr. Margareta Müller. Lorenza und Valentina erwiesen sich zudem als unermüdliche Hilfe bei der Durchsicht und Korrektur unseres Beitrags in der Fachzeitschrift *Proteomics*. Weiterhin bedanke ich mich sehr bei Dr. Marcel Schilling und Nao Iwamoto für die mathematische Modellierung der quantitativen Massenspektrometrie-Daten.

Bei Dr. Uwe Warnken und Kerstin Kammerer bedanke ich mich für die exzellente Wartung des Orbitrap-Massenspektrometers und die unschätzbare Hilfe bei technischen Fragen.

Herrn Dr. Pipkorn sei an dieser Stelle für die hervorragenden Synthesen der isotopenmarkierten Phosphopeptide gedankt.

Dem Deutschen Akademischen Austauschdienst (DAAD) gilt mein Dank für die Vergabe eines Doktorandenstipendiums für meinen Aufenthalt an der UNIVERSITY OF OXFORD im Labor von Prof. Dr. Oreste Acuto. Allen Mitarbeitern vor Ort danke ich für die herzliche Aufnahme und die gute Betreuung, insbesondere Dr. Mogjiborahman Salek, Dr. Benjamin Thomas, Dr. David Trudgian und Gabriela Ridlova.

Ich danke meinen Eltern Marita und Pirmin und meinen Geschwistern Stefan und Michael für ihre tatkräftige Hilfe bei meinem Umzug nach Heidelberg sowie die vielfältige Unterstützung während der letzten drei Jahre.

Ganz besonders möchte ich mich bei meinem Lebenspartner Thorbjörn bedanken. Ohne seinen emotionalen Rückhalt und seine unermüdliche Geduld wäre die Arbeit in dieser Form nicht entstanden. Unseren beiden Katzen Püff und Kater P. danke ich für das beruhigende Schnurren an den Wochenenden.

A. Anhang

A.1. Abbildungen

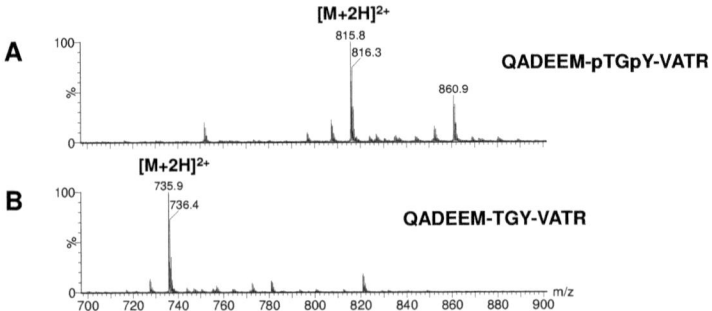

Abbildung A.1.: Dephosphorylierungsschritt bei der Herstellung eines Peptid/Phosphopeptid-Paars des Signalproteins p38β. Die annotierte Peptidsequenz entsteht bei p38β-Verdau mit Trypsin. Die Peptide wurden mit nanoESI-MS analysiert; A) vor der Dephosphorylierung; B) nach Dephosphorylierung mit antarktischer Phosphatase und irreversibler Phosphatase-Inaktivierung.

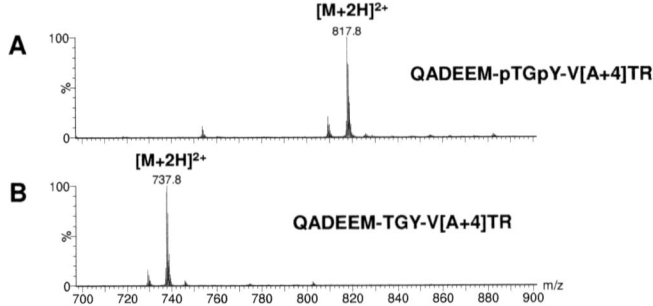

Abbildung A.2.: Dephosphorylierungsschritt bei der Herstellung eines *one-source*-Standardpaars für das Signalprotein p38β. Die annotierte Peptidsequenz entsteht bei p38β-Verdau mit Trypsin. Die Standardpeptide wurden mit nanoESI-MS analysiert; A) vor der Dephosphorylierung; B) nach Dephosphorylierung mit antarktischer Phosphatase und irreversibler Phosphatase-Inaktivierung ([A+4] = [$^{13}C_3$, ^{15}N]-Alanin).

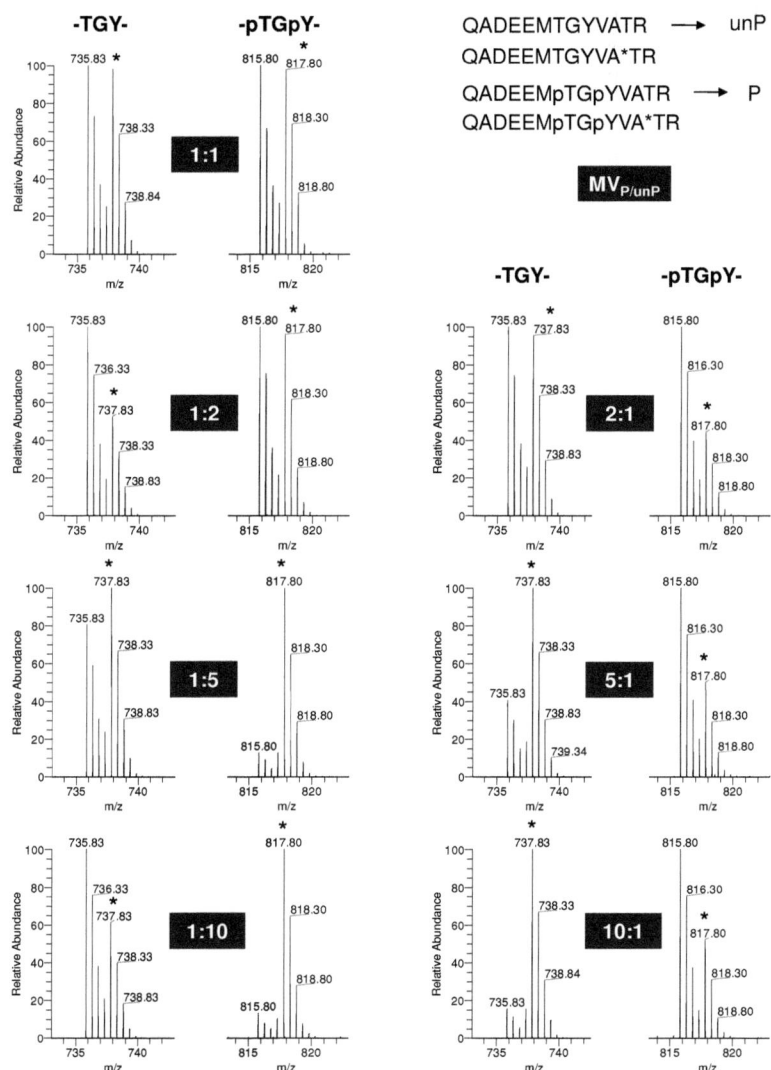

Abbildung A.3.: Repräsentative nanoUPLC-MS-Analysen verschiedener Referenzmischungen der synthetischen p38β-Peptide QADEEMpTGpYVATR und QADEEMTGYVATR in unmarkierter Form. Die Referenzmischungen wurden gemäß dem *one-source*-Prinzip erzeugt und die zugehörigen isotopenmarkierten Standards (*) jeweils im 1:1-Verhältnis zugegeben. Die volumetrisch eingestellten molaren Verhältnisse zwischen dem phosphoryliertem und unphosphoryliertem Referenzpeptid ($MV_{P/unP}$) sind angegeben. In dieser Abbildung repräsentieren die relativen Signalintensitäten der Standards meist nicht das molare Standardverhältnis (A* = [$^{13}C_3$, ^{15}N]-Alanin).

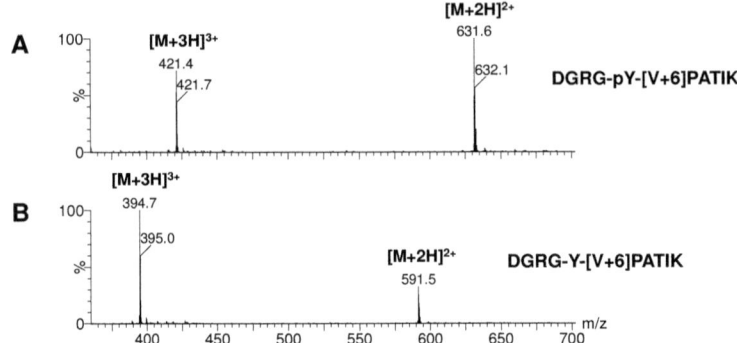

Abbildung A.4.: Dephosphorylierungsschritt bei der Herstellung eines *one-source*-Standardpaars für die Aktivierungsstelle Tyr641 des Signalproteins STAT6. Die annotierte Peptidsequenz entsteht bei kombiniertem STAT6-Verdau mit AspN und LysC. Die Standardpeptide wurden mit nanoESI-MS analysiert; A) vor der Dephosphorylierung; B) nach Dephosphorylierung mit antarktischer Phosphatase und irreversibler Phosphatase-Inaktivierung ([V+6] = [$^{13}C_5$, ^{15}N]-Valin).

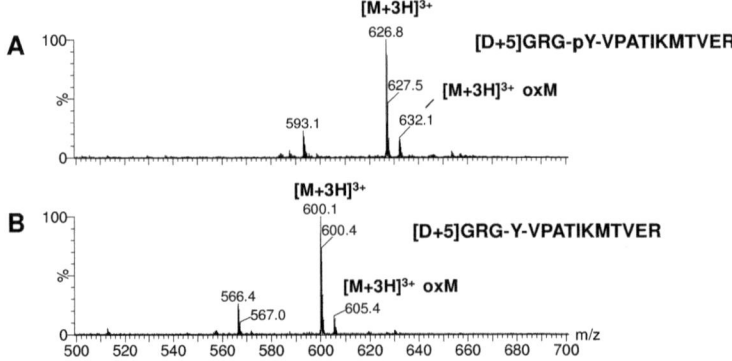

Abbildung A.5.: Dephosphorylierungsschritt bei der Herstellung eines *one-source*-Standardpaars für die Aktivierungsstelle Tyr641 des Signalproteins STAT6. Die annotierte Peptidsequenz entsteht bei STAT6-Verdau mit AspN. Die Standardpeptide wurden mit nanoESI-MS analysiert; A) vor der Dephosphorylierung; B) nach Dephosphorylierung mit antarktischer Phosphatase und irreversibler Phosphatase-Inaktivierung. Ein geringer Anteil des Peptids war an Methionin oxidiert (oxM) ([D+5] = [$^{13}C_4$, ^{15}N]-Asparaginsäure).

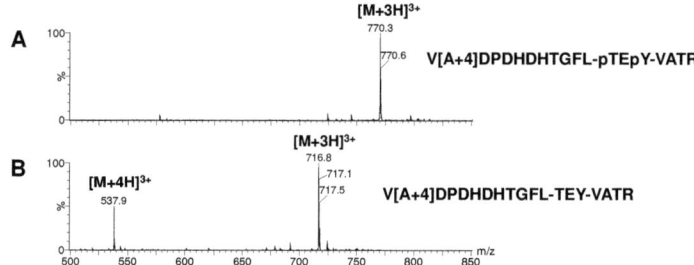

Abbildung A.6.: Dephosphorylierungsschritt bei der Herstellung eines *one-source*-Standardpaars für die an Thr185 und Tyr187 phosphorylierte Form des Signalproteins ERK2. Die annotierte Peptidsequenz entsteht bei ERK2-Verdau mit Trypsin. Die Standardpeptide wurden mit nanoESI-MS analysiert; A) vor der Dephosphorylierung; B) nach Dephosphorylierung mit antarktischer Phosphatase und irreversibler Phosphatase-Inaktivierung ([A+4] = [$^{13}C_3$, ^{15}N]-Alanin).

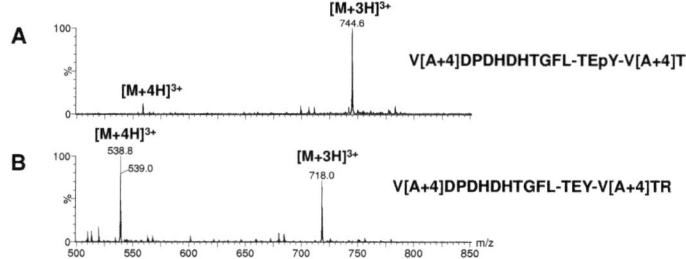

Abbildung A.7.: Dephosphorylierungsschritt bei der Herstellung eines *one-source*-Standardpaars für die an Tyr187 phosphorylierte Form des Signalproteins ERK2. Die annotierte Peptidsequenz entsteht bei ERK2-Verdau mit Trypsin. Die Standardpeptide wurden mit nanoESI-MS analysiert; A) vor der Dephosphorylierung; B) nach Dephosphorylierung mit antarktischer Phosphatase und irreversibler Phosphatase-Inaktivierung ([A+4] = [$^{13}C_3$, ^{15}N]-Alanin).

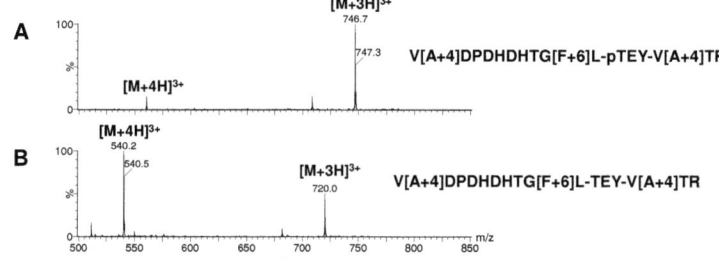

Abbildung A.8.: Dephosphorylierungsschritt bei der Herstellung eines *one-source*-Standardpaars für die an Thr185 phosphorylierte Form des Signalproteins ERK2. Die annotierte Peptidsequenz entsteht bei ERK2-Verdau mit Trypsin. Die Standardpeptide wurden mit nanoESI-MS analysiert; A) vor der Dephosphorylierung; B) nach Dephosphorylierung mit antarktischer Phosphatase und irreversibler Phosphatase-Inaktivierung ([A+4] = [$^{13}C_3$, ^{15}N]-Alanin; [F+6] = [$^{13}C_6$]-Phenylalanin).

A. Anhang

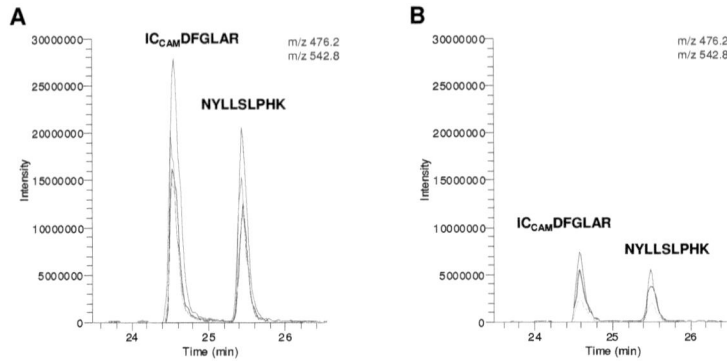

Abbildung A.9.: Extrahierte Ionenchromatogramme zweier GST-ppERK2-Peptide ohne Phosphorylierungsstellen; A) nach in-Gel-Verdau; B) nach Immunpräzipitation von GST-ppERK2 aus einem primären Maushepatozyten-Lysat und in-Gel-Verdau. Es wurden jeweils vier technische Replikate analysiert.

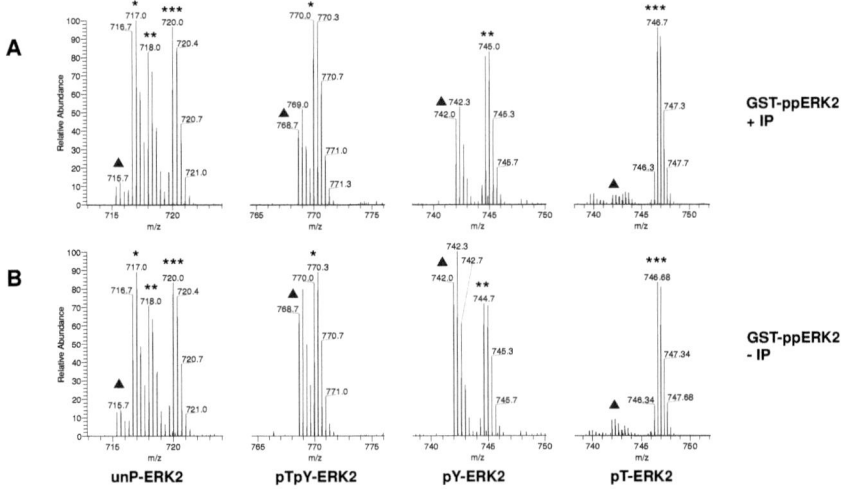

Abbildung A.10.: Repräsentative nanoUPLC-MS-Analyse von GST-ppERK2 zum Test der Phosphatase-Aktivität in Zelllysaten; A) nach Immunpräzipitation aus einem primären Maushepatozyten-Lysat; B) Kontrolle. Gezeigt sind die Isotopenmuster der GST-ppERK2-Peptide VADPDHDHTGFLTEYVATR (unP-ERK2), VADPDHDHTGFLpTEpYVATR (pTpY-ERK2), VADPDHDHTGFLTEpYVATR (pY-ERK2) und VADPDHDHTGFLpTEYVATR (pT-ERK2) und der zugehörigen *one-source*-Standards. Die Signalintensitäten der Peptid/Phosphopeptid-Standardpaare wurden entsprechend ihrem molaren 1:1-Verhältnis auf gleiche Höhe normiert. Die unterschiedlich phosphorylierten Formen der ERK2-Peptidstandards wurden wie folgt markiert: pTpY (= A*); pY (=A*+A*); pT (=A*+A*+F*). Endogene Peptidspezies sind durch blaue Dreiecke markiert.

A.1. Abbildungen

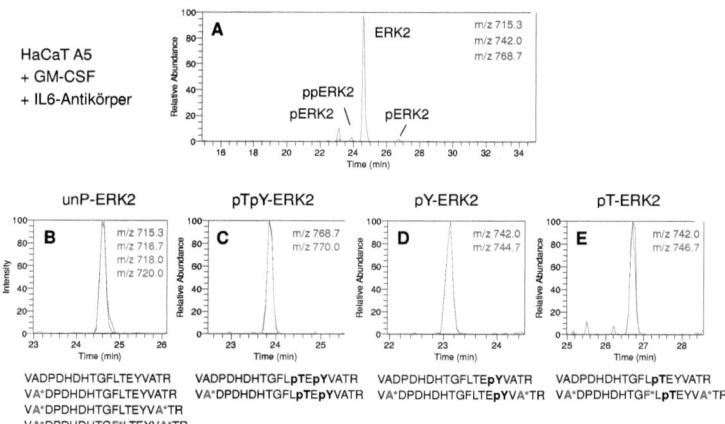

Abbildung A.11.: Verifizierung der ERK2-Phosphorylierungsstellen Thr185 und Tyr187 in HaCaT A5-Zellen nach 10minütiger Stimulation mit GM-CSF bei gleichzeitiger Blockade von IL6; A) extrahierte Ionenchromatogramme der unphosphorylierten (ERK2), einfach (pERK2) und zweifach phosphorylierten (ppERK2) endogenen Peptidspezies; extrahierte Ionenchromatogramme der endogenen Peptidspezies sowie der zugehörigen isotopenmarkierten Standards in B) unphosphorylierter, C) pTpY-, D) pY- und E) pT-phosphorylierter Form. Die Chromatogramme zeigen jeweils eine perfekte Koelution (A* = $[^{13}C_3, ^{15}N]$-Alanin; F* = $[^{13}C_6]$-Phenylalanin).

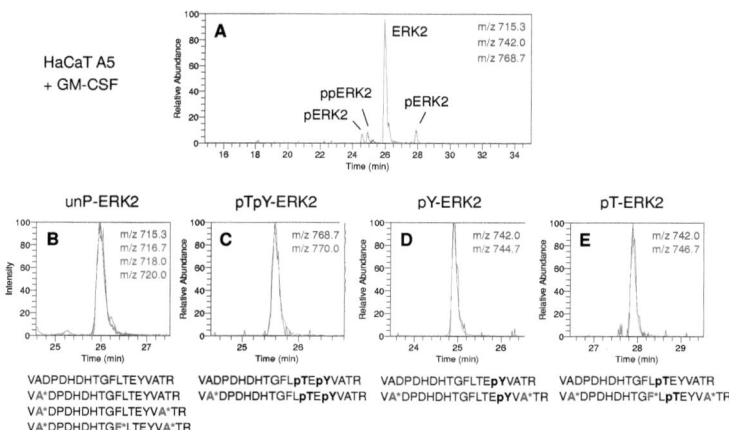

Abbildung A.12.: Verifizierung der ERK2-Phosphorylierungsstellen Thr185 und Tyr187 in HaCaT A5-Zellen nach 10minütiger Stimulation mit GM-CSF ohne IL6-Blockade; A) extrahierte Ionenchromatogramme der unphosphorylierten (ERK2), einfach (pERK2) und zweifach phosphorylierten (ppERK2) endogenen Peptidspezies; extrahierte Ionenchromatogramme der endogenen Peptidspezies sowie der zugehörigen isotopenmarkierten Standards in B) unphosphorylierter, C) pTpY-, D) pY- und E) pT-phosphorylierter Form. Die Chromatogramme zeigen jeweils eine perfekte Koelution (A* = $[^{13}C_3, ^{15}N]$-Alanin; F* = $[^{13}C_6]$-Phenylalanin).

A. Anhang

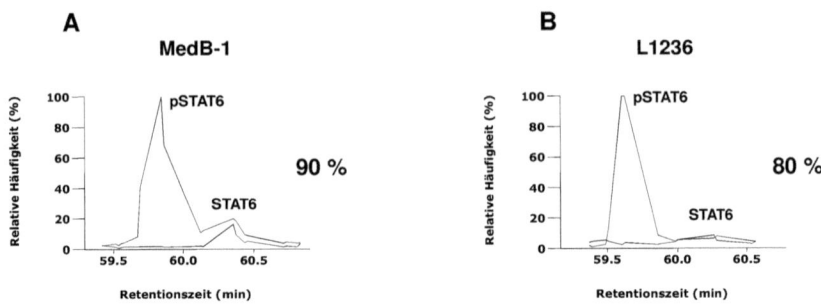

Abbildung A.13.: Phosphorylierungsgradanalyse von STAT6 unter normalen Zellkulturkonditionen; A) in MedB-1-Zellen; B) in L1236-Zellen. Dargestellt sind die extrahierten Ionenchromatogramme der STAT6-Peptide DGRGpYVPATIKMTVER (m/z 625.0; z=3) (pSTAT6) und DGRGYVPATIKMTVER (m/z 598.3; z=3) (STAT6). Die angegebenen Phosphorylierungsgrade wurden auf Basis der Peakflächen ohne Standards bestimmt.

STAT6_Mensch:
```
  1 MSLWGLVSKM PPEKVQRLYV DFPQHLRHLL GDWLESQPWE FLVGSDAFCC
 51 NLASALLSDT VQHLQASVGE QGEGSTILQH ISTLESIYQR DPLKLVATFR
101 QILQGEKKAV MEQFRHLPMP FHWKQEELKF KTGLRRLQHR VGEIHLLREA
151 LQKGAEAGQV SLHSLIETPA NGTGPSEALA MLLQETTGEL EAAKALVLKR
201 IQIWKRQQQL AGNGAPFEES LAPLQERCES LVDIYSQLQQ EVGAAGGELE
251 PKTRASLTGR LDEVLRTLVT SCFLVEKQPP QVLKTQTKFQ AGVRFLLGLR
301 FLGAPAKPPL VRADMVTEKQ ARELSVPQGP GAGAESTGEI INNTVPLENS
351 IPGNCCSALF KNLLLKKIKR CERKGTESVT EEKCAVLFSA SFTLGPGKLP
401 IQLQALSLPL VVIVHGNQDN NAKATILWDN AFSEMDRVPF VVAERVPWEK      Tyr641
451 MCETLNLKFM AEVGTNRGLL PEHFLFLAQK IFNDNSLSME AFQHRSVSWS
501 QFNKEILLGR GFTFWQWFDG VLDLTKRCLR SYWSDRLIIG FISKQYVTSL
551 LLNEPDGTFL LRFSDSEIGG ITIAHVIRGQ DGSPQIENIQ PESAKDLSIR
601 SLGDRIRDLA QLKNLYPKKP KDEAFRSHYK PEQMGKDGRG YVPATIKMTV
651 ERDQPLPTPE LQMPTMVPSY DLGMAPDSSM SMQLGPDMVP QVYPPHSHSI
701 PPYQGLSPEE SVNVLSAFQE PHLQMPPSLG QMSLPFDQPH PQGLLPCQPQ
751 EHAVSSPDPL LCSDVTMVED SCLSQPVTAF PQGTWIGEDI FPPLLPPTEQ
801 DLTKLLLEGQ GESGGGSLGA QPLLQPSHYG QSGISMSHMD LRANPSW
```

Abbildung A.14.: Identifizierung von STAT6 aus der Lymphomzelllinie L1236. Nach AspN-Verdau und nanoUPLC-MS/MS-Analyse wurden die Fragmentionenspektren durch Mascot mit der Datenbank Swissprot verglichen. Als variable Modifikationen wurden Carbamidomethyl (C), Oxidation (M) und Phospho (STY) zugelassen. Die rot markierten Sequenzen wurden mit einem Score $\geq$ 10 identifiziert. Insgesamt betrug die Sequenzabdeckung 29 %. Bei der Analyse von STAT6 aus der Lymphomzelllinie MedB-1 wurde eine ähnliche Sequenzabdeckung erzielt. Das Peptid DGRGYVPATIKMTVER enthielt die Phosphorylierungsstelle Tyr641.

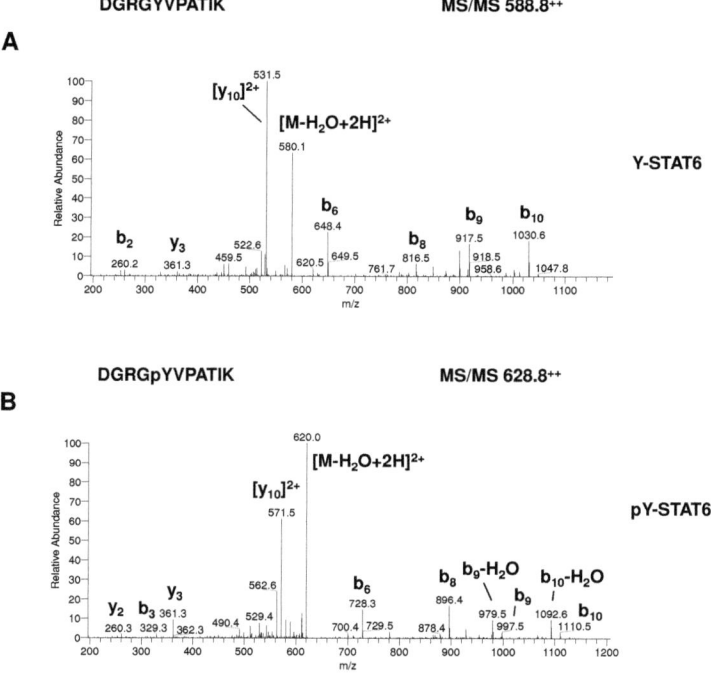

Abbildung A.15.: Verifizierung der Phosphorylierungsstelle Tyr641 in STAT6. Gezeigt sind die Fragmentionenspektren der Peptide DGRGYVPATIK (A) und DGRGpYVPATIK (B) nach AspN- und LysC-Verdau.

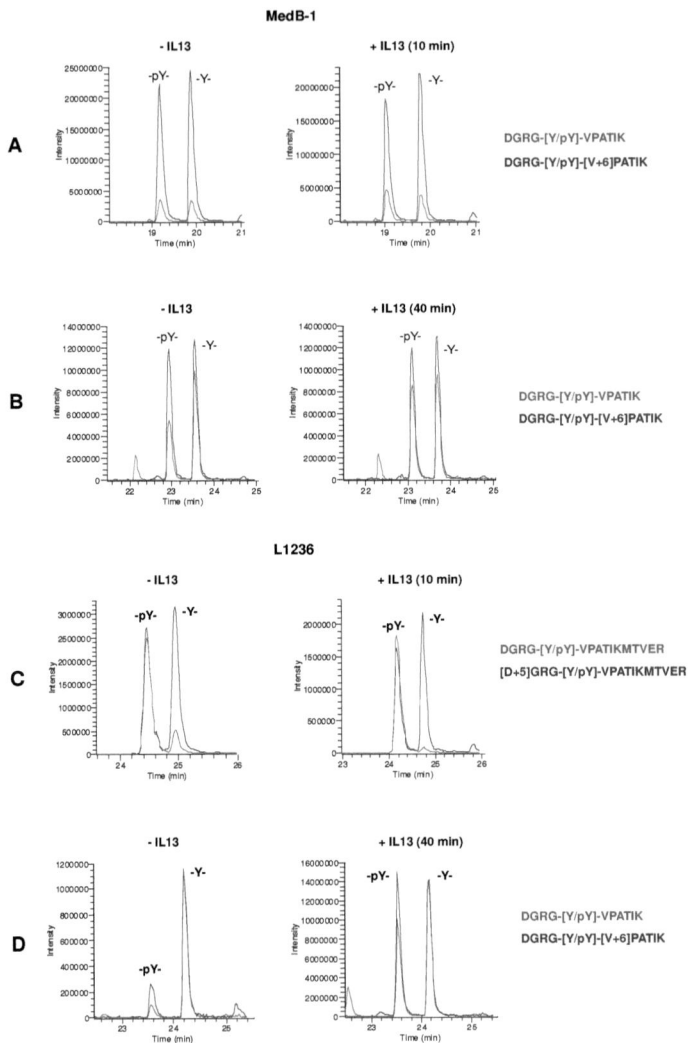

Abbildung A.16.: Phosphorylierungsgradanalyse von STAT6; A) in MedB-1-Zellen vor und nach 10minütiger Stimulation mit 20 ng/ml IL13; B) in MedB-1-Zellen vor und nach 40minütiger Stimulation mit 20 ng/ml IL13; C) in L1236-Zellen vor und nach 10minütiger Stimulation mit 40 ng/ml IL13; D) in L1236-Zellen vor und nach 40minütiger Stimulation mit 40 ng/ml IL13. Dargestellt sind die Ionenchromatogramme der STAT6-Peptidpaare DGRG-[Y/pY]-VPATIKMTVER (m/z 598.3 + 625.0; z=3), [D+5]GRG-[Y/pY]-VPATIKMTVER (m/z 600.0 + 626.6; z=3), DGRG-[Y/pY]-VPATIK (m/z 588.8 + 628.8; z=2) und [D+5]GRG-[Y/pY]-VPATIK (m/z 591.8 + 631.8; z=2). Alle *one-source*-Standardpaare wurden im 1:1-Verhältnis zugegeben.

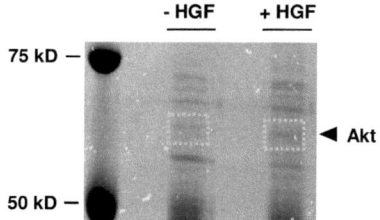

Abbildung A.17.: SDS/PAGE von Akt aus primären Maushepatozyten um unstimulierten Zustand oder nach 10minütiger Stimulation mit 40 ng/ml HGF.

Akt1_Maus:
```
  1 MNDVAIVKEG WLHKRGEYIK TWRPRYFLLK NDGTFIGYKE RPQDVDQRES
 51 PLNNFSVAQC QLMKTERPRP NTFIIRCLQW TTVIERTFHV ETPEEREEWA
101 TAIQTVADGL KRQEEETMDF RSGSPSDNSG AEEMEVSLAK PKHRVTMNEF
151 EYLKLLGKGT FGKVILVKEK ATGRYYAMKI LKKEVIVAKD EVAHTLTENR
201 VLQNSRHPFL TALKYSFQTH DRLCFVMEYA NGGELFFHLS RERVFSEDRA
251 RFYGAEIVSA LDYLHSEKNV VYRDLKLENL MLDKDGHIKI TDFGLCKEGI
301 KDGATMKTFC GTPEYLAPEV LEDNDYGRAV DWWGLGVVMY EMMCGRLPFY
351 NQDHEKLFEL ILMEEIAFPR TLGPEAKSLL SGLLKKDPTQ RLGGGSEDAK
401 EIMQHRFFAN IVWQDVYEKK LSPPFKPQVT SETDTRYFDE EFTAQMITIT
451 PPDQDDSMEC VDSERRPHFP QFSYSASGTA
                              ↑
                           Ser473
```

Abbildung A.18.: Identifizierung von Akt1 aus primären Maushepatozyten. Nach AspN-Verdau und nanoUPLC-MS/MS-Analyse wurden die Fragmentionenspektren durch Mascot mit der Datenbank Swissprot verglichen. Als variable Modifikationen wurden Carbamidomethyl (C), Oxidation (M) und Phospho (STY) zugelassen. Es wurden fünf Akt1-Peptide mit einem Score ≥ 16 identifiziert (rot markiert). Dies entspricht einer Sequenzabdeckung von 12 %. Das Peptid DSERRPHFPQFSYSASGTA enthielt die Phosphorylierungsstelle Ser473.

A. Anhang

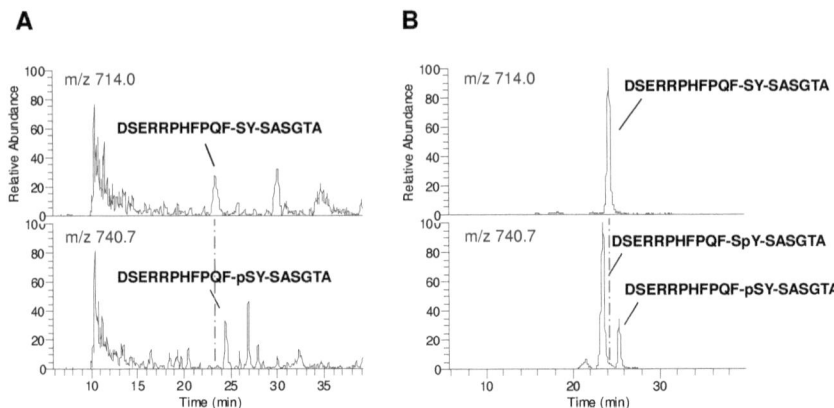

Abbildung A.19.: Verifizierung der Akt1-Phosphorylierung an Ser473 mit Hilfe von synthetischen Peptiden; A) nanoUPLC-MS/MS-Analyse eines AspN-Verdaus von Akt1, das aus primären Maushepatozyten isoliert wurde. Die Peptidpeaks DSERRPHFPQF-SYSASGTA und DSERRPHFPQFpSYSASGTA mit der Phosphorylierungsstelle Ser473 sind annotiert. B) Um auszuschließen, dass es sich bei dem Phosphopeptid um das Tyr474-phosphorylierte Isomer handelt, wurden die synthetischen Peptide DSERRPHFPQFSYSASGTA, DSERRPHFPQFpSYSASGTA und DSERR-PHFPQFSpYSASGTA mit nanoUPLC-MS analysiert. Die Peptide eluierten in der Reihenfolge -SpY-, -SY-, -pSY-. Da bei der Messung des Akt1-Verdaus das Phosphopeptid kurz nach dem unphosphorylierten Peptid eluierte, wurde die Phosphorylierung an Tyr474 ausgeschlossen.

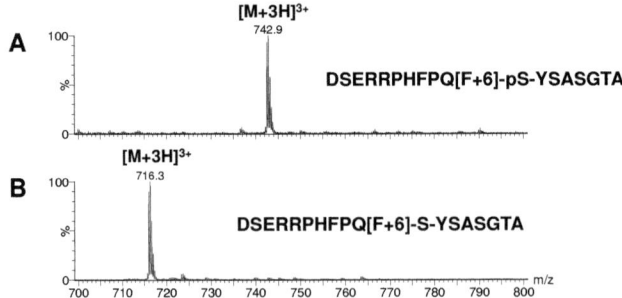

Abbildung A.20.: Dephosphorylierungsschritt bei der Herstellung eines *one-source*-Standardpaars für die Aktivierungsstelle Ser473 des Signalproteins Akt1. Die annotierte Peptidsequenz entsteht bei Akt1-Verdau mit AspN. Die Standardpeptide wurden mit nanoESI-MS analysiert; A) vor der Dephosphorylierung; B) nach Dephosphorylierung mit antarktischer Phosphatase und irreversibler Phosphatase-Inaktivierung ($[F+6] = [^{13}C_6]$-Phenylalanin).

ERK1_Maus:
```
  1 MAAAAAAPGG GGGEPRGTAG VVPVVPGEVE VVKGQPFDVG PRYTQLQYIG
 51 EGAYGMVSSA YDHVRKTRVA IKKISPFEHQ TYCQRTLREI QILLRFRHEN
101 VIGIRDILRA PTLEAMRDVY IVQDLMETDL YKLLKSQQLS NDHICYFLYQ
151 ILRGLKYIHS ANVLHRDLKP SNLLINTTCD LKICDFGLAR IADPEHDHTG
201 FLTEYVATRW YRAPEIMLNS KGYTKSIDIW SVGCILAEML SNRPIFPGKH
251 YLDQLNHILG ILGSPSQEDL NCIINMKARN YLQSLPSKTK VAWAKLFPKS
301 DSKALDLLDR MLTFNPNKRI TVEEALAHPY LEQYYDPTDE PVAEEPFTFD
351 MELDDLPKER LKELIFQETA RFQPGAPEGP
```

                                  Thr203 Tyr205   Thr183 Tyr185
                                       ↘   ↙   ↘   ↙

pTpY-ERK1 → IADPEHDHTGFL**pT**E**pY**VATR   pTpY-ERK2 → VADPDHDHTGFL**pT**E**pY**VATR

pY-ERK1 → IADPEHDHTGFLTE**pY**VATR   pY-ERK2 → VADPDHDHTGFLTE**pY**VATR

pT-ERK1 → IADPEHDHTGFL**pT**EYVATR   pT-ERK2 → VADPDHDHTGFL**pT**EYVATR

unP-ERK1 → IADPEHDHTGFLTEYVATR   unP-ERK2 → VADPDHDHTGFLTEYVATR

ERK2_Maus:
```
  1 MAAAAAAGPE MVRGQVFDVG PRYTNLSYIG EGAYGMVCSA YDNLNKVRVA
 51 IKKISPFEHQ TYCQRTLREI KILLRFRHEN IIGINDIIRA PTIEQMKDVY
101 IVQDLMETDL YKLLKTQHLS NDHICYFLYQ ILRGLKYIHS ANVLHRDLKP
151 SNLLLNTTCD LKICDFGLAR VADPDHDHTG FLTEYVATRW YRAPEIMLNS
201 KGYTKSIDIW SVGCILAEML SNRPIFPGKH YLDQLNHILG ILGSPSQEDL
251 NCIINLKARN YLLSLPHKNK VPWNRLFPNA DSKALDLLDK MLTFNPHKRI
301 EVEQALAHPY LEQYYDPSDE PIAEAPFKFD MELDDLPKEK LKELIFEETA
351 RFQPGYRS
```

Abbildung A.21.: Vergleich der Proteinsequenzen und Phosphorylierungsstellen von murinem ERK1 und ERK2. Die Proteine wurden aus primären Maushepatozyten isoliert, mit Trypsin verdaut und mittels nanoUPLC-MS/MS analysiert. Die Fragmentionenspektren wurden durch Mascot mit der Datenbank Swissprot verglichen. Als variable Modifikationen wurden Carbamidomethyl (C), Oxidation (M) und Phospho (STY) zugelassen. Alle rot markierten Sequenzen wurden mit einem Score $\geq$ 10 identifiziert. Die tryptischen ERK1/2-Peptide mit dem Aktivierungsmotiv TEY unterscheiden sich durch zwei Aminosäuren.

A. Anhang

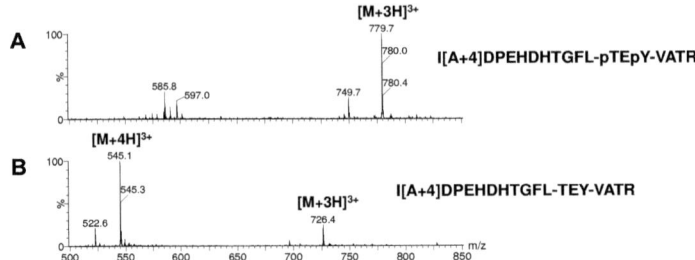

Abbildung A.22.: Dephosphorylierungsschritt bei der Herstellung eines *one-source*-Standardpaars für die an Thr203 und Tyr205 phosphorylierte Form des Signalproteins ERK1. Die annotierte Peptidsequenz entsteht bei ERK1-Verdau mit Trypsin. Die Standardpeptide wurden mit nanoESI-MS analysiert; A) vor der Dephosphorylierung; B) nach Dephosphorylierung mit antarktischer Phosphatase und irreversibler Phosphatase-Inaktivierung ([A+4] = [^{13}C$_3$, ^{15}N]-Alanin).

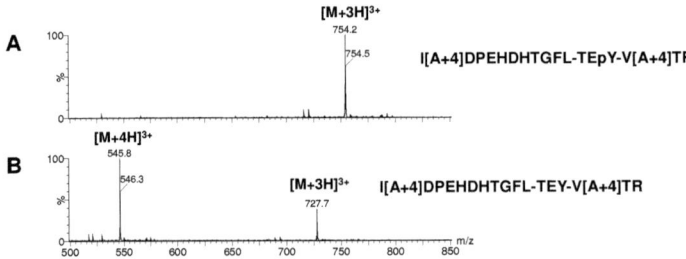

Abbildung A.23.: Dephosphorylierungsschritt bei der Herstellung eines *one-source*-Standardpaars für die an Tyr205 phosphorylierte Form des Signalproteins ERK1. Die annotierte Peptidsequenz entsteht bei ERK1-Verdau mit Trypsin. Die Standardpeptide wurden mit nanoESI-MS analysiert; A) vor der Dephosphorylierung; B) nach Dephosphorylierung mit antarktischer Phosphatase und irreversibler Phosphatase-Inaktivierung ([A+4] = [^{13}C$_3$, ^{15}N]-Alanin).

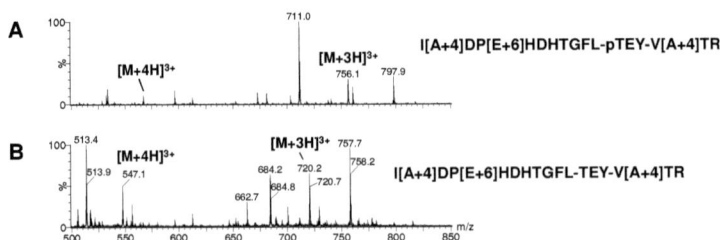

Abbildung A.24.: Dephosphorylierungsschritt bei der Herstellung eines *one-source*-Standardpaars für die an Thr203 phosphorylierte Form des Signalproteins ERK1. Die annotierte Peptidsequenz entsteht bei ERK1-Verdau mit Trypsin. Die Standardpeptide wurden mit nanoESI-MS analysiert; A) vor der Dephosphorylierung; B) nach Dephosphorylierung mit antarktischer Phosphatase und irreversibler Phosphatase-Inaktivierung ([A+4] = [^{13}C$_3$, ^{15}N]-Alanin; [E+6] = [^{13}C$_5$,^{15}N]-Glutaminsäure).

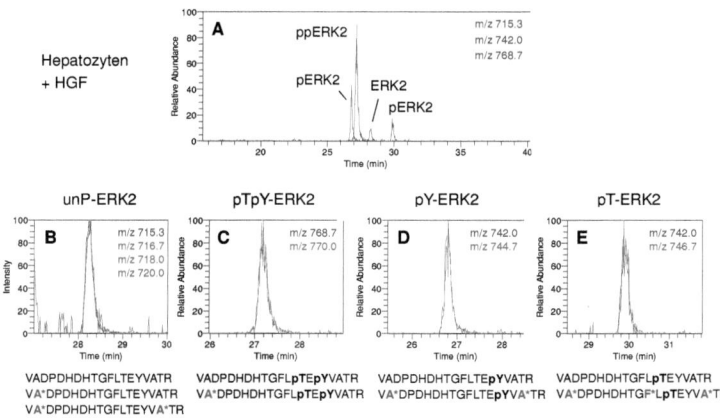

Abbildung A.25.: Verifizierung der ERK2-Phosphorylierungsstellen Thr183 und Tyr185 in primären Maushepatozyten nach 15minütiger Stimulation mit 40 ng/ml HGF; A) extrahierte Ionenchromatogramme der unphosphorylierten (ERK2), einfach (pERK2) und zweifach phosphorylierten (ppERK2) endogenen Peptidspezies; extrahierte Ionenchromatogramme der endogenen Peptidspezies sowie der zugehörigen isotopenmarkierten Standards in B) unphosphorylierter, C) pTpY-, D) pY- und E) pT-phosphorylierter Form. Die Chromatogramme zeigen jeweils eine perfekte Koelution (A* = $[^{13}C_3,^{15}N]$-Alanin; F* = $[^{13}C_6]$-Phenylalanin).

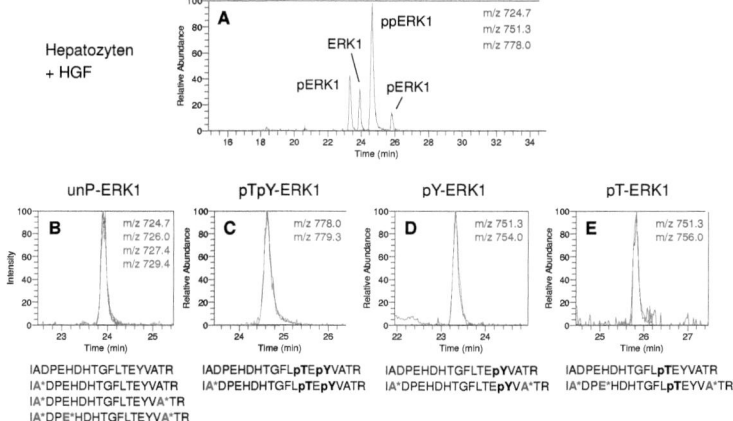

Abbildung A.26.: Verifizierung der ERK1-Phosphorylierungsstellen Thr203 und Tyr205 in primären Maushepatozyten nach 15minütiger Stimulation mit 40 ng/ml HGF; A) extrahierte Ionenchromatogramme der unphosphorylierten (ERK1), einfach (pERK1) und zweifach phosphorylierten (ppERK1) endogenen Peptidspezies; extrahierte Ionenchromatogramme der endogenen Peptidspezies sowie der zugehörigen isotopenmarkierten Standards in B) unphosphorylierter, C) pTpY-, D) pY- und E) pT-phosphorylierter Form. Die Chromatogramme zeigen jeweils eine perfekte Koelution (A* = $[^{13}C_3,^{15}N]$-Alanin; E* = $[^{13}C_5,^{15}N]$-Glutaminsäure).

A. Anhang

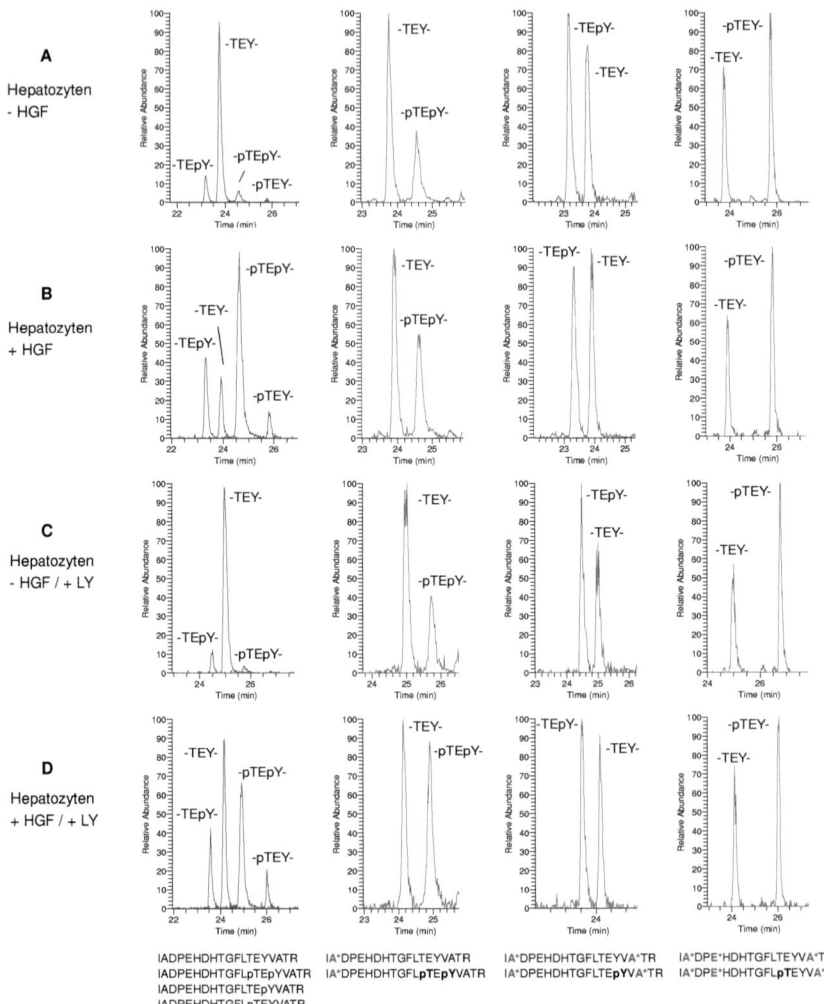

Abbildung A.27.: Phosphorylierungsgradanalyse von ERK1 an Thr203 und Tyr205 in primären Maushepatozyten; A) im unstimulierten Zustand; B) nach Stimulation mit 40 ng/ml HGF; C) nach LY-Behandlung; D) nach Stimulation mit 40 ng/ml HGF bei gleichzeitiger LY-Behandlung. Gezeigt sind die extrahierten Ionenchromatogramme der endogenen ERK1-Peptide IADPEHDHTGFL-TEYVATR, IADPEHDHTGFLpTEpYVATR, IADPEHDHTGFLTEpYVATR und IADPEHDHTGFLpTEYVATR (grau) sowie der zugehörigen *one-source*-Peptid/Phosphopeptid-Standardpaare (blau). Die Standardpaare wurden den Proben jeweils im 1:1-Verhältnis zugegeben ($A^* = [^{13}C_3, ^{15}N]$-Alanin; $E^* = [^{13}C_5, ^{15}N]$-Glutaminsäure).

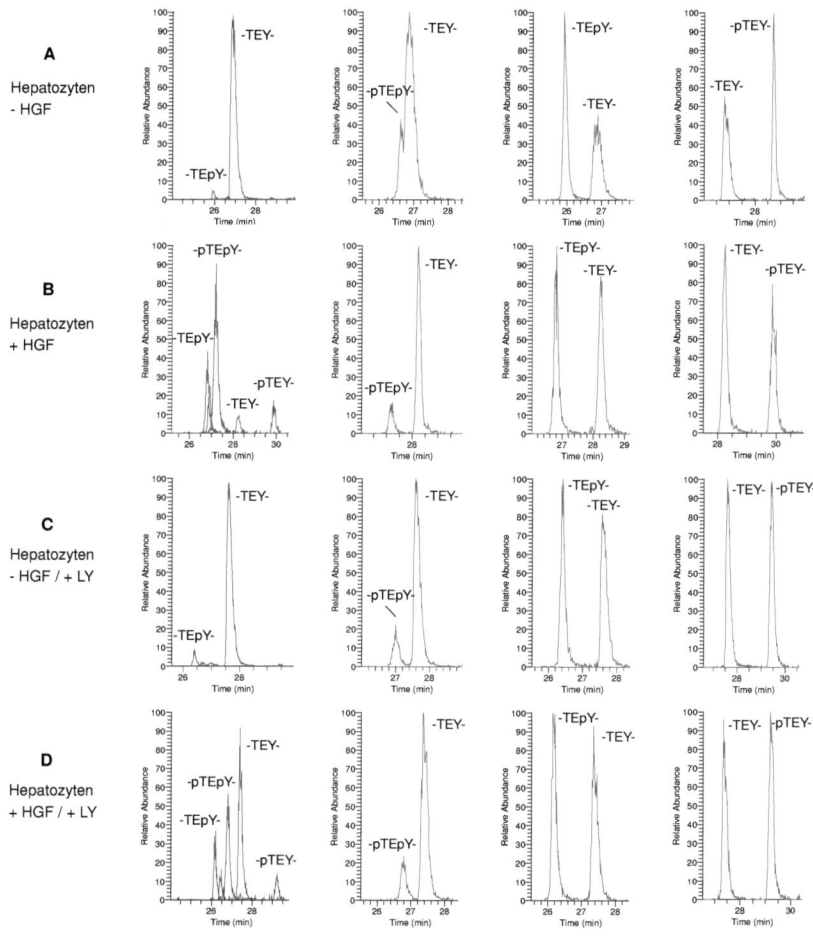

Abbildung A.28.: Phosphorylierungsgradanalyse von ERK2 an Thr183 und Tyr185 in primären Maushepatozyten; A) im unstimulierten Zustand; B) nach Stimulation mit 40 ng/ml HGF; C) nach LY-Behandlung; D) nach Stimulation mit 40 ng/ml HGF bei gleichzeitiger LY-Behandlung. Gezeigt sind die extrahierten Ionenchromatogramme der endogenen ERK2-Peptide VADPDHDHTGFL-TEYVATR, VADPDHDHTGFLpTEpYVATR, VADPDHDHTGFLTEpYVATR und VADPDHDHTGFLpTEYVATR (grau) sowie der zugehörigen *one-source*-Peptid/Phosphopeptid-Standardpaare (blau). Das einfach isotopenmarkierte Standardpaar wurde den Proben im 1:3-Verhältnis (P*:unP*) zugesetzt; die übrigen Standardpaare wurden hingegen im 1:1-Verhältnis zugegeben (A* = $[^{13}C_3,^{15}N]$-Alanin; F* = $[^{13}C_6]$-Phenylalanin).

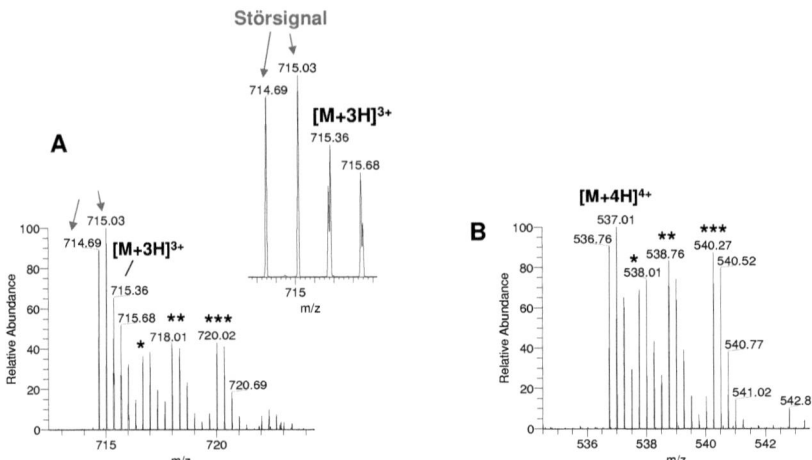

Abbildung A.29.: Isotopenmuster des ERK2-Peptids VADPDHDHTGFLTEYVATR mit den zugehörigen *one-source*-Standards; A) dreifach geladene Molekülionen mit Überlagerung durch ein Störsignal; B) vierfach geladene Molekülionen ohne Überlagerung.

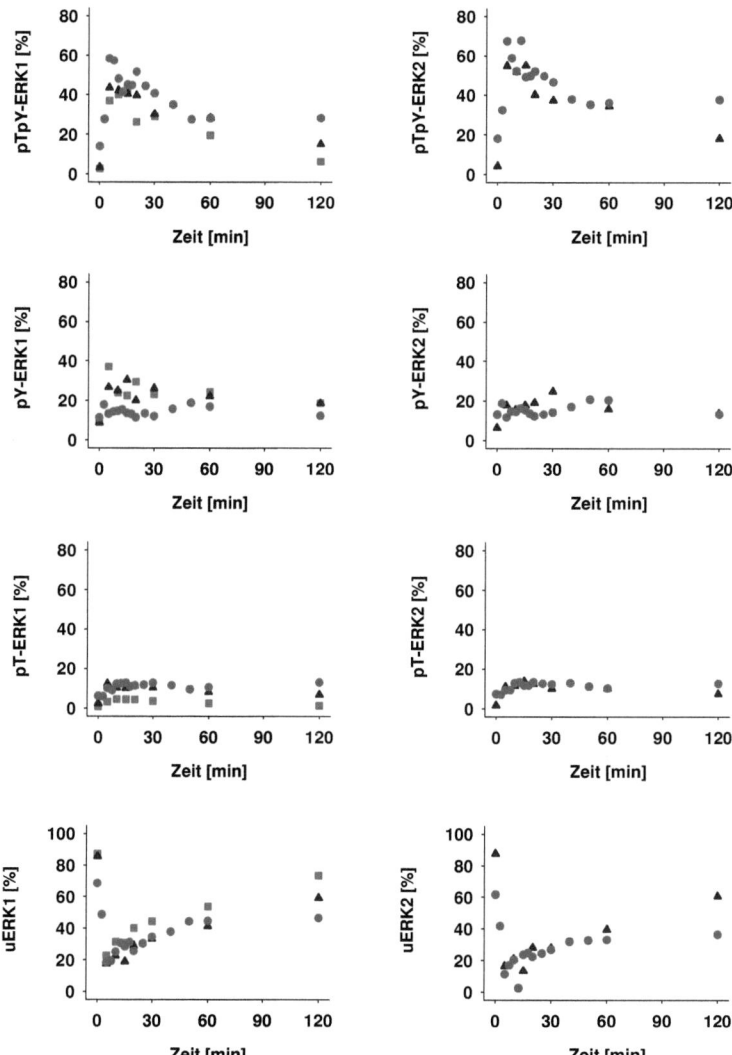

Abbildung A.30.: HGF-induzierte Profile der verschiedenen prozentualen ERK1- und ERK2-Fraktionshäufigkeiten in primären Maushepatozyten. Gezeigt sind Einzeldaten resultierend aus der Messung von drei (ERK1) bzw. zwei (ERK2) biologischen Replikaten. ERK1- und ERK2-Datenpunkte mit gleicher Markierung stammen aus demselben Stimulationsexperiment.

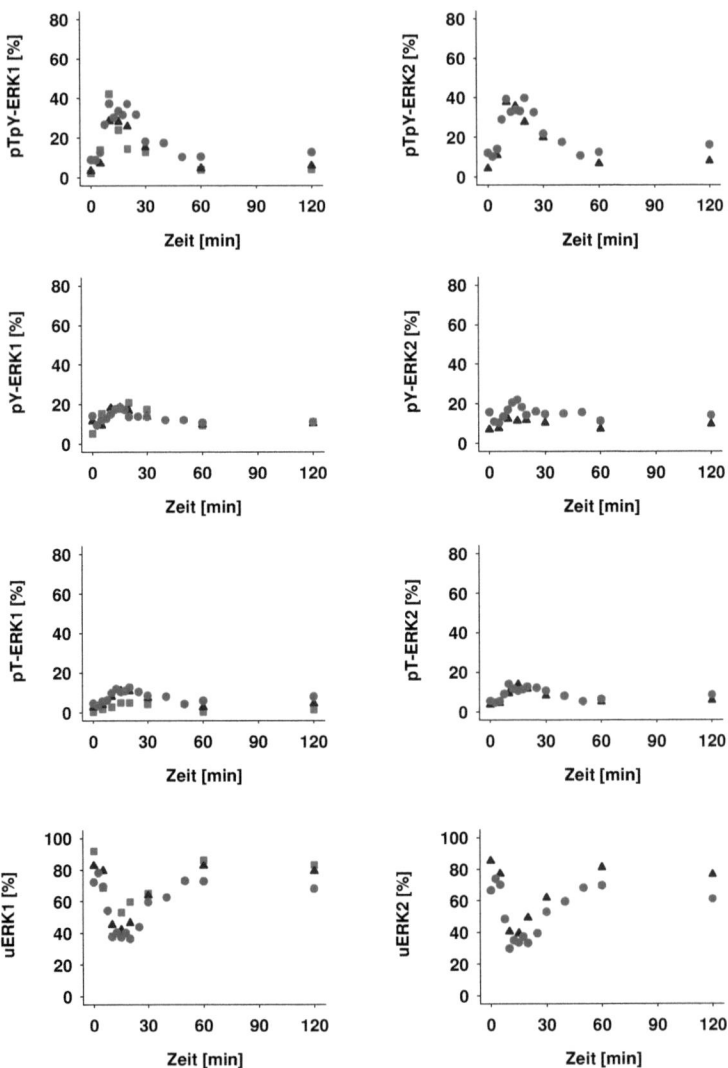

Abbildung A.31.: IL6-induzierte Profile der verschiedenen prozentualen ERK1- und ERK2-Fraktionshäufigkeiten in primären Maushepatozyten. Gezeigt sind Einzeldaten resultierend aus der Messung von drei (ERK1) bzw. zwei (ERK2) biologischen Replikaten. ERK1- und ERK2-Datenpunkte mit gleicher Markierung stammen aus demselben Stimulationsexperiment.

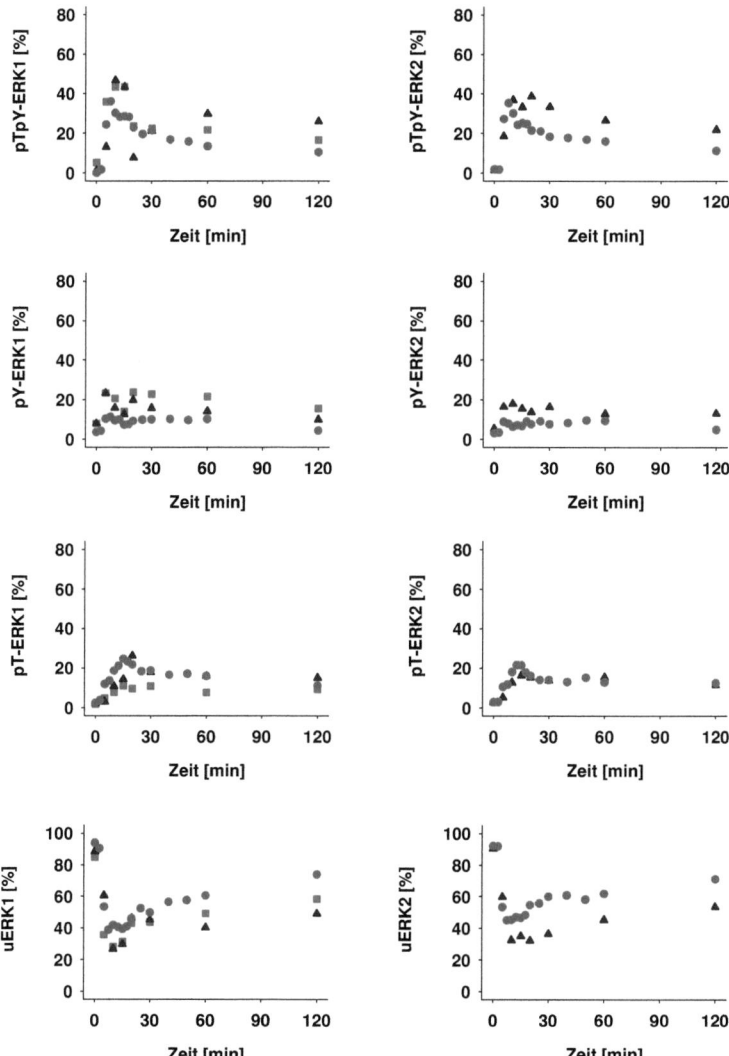

Abbildung A.32.: HGF-induzierte Profile der verschiedenen prozentualen ERK1- und ERK2-Fraktionshäufigkeiten in HaCaT A5-Zellen. Gezeigt sind Einzeldaten resultierend aus der Messung von drei (ERK1) bzw. zwei (ERK2) biologischen Replikaten. ERK1- und ERK2-Datenpunkte mit gleicher Markierung stammen aus demselben Stimulationsexperiment.

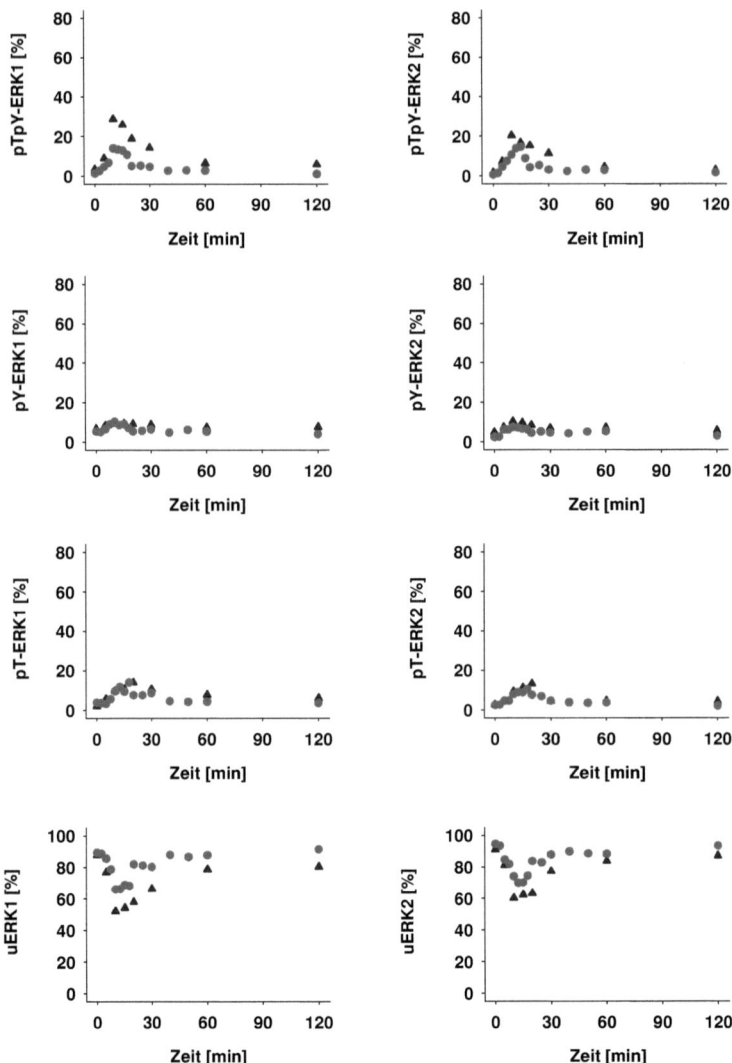

Abbildung A.33.: IL6-induzierte Profile der verschiedenen prozentualen ERK1- und ERK2-Fraktionshäufigkeiten in HaCaT A5-Zellen. Gezeigt sind Einzeldaten resultierend aus der Messung von zwei biologischen Replikaten. ERK1- und ERK2-Datenpunkte mit gleicher Markierung stammen aus demselben Stimulationsexperiment.

A.1. Abbildungen

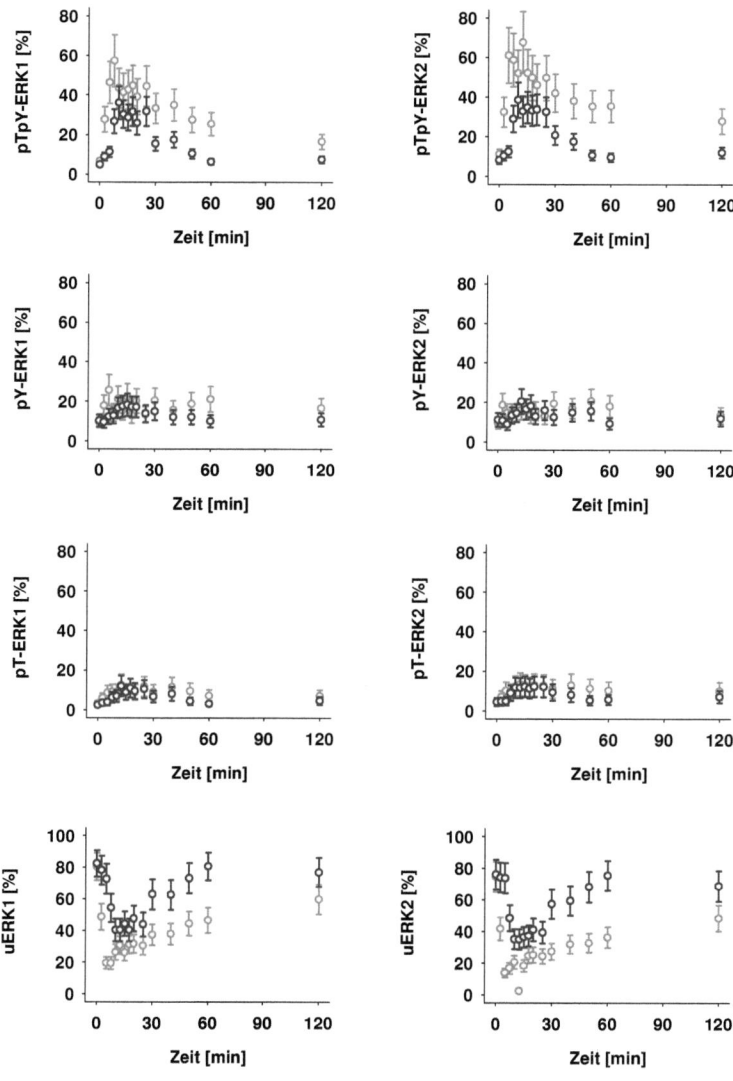

Primäre Maushepatozyten (HGF)
Primäre Maushepatozyten (IL6)

Abbildung A.34.: Profile der verschiedenen prozentualen ERK1- und ERK2-Fraktionshäufigkeiten bei Stimulation von primären Maushepatozyten mit HGF (grün) oder IL6 (blau) (je 100 ng/ml). Gezeigt sind die Mittelwerte resultierend aus der Messung von drei (ERK1) bzw. zwei (ERK2) biologischen Replikaten und die geschätzten Standardabweichungen.

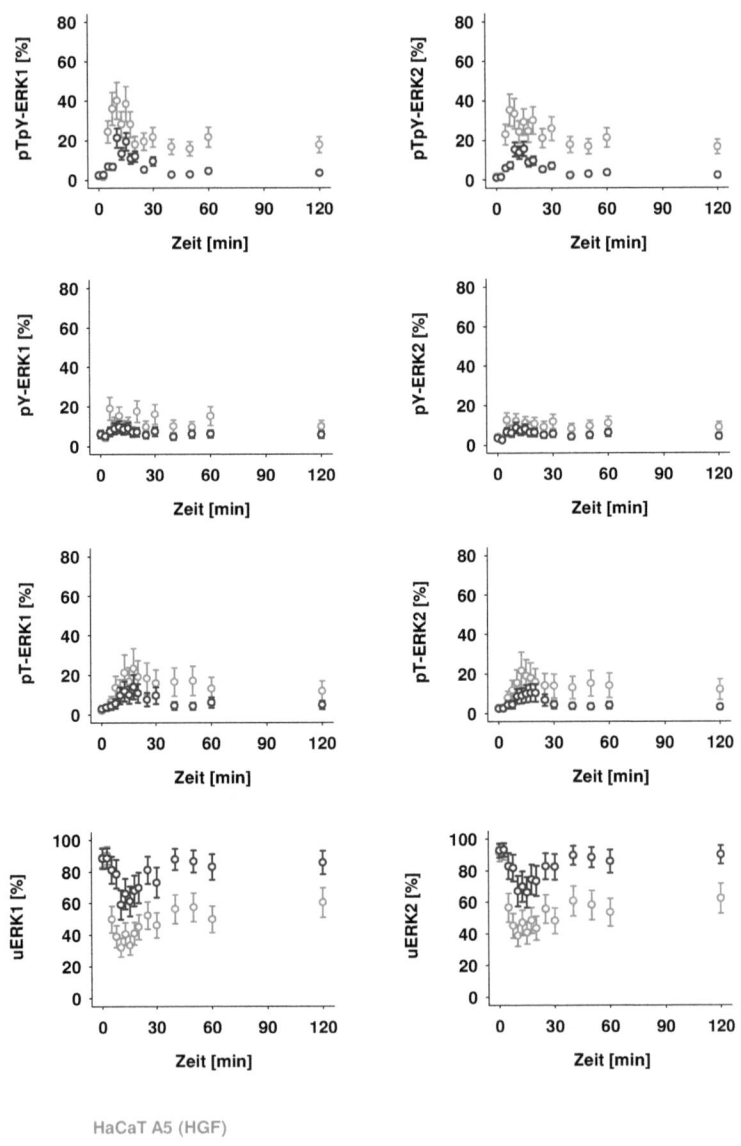

HaCaT A5 (HGF)
HaCaT A5 (IL6)

Abbildung A.35.: Profile der verschiedenen prozentualen ERK1- und ERK2-Fraktionshäufigkeiten bei Stimulation von HaCaT A5-Zellen mit HGF (grün) oder IL6 (blau) (je 100 ng/ml). Die ERK1-Kinetiken der HGF-Stimulation stammen aus der Analyse von drei und die übrigen Kinetiken aus der Analyse von zwei biologischen Replikaten. Gezeigt sind die Mittelwerte und die geschätzten Standardabweichungen.

A.1. Abbildungen

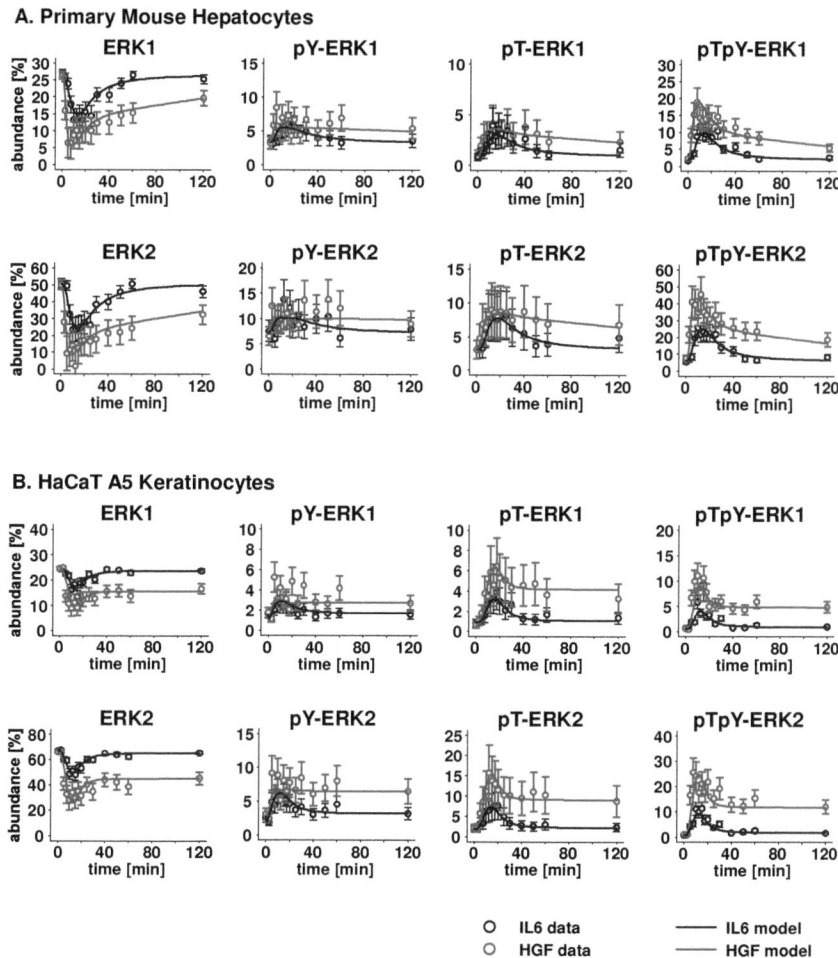

Abbildung A.36.: Mathematische Modellierung der dynamischen ERK1/2-Phosphorylierung; A) in primären Maushepatozyten; B) in HaCaT A5-Zellen (aus Iwamoto, 2010). Beide Zelltypen wurden mit 100 ng/ml HGF (grün) oder IL6 (blau) stimuliert und die Anteile der unphosphorylierten und phosphorylierten ERK1/2-Fraktionen zu den angegebenen Zeitpunkten mit *one-source*-Standards quantifiziert. Gezeigt sind die experimentellen Daten von zwei oder drei biologischen Replikaten. Die Modellkurven beschreiben die Datenpunkte unter der Annahme eines distributiven Phosphorylierungsmechanismus. Auf der y-Achse ist der prozentuale Anteil der individuellen ERK1/2-Spezies am totalen ERK1/2-Pool der Zelle aufgetragen.

A. Anhang

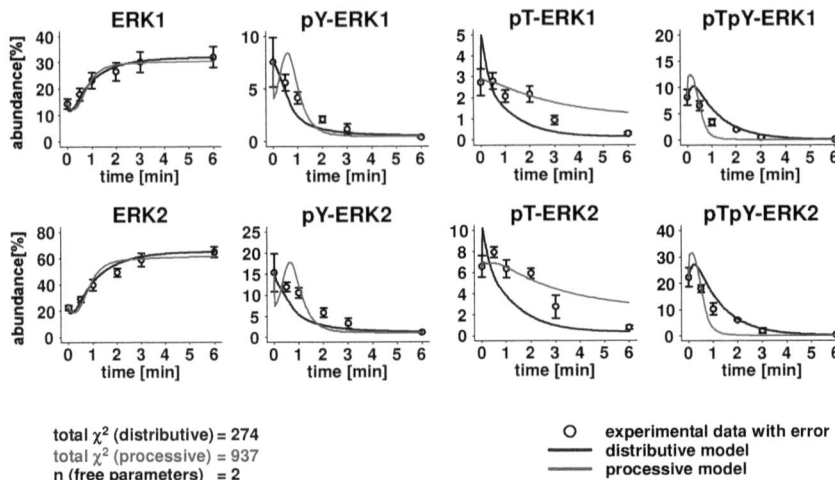

Abbildung A.37.: Modellkurven zur Beschreibung der dynamischen ERK1/2-Dephosphorylierung bei Hemmung der MEK1/2-Aktivität mit U0126 (aus Iwamoto, 2010). Gezeigt sind die Mittelwerte und Standardabweichungen von drei technisch-biologischen Replikaten sowie die datenbasierten Modellkurven des distributiven (blau) und prozessiven (rot) Mechanismus. Auf der y-Achse ist der prozentuale Anteil der individuellen ERK1/2-Spezies am totalen ERK1/2-Pool aufgetragen. Die χ^2-Werte sind ein Maß für die Übereinstimmung der Modellkurven mit den quantitativen Daten. Niedrige χ^2-Werte indizieren eine gute Übereinstimmung.

A.2. Tabellen

Tabelle A.1.: Berechnete Isotopenmuster am Beispiel von einigen Peptid/Phosphopeptid-Paaren zellulärer Signalproteine. Die Isotopenmusterberechnung wurde mit der Internet-Software Sheffield ChemPuter (http://winter.group.shef.ac.uk/chemputer/) durchgeführt.

Peptidsequenz (Protein)	Summenformel	Isotopen-peak	Intensität [%]	Anteil am totalen Isotopen-muster [%]
DGRGYVPATIK (STAT6)	$C_{52}H_{85}N_{15}O_{16}$	1	100.0	51.6
		2	63.4	
		3	22.8	
		4	6.2	
		5	1.3	
DGRGpYVPATIK (STAT6)	$C_{52}H_{86}N_{15}O_{19}P$	1	100.0	51.3
		2	63.5	
		3	23.5	
		4	6.6	
		5	1.4	
DSERRPHFPQFSYSASGTA (AKT1)	$C_{93}H_{134}N_{28}O_{31}$	1	88.1	30.4
		2	100.0	
		3	61.7	
		4	27.1	
		5	9.6	
		6	2.7	
		7	0.7	
		8	0.1	
DSERRPHFPQFpSYSASGTA (AKT1)	$C_{93}H_{135}N_{28}O_{34}P$	1	88.0	30.2
		2	100.0	
		3	62.3	
		4	27.7	
		5	10.0	
		6	2.9	
		7	0.8	
		8	0.1	
IADPEHDHTGFLTEYVATR (ERK1)	$C_{96}H_{142}N_{26}O_{32}$	1	86.0	29.5
		2	100.0	
		3	63.1	
		4	28.2	
		5	10.2	
		6	3.0	
		7	0.8	
		8	0.1	
IADPEHDHTGFLTEpYVATR (ERK1)	$C_{96}H_{143}N_{26}O_{35}P$	1	85.9	29.3
		2	100.0	
		3	63.7	
		4	28.9	
		5	10.6	
		6	3.1	
		7	0.8	
		8	0.2	
IADPEHDHTGFLpTEpYVATR (ERK1)	$C_{96}H_{144}N_{26}O_{38}P_2$	1	85.8	29.1
		2	100.0	
		3	64.2	
		4	29.5	
		5	11.0	
		6	3.3	
		7	0.9	
		8	0.2	

Fortsetzung nächste Seite

A. Anhang

Tabelle A.1.: Berechnete Isotopenmuster am Beispiel von einigen Peptid/Phosphopeptid-Paaren zellulärer Signalproteine (Fortsetzung).

Peptidsequenz (Protein)	Summenformel	Isotopen-peak	Intensität [%]	Anteil am totalen Isotopen-muster [%]
QADEEMTGYVATR (p38β)	$C_{60}H_{95}N_{17}O_{24}S$	1	100.0	43.7
		2	73.8	
		3	36.3	
		4	13.4	
		5	4.0	
		6	1.0	
		7	0.2	
QADEEMpTGpYVATR (p38β)	$C_{60}H_{97}N_{17}O_{30}SP_2$	1	100.0	43.1
		2	74.1	
		3	37.7	
		4	14.4	
		5	4.5	
		6	1.2	
		7	0.3	

Tabelle A.2.: Vergleich von volumetrischen und experimentellen molaren Verhältnissen der synthetischen p38β-Peptide QADEEMpTGpYVATR und QADEEMTGYVATR. Die experimentellen Werte wurden gemäß den Formeln 3.1, 3.4 und 3.5 unter Berücksichtigung der Korrekturfaktoren $Kf_{unP} = 0.033$ und $Kf_P = 0.027$ (siehe Tab. 3.1 auf Seite 37$f\!f$) berechnet.

$MV_{P/unP}$ volumetrisch	$MV_{P/unP}$ experimentell				Mittelwert ± SD	RSD [%]
	Messung Nr.					
	1	2	3	4		
0.10	0.10	0.09	0.10	0.08	0.09 ± 0.01	9.0
0.20	0.19	0.19	0.21	0.16	0.19 ± 0.02	12.1
0.50	0.48	0.52	0.50	0.53	0.51 ± 0.02	4.5
1.00	1.04	1.07	1.00	0.97	1.02 ± 0.05	4.7
2.00	1.89	2.07	1.90	2.20	2.01 ± 0.15	7.3
5.00	4.89	5.26	4.80	6.10	5.26 ± 0.59	11.3
10.00	9.82	10.25	9.08	12.71	10.47 ± 1.57	15.0

Tabelle A.3.: Vergleich von volumetrischen und experimentellen Phosphorylierungsgraden der synthetischen p38β-Peptide QADEEMpTGpYVATR und QADEEMTGYVATR in definierten Referenzmischungen. Die Phosphorylierungsgrade wurden gemäß Formel 3.2 aus den molaren Verhältnissen aus Tabelle A.2 berechnet.

P-Grad volumetrisch [%]	P-Grad experimentell [%]				Mittelwert ± SD	RSD [%]
	Messung Nr.					
	1	2	3	4		
9.1	9.1	8.3	9.2	7.8	8.6 ± 0.7	8.3
16.7	16.3	16.3	17.2	13.4	15.8 ± 1.6	10.4
33.3	32.4	34.3	33.2	34.7	33.6 ± 1.0	3.0
50.0	51.0	51.8	49.9	49.2	50.5 ± 1.2	2.3
66.7	65.4	67.4	65.5	68.8	66.8 ± 1.6	2.4
83.3	83.0	84.0	82.8	85.9	83.9 ± 1.4	1.7
90.9	90.8	91.1	90.1	92.7	91.2 ± 1.1	1.2

Tabelle A.4.: Vergleich von GST-ppERK2-Phosphorylierungsgraden nach Immunpräzipitation von 25 ng des Fusionsproteins aus einem primären Maushepatozyten-Lysat und in-Gel-Verdau oder nach in-Gel-Verdau allein zur Kontrolle der Phosphatase-Aktivität in Zelllysaten.

Replikat Nr.	Fraktion von totalem GST-ppERK2 aus Zellysat isoliert [%]				Fraktion von totalem GST-ppERK2 Kontrolle [%]			
	pTpY	pY	pT	unP	pTpY	pY	pT	unP
1	36.4	45.7	6.2	11.7	41.6	45.3	4.9	8.1
2	34.4	48.4	6.4	10.9	39.0	49.2	4.8	7.1
3	40.6	44.0	5.5	9.9	38.2	47.2	4.8	9.7
4	41.3	39.3	6.2	13.3	44.9	46.8	5.5	2.8
Mittelwert	38.1	44.3	6.1	11.4	40.9	47.2	5.0	6.9
SD	3.3	3.8	0.4	1.4	3.0	1.6	0.3	3.0

Tabelle A.5.: ERK2-Phosphorylierungsdynamik in HaCaT A5-Zellen als Antwort auf GM-CSF-Stimulation (100 ng/ml) bei gleichzeitiger Blockade von IL6.

ERK2-Fraktion	Häufigkeit [%] Zeit [min]								
	0	5	10	15	20	25	30	45	60	90
pTpY	0.3	4.1	6.1	5.0	2.7	3.1	2.0	1.4	1.6	2.4
pY	1.6	9.2	10.2	8.6	8.5	7.0	6.5	5.5	6.1	4.5
pT	0.6	0.8	1.8	1.5	2.3	0.9	0.8	0.7	0.6	1.0
unP	97.6	85.9	81.9	85.0	86.5	89.1	90.7	92.3	91.7	92.1

Tabelle A.6.: ERK2-Phosphorylierungskinetik in HaCaT A5-Zellen als Antwort auf GM-CSF-Stimulation (100 ng/ml) ohne IL6-Blockade.

ERK2-Fraktion	Häufigkeit [%] Zeit [min]								
	0	5	10	15	20	25	30	45	60	90
pTpY	3.9	4.6	3.4	1.9	3.4	1.0	0.8	0.6	0.6	1.6
pY	2.9	3.7	2.8	2.2	4.0	2.2	1.4	1.6	2.1	3.5
pT	2.4	3.8	5.2	4.0	5.4	1.7	1.7	1.4	1.1	1.9
unP	90.9	87.9	88.6	91.9	87.1	95.1	96.2	96.4	96.2	93.0

Tabelle A.7.: Vergleich von experimentellen und berechneten Isotopenmustern zur Ermittlung des linearen Messbereichs des Orbitrap-Massenspektrometers.

Nr.	Protein	Mascot Score	Peptidsequenz	Peptid-Summenformel	Monoisotopische Masse	Ladung	Absolute Intensität [counts]			Normierte Intensität [%]		Abweichung [%]
							1.Isotopenpeak	2.Isotopenpeak	2.Isotopenpeak berechnet	2.Isotopenpeak experimentell	2.Isotopenpeak berechnet	
1	GSK3B_HUMAN	45	QTLPVIYVK	$C_{51}H_{85}N_{11}O_{13}$	530.82	2	$7.58 \cdot 10^4$	$3.81 \cdot 10^4$		50.3	60.7	-10.4
2	LCK_HUMAN	66	ITFPGLHELVR	$C_{60}H_{96}N_{16}O_{15}$	641.37	2	$6.13 \cdot 10^5$	$4.28 \cdot 10^5$		69.8	72.3	-2.5
3	LCK_HUMAN	54	ANSLEPEPWFFK	$C_{71}H_{97}N_{15}O_{19}$	732.86	2	$2.36 \cdot 10^6$	$1.92 \cdot 10^6$		81.4	84.1	-2.7
4	LCK_HUMAN	86	QLLAPGNTHGSFLIR	$C_{73}H_{118}N_{22}O_{20}$	812.45	2	$5.44 \cdot 10^5$	$4.75 \cdot 10^5$		87.3	89.1	-1.8
5	TRY1_HUMAN	53	TLNNDIMLIK	$C_{51}H_{91}N_{13}O_{16}S$	587.83	2	$2.63 \cdot 10^5$	$1.70 \cdot 10^5$		64.6	62.4	2.2
6	IGHG_RABIT	41	DTLMISR	$C_{34}H_{62}N_{10}O_{12}S$	418.22	2	$1.14 \cdot 10^7$	$4.80 \cdot 10^6$		42.1	42.5	-0.4
7	IGHG_RABIT	25	ALPAPIEK	$C_{39}H_{67}N_{9}O_{11}$	419.76	2	$2.40 \cdot 10^7$	$1.12 \cdot 10^7$		46.7	46.6	0.1
8	IGHG_RABIT	54	VYTMGPPR	$C_{41}H_{65}N_{11}O_{11}S$	460.74	2	$5.10 \cdot 10^6$	$2.57 \cdot 10^6$		50.4	50.3	0.1
9	IGHG_RABIT	67	LSVPTSEWQR	$C_{53}H_{83}N_{15}O_{17}$	601.81	2	$2.42 \cdot 10^7$	$1.61 \cdot 10^7$		66.5	64.5	2.0
10	IGHG_RABIT	14	GQPLEPK	$C_{34}H_{57}N_{9}O_{11}$	384.72	2	$9.99 \cdot 10^4$	$3.83 \cdot 10^4$		38.3	41.2	-2.9
11	IGHG_RABIT	25	TFPSVR	$C_{32}H_{51}N_{9}O_{9}$	353.70	2	$4.53 \cdot 10^6$	$1.77 \cdot 10^6$		39.1	38.9	0.2
12	ATPB_HUMAN	20	FTQAGSEVSALLGR	$C_{62}H_{102}N_{18}O_{21}$	718.89	2	$2.77 \cdot 10^5$	$1.97 \cdot 10^5$		71.1	75.5	-4.4
13	UD11_MOUSE	26	YTGTRPSNLAK	$C_{52}H_{86}N_{16}O_{17}$	604.33	2	$1.02 \cdot 10^4$	$5.29 \cdot 10^3$		51.9	63.8	-11.9
14	UD11_MOUSE	51	IPQTVLWR	$C_{48}H_{77}N_{13}O_{11}$	506.80	2	$6.14 \cdot 10^4$	$3.20 \cdot 10^4$		52.1	58	-5.9
15	UD11_MOUSE	17	EGSFYTLR	$C_{44}H_{65}N_{11}O_{14}$	486.75	2	$2.03 \cdot 10^4$	$6.77 \cdot 10^3$		33.3	52.9	-19.6
16	LDHD_MOUSE	16	NELWAAR	$C_{38}H_{58}N_{12}O_{11}$	430.23	2	$2.11 \cdot 10^4$	$7.36 \cdot 10^3$		34.9	46.5	-11.6
17	LDHD_MOUSE	55	AYSTDVCVPISR	$C_{56}H_{91}N_{15}O_{19}S$	684.34	2	$2.51 \cdot 10^4$	$1.40 \cdot 10^4$		55.8	68.7	-12.9
18	SBP1_MOUSE	56	SPQYSQVHR	$C_{53}H_{83}N_{17}O_{16}$	607.82	2	$1.65 \cdot 10^5$	$8.39 \cdot 10^4$		50.8	65.2	-14.4
19	KINH_HUMAN	26	GLEETVAK	$C_{36}H_{63}N_{9}O_{14}$	423.73	2	$4.47 \cdot 10^5$	$1.75 \cdot 10^5$		39.1	43.4	-4.3
20	KINH_HUMAN	42	ANLEAFTVDK	$C_{49}H_{78}N_{12}O_{17}$	554.29	2	$3.59 \cdot 10^5$	$1.90 \cdot 10^5$		52.9	58.9	-6.0
21	KINH_HUMAN	99	SATLASIDAELQK	$C_{57}H_{99}N_{15}O_{22}$	673.86	2	$2.10 \cdot 10^5$	$1.19 \cdot 10^5$		56.7	69.2	-12.5
22	KINH_HUMAN	63	EYELLSDELNQK	$C_{64}H_{101}N_{15}O_{25}$	740.86	2	$1.40 \cdot 10^5$	$1.09 \cdot 10^5$		77.9	76.7	1.2
23	KINH_HUMAN	69	ISFLENNLEQLTK	$C_{69}H_{113}N_{17}O_{23}$	774.92	2	$5.58 \cdot 10^4$	$4.36 \cdot 10^4$		78.1	83	-4.9
24	PARP1_HUMAN	19	ELLIFNK	$C_{42}H_{69}N_{9}O_{11}$	438.76	2	$6.51 \cdot 10^5$	$2.99 \cdot 10^5$		45.9	49.9	-4.0
25	PARP1_HUMAN	25	LYRVEYAK	$C_{49}H_{76}N_{12}O_{13}$	521.29	2	$1.01 \cdot 10^6$	$5.55 \cdot 10^5$		55.0	58.8	-3.8
26	PUR2_HUMAN	76	DPLLASGTDGVGTK	$C_{56}H_{95}N_{15}O_{22}$	665.85	2	$3.91 \cdot 10^5$	$2.65 \cdot 10^5$		67.8	68.1	-0.3
27	PUR2_HUMAN	77	ESGVDIAAGNMLVK	$C_{59}H_{102}N_{16}O_{21}S$	702.37	2	$8.56 \cdot 10^4$	$7.06 \cdot 10^4$		82.5	72.3	10.2
28	PUR2_HUMAN	68	QVIVAPGNAGTACCAMSEK	$C_{66}H_{112}N_{20}O_{24}S$	801.40	2	$1.56 \cdot 10^5$	$1.32 \cdot 10^5$		84.6	81.6	3.0
29	MK01_HUMAN	53	ALDLLDK	$C_{35}H_{62}N_{8}O_{12}$	394.23	2	$1.26 \cdot 10^7$	$5.20 \cdot 10^6$		41.3	41.9	-0.6
30	MK01_HUMAN	38	LFPNADSK	$C_{40}H_{62}N_{10}O_{13}$	446.23	2	$1.09 \cdot 10^7$	$5.31 \cdot 10^6$		48.7	48.1	0.6
31	MK01_HUMAN	40	APTIEQMK	$C_{39}H_{68}N_{10}O_{13}S$	459.24	2	$1.53 \cdot 10^6$	$7.58 \cdot 10^5$		49.5	47.8	1.7
32	MK01_HUMAN	49	ICDFGLAR	$C_{41}H_{66}N_{12}O_{12}S$	476.24	2	$1.39 \cdot 10^7$	$6.91 \cdot 10^6$		49.7	50.7	-1.0
33	MK01_HUMAN	59	GQVFDVGPR	$C_{43}H_{67}N_{13}O_{13}$	487.76	2	$1.45 \cdot 10^7$	$7.59 \cdot 10^6$		52.3	52.5	-0.2
34	MK01_HUMAN	39	APEMLNSK	$C_{43}H_{75}N_{11}O_{14}S$	501.77	2	$9.09 \cdot 10^6$	$4.86 \cdot 10^6$		53.5	52.7	0.8
35	MK01_HUMAN	48	NYLLSLPHK	$C_{51}H_{81}N_{13}O_{13}$	542.81	2	$1.38 \cdot 10^7$	$8.29 \cdot 10^6$		60.1	61.4	-1.3

A.2. Tabellen

Tabelle A.7.: Vergleich von experimentellen und berechneten Isotopenmustern zur Ermittlung des linearen Messbereichs des Orbitrap-Massenspektrometers (Fortsetzung).

Nr.	Protein	Peptidsequenz	Mascot Score	Peptid-Summenformel	Mono-isotopische Masse	La-dung	Absolute Intensität [counts]		Normierte Intensität [%]		Abwei-chung [%]
							1.Iso-topen-peak	2.Iso-topen-peak	2.Iso-topen-peak experi-mentell	2.Iso-topen-peak berech-net	
36	MK01_HUMAN	ELIFEETAR	57	$C_{49}H_{78}N_{12}O_{17}$	554.29	2	$1.02 \cdot 10^7$	$6.13 \cdot 10^6$	60.1	58.9	1.2
37	MK01_HUMAN	MLTFNPHKR	62	$C_{51}H_{82}N_{16}O_{12}S$	572.31	2	$4.24 \cdot 10^6$	$2.69 \cdot 10^6$	63.4	63.3	0.1
38	MK01_HUMAN	YIHSANVLHR	54	$C_{54}H_{84}N_{18}O_{14}$	605.33	2	$1.14 \cdot 10^6$	$7.57 \cdot 10^5$	66.4	66.6	-0.2
39	MK01_HUMAN	LKELIFEETAR	54	$C_{61}H_{101}N_{15}O_{19}$	674.88	2	$9.07 \cdot 10^6$	$6.65 \cdot 10^6$	73.3	73.2	0.1
40	MK01_HUMAN	HENIIGINDIIR	29	$C_{61}H_{103}N_{19}O_{19}$	469.60	3	$1.09 \cdot 10^5$	$6.58 \cdot 10^4$	60.4	74.7	-14.3
41	MK01_HUMAN	KISPFEHQTYCQR	77	$C_{74}H_{112}N_{22}O_{22}S$	847.41	2	$3.46 \cdot 10^5$	$3.14 \cdot 10^5$	90.8	91.0	-0.2
42	MK01_HUMAN	FRHENIIGINDIIR	78	$C_{70}H_{124}N_{24}O_{21}$	855.48	2	$3.29 \cdot 10^5$	$3.09 \cdot 10^5$	93.9	93.3	0.6
43	MK01_HUMAN	DVYIVQDLMETDLYK	104	$C_{83}H_{129}N_{17}O_{28}S$	922.96	2	$3.40 \cdot 10^5$	$3.45 \cdot 10^5$	101.5	99.1	2.4
44	MK01_HUMAN	DLKPSNLLLNTTCDLK	92	$C_{79}H_{137}N_{21}O_{27}S$	923.00	2	$3.18 \cdot 10^6$	$2.98 \cdot 10^6$	93.7	96.6	-2.9
45	MK01_HUMAN	TQHLSNDHICYPFLYQILR	70	$C_{105}H_{157}N_{29}O_{29}S$	774.39	3	$6.35 \cdot 10^5$	$7.82 \cdot 10^5$	123.1	127.7	-4.6
46	K2C1_HUMAN	SLVNLGGSK	48	$C_{37}H_{67}N_{11}O_{13}$	437.75	2	$1.58 \cdot 10^6$	$7.16 \cdot 10^5$	45.3	45.2	0.1
47	K2C1_HUMAN	DVDGAYMTK	52	$C_{42}H_{66}N_{10}O_{16}S$	500.23	2	$3.55 \cdot 10^5$	$1.70 \cdot 10^5$	47.9	51.2	-3.3
48	K2C1_HUMAN	TLLEGEESR	49	$C_{42}H_{72}N_{12}O_{18}$	517.26	2	$1.84 \cdot 10^6$	$9.35 \cdot 10^5$	50.8	51.3	-0.5
49	K2C1_HUMAN	LALDLEIATYR	70	$C_{58}H_{96}N_{14}O_{18}$	639.36	2	$2.24 \cdot 10^5$	$1.41 \cdot 10^5$	62.9	69.5	-6.6
50	ALBU_HUMAN	LVTDLTK	36	$C_{35}H_{64}N_8O_{12}$	395.24	2	$9.28 \cdot 10^5$	$3.88 \cdot 10^5$	41.8	41.9	-0.1
51	ALBU_HUMAN	YLYEIAR	32	$C_{44}H_{66}N_{10}O_{12}$	464.25	2	$8.34 \cdot 10^5$	$4.15 \cdot 10^5$	49.8	52.4	-2.6
52	DCD_HUMAN	LGKDAVEDLESVGK	32	$C_{62}H_{106}N_{16}O_{24}$	487.26	3	$4.02 \cdot 10^5$	$3.22 \cdot 10^5$	80.1	74.9	5.2
53	TRY1_HUMAN	TLNNDIMLIK	52	$C_{51}H_{91}N_{13}O_{16}S$	587.83	2	$1.02 \cdot 10^6$	$6.33 \cdot 10^5$	62.1	62.4	-0.3
54	METK1_HUMAN	NFDLRPGVIVR	23	$C_{58}H_{96}N_{18}O_{15}$	643.38	2	$6.75 \cdot 10^4$	$4.85 \cdot 10^4$	71.9	70.9	1.0
55	ZN598_HUMAN	DDDFPSLQAIARIIT	41	$C_{74}H_{119}N_{19}O_{25}$	837.94	2	$5.11 \cdot 10^3$	$4.92 \cdot 10^3$	96.3	89.3	7.0
56	GANAB_HUMAN	DAQHYGGWEHR	41	$C_{59}H_{78}N_{20}O_{18}$	678.30	2	$6.32 \cdot 10^4$	$4.04 \cdot 10^4$	63.9	72.6	-8.7
57	MYO1G_HUMAN	GSFTLIWPSR	18	$C_{55}H_{82}N_{14}O_{14}$	582.31	2	$4.29 \cdot 10^4$	$2.55 \cdot 10^4$	59.4	66.1	-6.7
58	MCM3_HUMAN	DEENNPLETEYGLSVYK	74	$C_{87}H_{130}N_{20}O_{34}$	1000.46	2	$1.94 \cdot 10^4$	$2.18 \cdot 10^4$	112.4	104.1	8.3
59	KAPCA_HUMAN	WFATTDWIAIYQR	89	$C_{81}H_{111}N_{19}O_{20}$	835.92	2	$7.70 \cdot 10^4$	$7.31 \cdot 10^4$	94.9	96.4	-1.5
60	DCD_HUMAN	ENAGEDPGLAR	66	$C_{45}H_{73}N_{15}O_{19}$	564.77	2	$2.30 \cdot 10^4$	$1.14 \cdot 10^4$	49.6	55.7	-6.1
61	KAPCA_HUMAN	AKEDFLK	48	$C_{39}H_{63}N_9O_{12}$	425.74	2	$4.91 \cdot 10^6$	$2.30 \cdot 10^6$	46.8	46.6	0.2
62	KAPCA_HUMAN	TLGTGSFGR	49	$C_{38}H_{62}N_{12}O_{13}$	448.24	2	$1.00 \cdot 10^7$	$4.66 \cdot 10^6$	46.6	46.6	0.0
63	KAPCA_HUMAN	KVEAPFIPK	51	$C_{50}H_{81}N_{11}O_{12}$	514.81	2	$1.05 \cdot 10^7$	$6.18 \cdot 10^6$	58.9	59.5	-0.6
64	KAPCA_HUMAN	NLLQVDLTK	46	$C_{46}H_{82}N_{12}O_{15}$	522.31	2	$1.23 \cdot 10^7$	$6.62 \cdot 10^6$	53.8	55.6	-1.8
65	KAPCA_HUMAN	FPSHFSSDLK	39	$C_{54}H_{77}N_{13}O_{16}$	582.79	2	$2.74 \cdot 10^6$	$1.72 \cdot 10^6$	62.8	64.7	-1.9
66	KAPCA_HUMAN	NLLQVDLTKR	40	$C_{52}H_{94}N_{16}O_{16}$	600.36	2	$2.20 \cdot 10^5$	$1.29 \cdot 10^5$	58.6	63.8	-5.2
67	KAPCA_HUMAN	FPSHFSSDLK	28	$C_{54}H_{78}N_{13}O_{19}P$	622.77	2	$2.36 \cdot 10^5$	$1.45 \cdot 10^5$	61.4	64.8	-3.4
68	KAPCA_HUMAN	IGRFSEPHAR	32	$C_{51}H_{81}N_{18}O_{17}P$	625.30	2	$9.87 \cdot 10^5$	$6.19 \cdot 10^5$	62.7	63.4	-0.7
69	KAPCA_HUMAN	ILQAVNFPFLVK	65	$C_{69}H_{109}N_{15}O_{15}$	694.92	2	$9.07 \cdot 10^6$	$7.21 \cdot 10^6$	79.5	81.9	-2.4
70	KAPCA_HUMAN	VRFPSHFSSDLK	50	$C_{65}H_{98}N_{18}O_{18}$	710.37	2	$7.56 \cdot 10^4$	$5.30 \cdot 10^4$	70.1	78.6	-8.5

Tabelle A.7.: Vergleich von experimentellen und berechneten Isotopenmustern zur Ermittlung des linearen Messbereichs des Orbitrap-Massenspektrometers (Fortsetzung).

Nr.	Protein	Peptidsequenz	Mascot Score	Peptid-Summenformel	Monoisotopische Masse	Ladung	Absolute Intensität [counts]		Normierte Intensität [%]		Abweichung [%]
							1.Isotopenpeak	2.Isotopenpeak	2.Isotopenpeak experimentell	2.Isotopenpeak berechnet	
71	KAPCA_HUMAN	FPSHFSSDLKDLLR	37	$C_{76}H_{116}N_{20}O_{22}$	554.63	3	$6.99 \cdot 10^3$	$4.63 \cdot 10^3$	66.2	91.7	-25.5
72	KAPCA_HUMAN	GPGDTSNFDDYEEEIR	105	$C_{82}H_{117}N_{21}O_{36}$	986.91	2	$7.23 \cdot 10^5$	$7.37 \cdot 10^5$	101.9	99.0	2.9
73	KAPCA_HUMAN	ILQAVNFPFLVKLEFSFK	38	$C_{107}H_{162}N_{22}O_{24}$	714.08	3	$2.76 \cdot 10^4$	$3.49 \cdot 10^4$	126.4	125.9	0.5
74	KAPCA_HUMAN	TWTLCGTPEYLAPEIILSK	79	$C_{101}H_{158}N_{22}O_{30}S$	1096.57	2	$2.19 \cdot 10^4$	$2.57 \cdot 10^4$	117.4	121.4	-4.0
75	KAPCA_HUMAN	FKGPGDTSNFDDYEEEIR	107	$C_{97}H_{138}N_{24}O_{38}$	1124.49	2	$3.31 \cdot 10^5$	$3.85 \cdot 10^5$	116.3	116.8	-0.5
76	KAPCA_HUMAN	TWTLCGTPEYLAPEIILSK	75	$C_{101}H_{159}N_{22}O_{33}SP$	1136.55	2	$7.76 \cdot 10^5$	$9.29 \cdot 10^5$	119.7	121.4	-1.7
77	KAPCA_HUMAN	FYAAQIVLTFEYLHSLDLIYR	90	$C_{125}H_{183}N_{27}O_{32}$	859.13	3	$4.80 \cdot 10^5$	$7.24 \cdot 10^5$	150.8	148.4	2.4
78	KAPCA_HUMAN	DNSNLYMVMEYVPGGEMFSHLR	64	$C_{113}H_{169}N_{29}O_{35}S_3$	863.73	3	$2.33 \cdot 10^5$	$3.19 \cdot 10^5$	136.9	138.1	-1.2

Tabelle A.8.: Korrekturwerte der monoisotopischen Signalintensitäten zur Phosphorylierungsgradbestimmung von ERK1. Eckige Klammern beziehen sich auf die Signalintensität des jeweils angegebenen m/z-Werts.

ERK1-Peptidspezies	Formel-Bezeichnung	m/z (z=3)	Korrekturwert
IADPEHDHTGFLTEYVATR	unP	724.69	-
IADPEHDHTGFL pT E pY VATR	P_1	778.00	-
IADPEHDHTGFLTE pY VATR	P_2	751.34	-
IADPEHDHTGFL pT EYVATR	P_3	751.34	-
IA*DPEHDHTGFLTEYVATR	unP*	726.02	$0.102^a \cdot [725.02]$
IA*DPEHDHTGFLTEYVA*TR	unP**	727.36	$0.090^b \cdot [726.36]$
IA*DPE*HDHTGFLTEYVA*TR	unP***	729.36	-
IA*DPEHDHTGFL pT E pY VATR	P*	779.33	$0.110^b \cdot [778.33]$
IA*DPEHDHTGFLTE pY VA*TR	P**	754.01	-
IA*DPE*HDHTGFL pT EYVA*TR	P***	756.02	-

^{a}Korrekturfaktor berechnet aus natürlicher Isotopenverteilung (Tab. 3.1 auf Seite 37ff)
^{b}Korrekturfaktor experimentell ermittelt

Tabelle A.9.: Prozentuale Anteile der verschiedenen ERK1/2-Fraktionen in primären Maushepatozyten vor und nach Stimulation mit 40 ng/ml HGF.

	Häufigkeit [%]			
	- HGF		+ HGF	
Fraktion	ERK1	ERK2	ERK1	ERK2
pTpY	10.6	0.9	74.6	75.3
pY	7.1	1.5	11.0	11.9
pT	0.9	0.4	3.2	8.8
unP	81.4	97.2	11.2	4.1

Tabelle A.10.: Prozentuale Anteile der verschiedenen ERK1/2-Fraktionen in primären Maushepatozyten im unstimulierten Zustand. Die PI3K wurde durch LY-Behandlung gehemmt. Es wurden zwei technisch-biologische Replikate analysiert.

	Häufigkeit [%]							
	- HGF / + LY							
	ERK1				ERK2			
Fraktion	Nr. 1	Nr. 2	Mittelwert	Abweichung	Nr. 1	Nr. 2	Mittelwert	Abweichung
pTpY	3.6	3.9	3.7	0.2	2.6	4.1	3.4	0.8
pY	5.1	5.0	5.0	0.0	4.6	4.6	4.6	0.0
pT	0.4	0.4	0.4	0.0	0.7	1.4	1.0	0.3
unP	91.0	90.7	90.9	0.1	92.1	89.9	91.0	1.1

Tabelle A.11.: Prozentuale Anteile der verschiedenen ERK1/2-Fraktionen in primären Maushepatozyten nach HGF-Stimulation (40 ng/ml) bei gleichzeitiger Hemmung der PI3K mit LY. Es wurden zwei technisch-biologische Replikate analysiert.

	Häufigkeit [%] + HGF / + LY							
	ERK1				ERK2			
Fraktion	Nr. 1	Nr. 2	Mittelwert	Abweichung	Nr. 1	Nr. 2	Mittelwert	Abweichung
pTpY	49.3	46.1	47.7	1.6	47.7	40.3	44.0	3.7
pY	10.0	9.7	9.9	0.1	9.0	14.9	12.0	2.9
pT	6.6	5.4	6.0	0.6	4.8	6.6	5.7	0.9
unP	34.2	38.8	36.5	2.3	38.5	38.2	38.3	0.1

Tabelle A.12.: Prozentuale Anteile der verschiedenen ERK1/2-Fraktionen in primären Maushepatozyten nach Stimulation mit 100 ng/ml HFG.

Primäre Maushepatozyten (+ HGF)

Zeit [min]	Anteil der pTpY-Fraktion an totalem ERK1 [%]						Anteil der pTpY-Fraktion an totalem ERK2 [%]				
	Kinetik 1	Kinetik 2	Kinetik 3	Mittelwert	SD [%]	SD$_{schaetz}$ [%]	Kinetik 1	Kinetik 2	Mittelwert	SD$_{schaetz}$ [%]
0	14.0	3.3	2.7	6.7	6.3	1.5	18.0	4.2	11.1	2.6
2.5	27.7			27.7		6.4	32.4		32.4	7.5
5	58.4	43.5	37.0	46.3	11.0	10.6	67.5	54.8	61.1	14.1
7.5	57.3	42.2	40.1	57.3		13.2	58.8	51.8	58.8	13.5
10	48.0			43.4	4.1	10.0	52.1		52.0	11.9
12.5	41.4			41.4		9.5	67.7		67.7	15.6
15	45.1	40.5	42.3	42.7	2.3	9.8	49.2	55.0	52.1	12.0
17.5	44.7			44.7		10.3	49.7		49.7	11.4
20	51.5	39.6	26.2	39.1	12.7	9.0	52.0	40.2	46.1	10.6
25	44.4			44.4		10.2	49.7		49.7	11.4
30	40.7	30.1	29.0	33.3	6.4	7.7	46.6	37.4	42.0	9.7
40	34.9			34.9		8.0	38.0		38.0	8.7
50	27.5			27.5		6.3	35.3		35.3	8.1
60	28.1	28.4	19.5	25.3	5.0	5.8	36.1	34.5	35.3	8.1
120	28.2	15.2	6.3	16.6	11.0	3.8	37.7	18.1	27.9	6.4

Zeit [min]	Anteil der pY-Fraktion an totalem ERK1 [%]						Anteil der pY-Fraktion an totalem ERK2 [%]				
	Kinetik 1	Kinetik 2	Kinetik 3	Mittelwert	SD [%]	SD$_{schaetz}$ [%]	Kinetik 1	Kinetik 2	Mittelwert	SD$_{schaetz}$ [%]
0	11.3	8.8	9.0	9.7	1.4	3.0	13.1	6.4	9.8	3.0
2.5	17.8			17.8		5.4	18.7		18.7	5.7
5	13.2	26.6	37.1	25.6	12.0	7.8	11.7	17.7	14.7	4.5
7.5	14.3	24.9	24.0	14.3		4.4	14.7		14.7	4.5
10	14.7			21.2	5.7	6.5	14.5	15.6	15.0	4.6
12.5	15.4			15.4		4.7	16.3		16.3	5.0
15	13.6	30.4	22.4	22.1	8.4	6.8	15.3	17.7	16.5	5.1
17.5	13.1			13.1		4.0	13.6		13.6	4.2
20	11.4	20.1	29.3	20.3	9.0	6.2	12.2	19.1	15.7	4.8
25	13.5			13.5		4.1	13.2		13.2	4.0
30	12.1	26.1	23.1	20.4	7.4	6.2	14.2	24.7	19.4	6.0
40	15.7			15.7		4.8	17.0		17.0	5.2
50	18.7			18.7		5.7	20.7		20.7	6.3
60	16.8	22.2	24.3	21.1	3.8	6.5	20.4	15.7	18.1	5.5
120	12.3	18.7	18.8	16.6	3.7	5.1	13.3	13.7	13.5	4.1

Tabelle A.12.: Prozentuale Anteile der verschiedenen ERK1/2-Fraktionen in primären Maushepatozyten nach Stimulation mit 100 ng/ml HFG (Fortsetzung).

Primäre Maushepatozyten (+ HGF)

Zeit [min]	Anteil der pT-Fraktion an totalem ERK1 [%]				SD [%]	SD$_{schaetz}$ [%]	Anteil der pT-Fraktion an totalem ERK2 [%]			SD$_{schaetz}$ [%]
	Kinetik 1	Kinetik 2	Kinetik 3	Mittelwert			Kinetik 1	Kinetik 2	Mittelwert	
0	6.2	2.4	1.0	3.2	2.7	1.4	7.3	1.7	4.5	2.0
2.5	5.9			5.9		2.5	7.1		7.1	3.1
5	10.1	12.3	3.3	8.5	4.7	3.7	9.4	11.0	10.2	4.4
7.5	9.0			9.0		3.9	9.5		9.5	4.1
10	12.3	10.2	4.6	9.0	4.0	3.9	12.9	11.7	12.3	5.3
12.5	12.5			12.5		5.4	13.4		13.4	5.8
15	12.8	10.0	4.5	9.1	4.2	3.9	11.7	13.9	12.8	5.5
17.5	11.0			11.0		4.7	11.8		11.8	5.1
20	11.5	11.2	4.4	9.0	4.0	3.9	13.4	12.5	13.0	5.6
25	11.8			11.8		5.1	12.7		12.7	5.5
30	12.8	10.5	3.5	8.9	4.8	3.9	12.3	10.0	11.2	4.8
40	11.5			11.5		5.0	13.0		13.0	5.6
50	9.5			9.5		4.1	11.3		11.3	4.9
60	10.6	8.2	2.5	7.1	4.1	3.1	10.3	10.2	10.2	4.4
120	13.0	6.8	1.4	7.1	5.8	3.1	12.6	7.6	10.1	4.4

Primäre Maushepatozyten (+ HGF)

Zeit [min]	Anteil der unP-Fraktion an totalem ERK1 [%]				SD [%]	SD$_{schaetz}$ [%]	Anteil der unP-Fraktion an totalem ERK2 [%]			SD$_{schaetz}$ [%]
	Kinetik 1	Kinetik 2	Kinetik 3	Mittelwert			Kinetik 1	Kinetik 2	Mittelwert	
0	68.6	86	87	80	10.3	8.7	61.6	87.7	74.6	9.5
2.5	48.6			49		8.2	41.8		41.8	7.3
5	18.4	18	23	20	2.7	3.9	11.5	16.5	14.0	3.0
7.5	19.4			19		3.9	17.0		17.0	3.5
10	25.0	23	31	26	4.5	5.0	20.5	21.0	20.7	4.1
12.5	30.8			31		5.6	2.6		2.6	0.7
15	28.6	19	31	26	6.3	4.9	23.7	13.4	18.6	3.7
17.5	31.2			31		5.7	24.8		24.8	4.7
20	25.6	29	40	32	7.6	5.8	22.4	28.2	25.3	4.8
25	30.4			30		5.6	24.5		24.5	4.7
30	34.5	33	44	37	6.0	6.6	26.9	27.9	27.4	5.1
40	37.9			38		6.7	32.0		32.0	5.8
50	44.3			44		7.6	32.8		32.8	6.0
60	44.5	41	54	46	6.4	7.9	33.2	39.6	36.4	6.5
120	46.5	59	74	60	13.5	9.4	36.4	60.6	48.5	8.2

Tabelle A.13.: Prozentuale Anteile der verschiedenen ERK1/2-Fraktionen in primären Maushepatozyten nach Stimulation mit 100 ng/ml IL6.

PrimäreMaushepatozyten (+ IL6)

Zeit [min]	Anteil der pTpY-Fraktion an totalem ERK1 [%]						Anteil der pTpY-Fraktion an totalem ERK2 [%]				
	Kinetik 1	Kinetik 2	Kinetik 3	Mittelwert	SD [%]	SD$_{schaetz}$ [%]	Kinetik 1	Kinetik 2		Mittelwert	SD$_{schaetz}$ [%]
0	9.0	3.3	2.2	4.9	3.6	1.1	12.1	4.2		8.1	1.9
2.5	8.8			8.8		2.0	10.3			10.3	2.4
5	12.7	7.2	14.0	11.3	3.6	2.6	14.0	10.9		12.5	2.9
7.5	26.7			26.7		6.1	29.0			29.0	6.7
10	37.2	28.5	42.3	36.0	7.0	8.3	39.3	37.8		38.5	8.9
12.5	30.3			30.3		7.0	32.8			32.8	7.5
15	33.6	28.2	24.1	28.6	4.8	6.6	33.8	35.6		34.7	8.0
17.5	31.6			31.6		7.3	33.2			33.2	7.6
20	37.2	25.8	14.5	25.8	11.3	5.9	39.8	27.6		33.7	7.8
25	31.8			31.8		7.3	32.5			32.5	7.5
30	18.1	15.2	12.9	15.4	2.6	3.5	21.8	19.7		20.7	4.8
40	17.4			17.4		4.0	17.5			17.5	4.0
50	10.4			10.4		2.4	10.7			10.7	2.5
60	10.5	4.7	4.0	6.4	3.6	1.5	12.4	6.7		9.6	2.2
120	12.7	5.8	4.1	7.5	4.5	1.7	16.1	7.9		12.0	2.8

Zeit [min]	Anteil der pY-Fraktion an totalem ERK1 [%]						Anteil der pY-Fraktion an totalem ERK2 [%]				
	Kinetik 1	Kinetik 2	Kinetik 3	Mittelwert	SD [%]	SD$_{schaetz}$ [%]	Kinetik 1	Kinetik 2		Mittelwert	SD$_{schaetz}$ [%]
0	14.1	11.5	5.3	10.3	4.5	3.2	15.7	6.9		11.3	3.5
2.5	9.5			9.5		2.9	10.8			10.8	3.3
5	12.1	9.5	15.4	12.3	3.0	3.8	10.3	7.5		8.9	2.7
7.5	12.8			12.8		3.9	13.5			13.5	4.1
10	15.0	18.1	16.9	16.7	1.5	5.1	16.9	12.3		14.6	4.5
12.5	17.4			17.4		5.3	20.6			20.6	6.3
15	18.6	18.5	17.7	18.3	0.5	5.6	21.9	11.3		16.6	5.1
17.5	17.2			17.2		5.3	18.2			18.2	5.6
20	13.6	16.9	20.9	17.1	3.6	5.2	14.2	11.6		12.9	3.9
25	13.9			13.9		4.3	16.0			16.0	4.9
30	13.7	13.8	17.5	15.0	2.2	4.6	14.7	10.3		12.5	3.8
40	12.1			12.1		3.7	14.9			14.9	4.6
50	12.1			12.1		3.7	15.7			15.7	4.8
60	10.7	9.9	9.3	10.0	0.7	3.1	11.3	7.2		9.3	2.8
120	11.1	10.4	11.1	10.9	0.4	3.3	14.2	9.7		12.0	3.7

Tabelle A.13.: Prozentuale Anteile der verschiedenen ERK1/2-Fraktionen in primären Maushepatozyten nach Stimulation mit 100 ng/ml IL6 (Fortsetzung).

PrimäreMaushepatozyten (+ IL6)

Zeit [min]	Anteil der pT-Fraktion an totalem ERK1 [%]						Anteil der pT-Fraktion an totalem ERK2 [%]			
	Kinetik 1	Kinetik 2	Kinetik 3	Mittelwert	SD [%]	$SD_{schaetz}$ [%]	Kinetik 1	Kinetik 2	Mittelwert	$SD_{schaetz}$ [%]
0	4.5	2.6	0.4	2.5	2.1	1.1	5.5	3.5	4.5	2.0
2.5	3.5			3.5		1.5	4.7		4.7	2.0
5	5.7	3.9	1.7	3.8	2.0	1.6	5.4	4.4	4.9	2.1
7.5	6.2			6.2		2.7	9.0		9.0	3.9
10	9.9	8.1	2.8	6.9	3.7	3.0	14.0	9.4	11.7	5.1
12.5	12.0			12.0		5.2	11.6		11.6	5.0
15	10.4	11.2	5.1	8.9	3.3	3.8	10.6	13.8	12.2	5.3
17.5	10.9			10.9		4.7	11.3		11.3	4.9
20	12.7	10.7	5.0	9.5	4.0	4.1	12.8	11.6	12.2	5.3
25	10.5			10.5		4.5	12.1		12.1	5.2
30	8.6	7.2	4.3	6.7	2.2	2.9	10.6	8.1	9.4	4.1
40	8.0			8.0		3.5	8.1		8.1	3.5
50	4.4			4.4		1.9	5.4		5.4	2.3
60	5.9	2.8	0.5	3.1	2.7	1.3	6.5	5.0	5.7	2.5
120	8.0	4.5	1.5	4.7	3.2	2.0	8.6	5.8	7.2	3.1

Zeit [min]	Anteil der umP-Fraktion an totalem ERK1 [%]						Anteil der umP-Fraktion an totalem ERK2 [%]			
	Kinetik 1	Kinetik 2	Kinetik 3	Mittelwert	SD [%]	$SD_{schaetz}$ [%]	Kinetik 1	Kinetik 2	Mittelwert	$SD_{schaetz}$ [%]
0	72.3	82.7	92.0	82.3	9.8	8.3	66.7	85.4	76.0	9.3
2.5	78.2			78.2		9.1	74.1		74.1	9.5
5	69.6	79.5	68.8	72.6	5.9	9.6	70.3	77.2	73.8	9.5
7.5	54.2			54.2		8.9	48.5		48.5	8.2
10	37.8	45.3	38.0	40.3	4.3	7.1	29.8	40.6	35.2	6.3
12.5	40.3			40.3		7.1	35.1		35.1	6.3
15	37.5	42.2	53.2	44.3	8.1	7.6	33.6	39.4	36.5	6.5
17.5	40.2			40.2		7.0	37.3		37.3	6.6
20	36.5	46.5	59.7	47.5	11.6	8.1	33.3	49.2	41.2	7.2
25	43.9			43.9		7.6	39.4		39.4	6.9
30	59.6	63.7	65.4	62.9	3.0	9.6	52.9	61.8	57.3	9.2
40	62.5			62.5		9.6	59.5		59.5	9.4
50	73.1			73.1		9.6	68.3		68.3	9.7
60	72.9	82.6	86.2	80.6	6.9	8.7	69.8	81.1	75.5	9.4
120	68.2	79.3	83.3	76.9	7.8	9.2	61.0	76.6	68.8	9.7

Tabelle A.14.: Prozentuale Anteile der verschiedenen ERK1/2-Fraktionen in HaCaT A5-Zellen nach Stimulation mit 100 ng/ml HFG.

HaCaT A5 (+ HGF)

Zeit [min]	Anteil der pTpY-Fraktion an totalem ERK1 [%]					Anteil der pTpY-Fraktion an totalem ERK2 [%]			
	Kinetik 1	Kinetik 2	Kinetik 3	Mittelwert	SD [%]	SD$_{schaetz}$ [%]	Kinetik 1	Kinetik 2	Mittelwert	SD$_{schaetz}$ [%]

Zeit [min]	Kinetik 1	Kinetik 2	Kinetik 3	Mittelwert	SD [%]	SD$_{schaetz}$ [%]	Kinetik 1	Kinetik 2	Mittelwert	SD$_{schaetz}$ [%]
0	0.0	1.3	5.2	2.2	2.7	0.5	1.9	1.4	1.6	0.4
2.5	1.6			1.6		0.4	1.7		1.7	0.4
5	24.4	13.1	35.9	24.5	11.4	5.6	27.3	18.5	22.9	5.3
7.5	36.1			36.1		8.3	35.2		35.2	8.1
10	30.2	46.7	43.4	40.1	8.7	9.2	30.1	36.8	33.4	7.7
12.5	28.2			28.2		6.5	24.3		24.3	5.6
15	28.6	43.3	43.4	38.4	8.6	8.8	25.1	33.2	29.1	6.7
17.5	28.2			28.2		6.5	24.7		24.7	5.7
20	22.9	7.7	23.5	18.0	8.9	4.1	21.5	38.6	30.0	6.9
25	19.5			19.5		4.5	21.1		21.1	4.8
30	21.4	21.2	22.5	21.7	0.7	5.0	18.3	33.4	25.8	5.9
40	16.8			16.8		3.9	17.8		17.8	4.1
50	15.7			15.7		3.6	16.9		16.9	3.9
60	13.4	29.7	21.7	21.6	8.2	5.0	16.0	26.5	21.2	4.9
120	10.5	26.0	16.7	17.7	7.8	4.1	11.3	21.9	16.6	3.8

Zeit [min]	Anteil der pY-Fraktion an totalem ERK1 [%]						Anteil der pY-Fraktion an totalem ERK2 [%]			
	Kinetik 1	Kinetik 2	Kinetik 3	Mittelwert	SD [%]	SD$_{schaetz}$ [%]	Kinetik 1	Kinetik 2	Mittelwert	SD$_{schaetz}$ [%]
0	3.6	8.0	7.9	6.5	2.5	2.0	3.1	5.4	4.3	1.3
2.5	4.2			4.2		1.3	3.4		3.4	1.0
5	10.4	23.3	23.5	19.1	7.5	5.8	8.9	16.4	12.6	3.9
7.5	11.3			11.3		3.5	7.9		7.9	2.4
10	9.5	15.8	20.6	15.3	5.6	4.7	6.5	18.0	12.2	3.7
12.5	10.0			10.0		3.1	7.1		7.1	2.2
15	7.4	12.7	14.2	11.4	3.6	3.5	6.8	15.5	11.1	3.4
17.5	7.6			7.6		2.3	9.1		9.1	2.8
20	9.3	19.9	23.8	17.6	7.5	5.4	7.6	13.7	10.7	3.3
25	9.8			9.8		3.0	9.2		9.2	2.8
30	10.1	15.7	22.8	16.2	6.3	5.0	7.6	16.3	12.0	3.7
40	10.2			10.2		3.1	8.4		8.4	2.6
50	9.7			9.7		3.0	9.6		9.6	2.9
60	10.2	14.1	21.5	15.3	5.8	4.7	9.3	12.8	11.1	3.4
120	4.4	9.9	15.6	10.0	5.6	3.0	4.9	13.0	9.0	2.7

Tabelle A.14.: Prozentuale Anteile der verschiedenen ERK1/2-Fraktionen in HaCaT A5-Zellen nach Stimulation mit 100 ng/ml HGF (Fortsetzung).

HaCaT A5 (+ HGF)

Zeit [min]	Anteil der pT-Fraktion an totalem ERK1 [%]					Anteil der pT-Fraktion an totalem ERK2 [%]			
	Kinetik 1	Kinetik 2	Kinetik 3	Mittelwert	SD [%]	$SD_{schaetz}$ [%]	Kinetik 1	Kinetik 2	Mittelwert	$SD_{schaetz}$ [%]

Zeit [min]	Kinetik 1	Kinetik 2	Kinetik 3	Mittelwert	SD [%]	$SD_{schaetz}$ [%]	Kinetik 1	Kinetik 2	Mittelwert	$SD_{schaetz}$ [%]
0	2.4	2.2	1.9	2.1	0.3	0.9	2.9	2.8	2.9	1.2
2.5	3.7			3.7		1.6	3.0		3.0	1.3
5	11.9	3.0	4.8	6.6	4.7	2.8	10.6	5.2	7.9	3.4
7.5	13.7			13.7		5.9	11.8		11.8	5.1
10	18.6	10.8	7.9	12.4	5.6	5.4	18.1	12.8	15.4	6.7
12.5	21.2			21.2		9.1	21.6		21.6	9.3
15	24.7	14.3	11.0	16.6	7.1	7.2	21.5	16.4	18.9	8.2
17.5	23.2			23.2		10.0	17.9		17.9	7.7
20	21.7	26.2	9.6	19.2	8.6	8.3	16.2	15.4	15.8	6.8
25	18.3			18.3		7.9	14.1		14.1	6.1
30	18.8	18.0	11.0	15.9	4.3	6.9	14.1	13.8	14.0	6.0
40	16.6			16.6		7.2	13.1		13.1	5.6
50	17.1			17.1		7.4	15.2		15.2	6.6
60	16.0	15.9	7.6	13.2	4.8	5.7	12.9	15.4	14.2	6.1
120	11.1	15.0	9.4	11.9	2.9	5.1	12.6	11.6	12.1	5.2

Zeit [min]	Anteil der unP-Fraktion an totalem ERK1 [%]						Anteil der unP-Fraktion an totalem ERK2 [%]			
	Kinetik 1	Kinetik 2	Kinetik 3	Mittelwert	SD [%]	$SD_{schaetz}$ [%]	Kinetik 1	Kinetik 2	Mittelwert	$SD_{schaetz}$ [%]
0	94.0	89	85	89	4.5	6.2	92.1	90.4	91.3	5.3
2.5	90.5			90		5.6	91.9		91.9	5.0
5	53.4	61	36	50	12.8	8.4	53.3	59.8	56.6	9.1
7.5	39.0			39		6.9	45.1		45.1	7.7
10	41.7	27	28	32	8.3	5.9	45.3	32.5	38.9	6.8
12.5	40.6			41		7.1	47.0		47.0	8.0
15	39.4	30	31	33	5.2	6.0	46.6	35.0	40.8	7.1
17.5	41.0			41		7.1	48.4		48.4	8.2
20	46.1	46	43	45	1.8	7.7	54.6	32.3	43.4	7.5
25	52.4			52		8.7	55.7		55.7	9.0
30	49.7	45	44	46	3.1	7.9	60.0	36.5	48.2	8.1
40	56.4			56		9.1	60.8		60.8	9.5
50	57.5			57		9.2	58.2		58.2	9.3
60	60.4	40	49	50	10.1	8.4	61.8	45.3	53.5	8.8
120	74.1	49	58	60	12.6	9.4	71.3	53.5	62.4	9.6

Tabelle A.15.: Prozentuale Anteile der verschiedenen ERK1/2-Fraktionen in HaCaT A5-Zellen nach Stimulation mit 100 ng/ml IL6.

HaCaT A5 (+ IL6)

Zeit [min]	Anteil der pTpY-Fraktion an totalem ERK1 [%]				Anteil der pTpY-Fraktion an totalem ERK2 [%]			
	Kinetik 1	Kinetik 2	Mittelwert	$SD_{schaetz}$ [%]	Kinetik 1	Kinetik 2	Mittelwert	$SD_{schaetz}$ [%]
0	1.3	3.5	2.4	0.6	1.6	0.6	1.1	0.2
2.5	2.5		2.5	0.6		1.4	1.4	0.3
5	4.7	9.0	6.8	1.6	7.3	4.6	5.9	1.4
7.5	6.7		6.7	1.5		7.4	7.4	1.7
10	14.0	28.7	21.3	4.9	20.2	10.6	15.4	3.5
12.5	13.3		13.3	3.1		13.8	13.8	3.2
15	12.8	25.9	19.4	4.5	16.7	14.7	15.7	3.6
17.5	10.8		10.8	2.5		8.8	8.8	2.0
20	5.0	18.9	11.9	2.7	15.2	4.2	9.7	2.2
25	5.3		5.3	1.2		5.3	5.3	1.2
30	4.7	14.3	9.5	2.2	11.3	3.0	7.1	1.6
40	2.7		2.7	0.6		2.3	2.3	0.5
50	2.9		2.9	0.7		2.9	2.9	0.7
60	2.7	6.4	4.5	1.0	4.5	2.7	3.6	0.8
120	1.0	5.8	3.4	0.8	3.0	1.5	2.2	0.5

Zeit [min]	Anteil der pY-Fraktion an totalem ERK1 [%]				Anteil der pY-Fraktion an totalem ERK2 [%]			
	Kinetik 1	Kinetik 2	Mittelwert	$SD_{schaetz}$ [%]	Kinetik 1	Kinetik 2	Mittelwert	$SD_{schaetz}$ [%]
0	5.4	6.7	6.1	1.9	4.8	2.4	3.6	1.1
2.5	5.1		5.1	1.6		2.6	2.6	0.8
5	6.6	8.4	7.5	2.3	7.3	6.2	6.7	2.1
7.5	9.0		9.0	2.8		6.2	6.2	1.9
10	10.3	9.4	9.8	3.0	10.3	7.4	8.9	2.7
12.5	8.7		8.7	2.7		7.2	7.2	2.2
15	9.1	9.3	9.2	2.8	9.7	6.5	8.1	2.5
17.5	7.1		7.1	2.2		6.4	6.4	1.9
20	5.4	9.2	7.3	2.2	8.3	4.5	6.4	2.0
25	5.8		5.8	1.8		5.1	5.1	1.6
30	6.4	8.8	7.6	2.3	6.9	4.6	5.7	1.8
40	4.9		4.9	1.5		4.2	4.2	1.3
50	6.2		6.2	1.9		5.1	5.1	1.5
60	5.2	7.3	6.2	1.9	7.2	5.4	6.3	1.9
120	4.0	7.6	5.8	1.8	5.7	3.1	4.4	1.3

Tabelle A.15.: Prozentuale Anteile der verschiedenen ERK1/2-Fraktionen in HaCaT A5-Zellen nach Stimulation mit 100 ng/ml IL6 (Fortsetzung).

HaCaT A5 (+IL6)

Zeit [min]	Anteil der pT-Fraktion an totalem ERK1 [%]				Anteil der pT-Fraktion an totalem ERK2 [%]			
	Kinetik 1	Kinetik 2	Mittelwert	SD$_{schaetz}$ [%]	Kinetik 1	Kinetik 2	Mittelwert	SD$_{schaetz}$ [%]
0	3.9	2.1	3.0	1.3	2.5	2.5	2.5	1.1
2.5	3.7		3.7	1.6		2.6	2.6	1.1
5	3.2	5.7	4.4	1.9	4.3	4.6	4.4	1.9
7.5	5.6		5.6	2.4		4.6	4.6	2.0
10	9.6	9.8	9.7	4.2	9.3	7.9	8.6	3.7
12.5	11.8		11.8	5.1		9.0	9.0	3.9
15	9.4	10.7	10.0	4.3	11.2	8.8	10.0	4.3
17.5	14.0	14.0	14.0	6.1	13.2	10.4	10.4	4.5
20	7.7		7.7	4.7		7.6	10.4	4.5
25	7.7		7.7	3.3		6.8	6.8	2.9
30	8.7	10.6	9.6	4.2	4.5	4.6	4.6	2.0
40	4.5		4.5	2.0		3.7	3.7	1.6
50	4.3		4.3	1.9		3.5	3.5	1.5
60	4.4	7.7	6.1	2.6	4.6	3.7	4.2	1.8
120	3.6	6.1	4.9	2.1	4.3	2.1	3.2	1.4

Zeit [min]	Anteil der unP-Fraktion an totalem ERK1 [%]				Anteil der unP-Fraktion an totalem ERK2 [%]			
	Kinetik 1	Kinetik 2	Mittelwert	SD$_{schaetz}$ [%]	Kinetik 1	Kinetik 2	Mittelwert	SD$_{schaetz}$ [%]
0	89.3	88	89	6.4	91.1	94.6	92.8	4.5
2.5	88.7		89	6.3		93.4	93.4	4.2
5	85.6	77	81	8.5	81.1	84.7	82.9	8.2
7.5	78.6		79	9.0		81.8	81.8	8.4
10	66.0	52	59	9.3	60.1	74.1	67.1	9.7
12.5	66.2		66	9.7		69.9	69.9	9.7
15	68.7	54	61	9.5	62.4	70.1	66.2	9.7
17.5	68.1		68	9.7		74.4	74.4	9.5
20	81.9	58	70	9.7	63.2	83.7	73.4	9.6
25	81.2		81	8.5		82.8	82.8	8.2
30	80.2	66	73	9.6	77.3	87.8	82.5	8.2
40	87.9		88	6.6		89.7	89.7	5.9
50	86.6		87	7.1		88.5	88.5	6.4
60	87.7	79	83	8.1	83.7	88.2	86.0	7.3
120	91.4	80	86	7.3	87.0	93.3	90.2	5.8

Tabelle A.16.: Geschwindigkeitskonstanten des distributiven ERK-Phosphorylierungsmodells für primäre Maushepatozyten (aus Iwamoto, 2010, Tab. G.3)

Geschwindigkeitskonstante	Wert	Einheit
k_9	14.615	$\%^{-1}\,\mathrm{min}^{-1}$
k_{10}	1.702	$\%^{-1}\,\mathrm{min}^{-1}$
k_{11}	17.310	$\%^{-1}\,\mathrm{min}^{-1}$
k_{12}	2.559	$\%^{-1}\,\mathrm{min}^{-1}$
k_{13}	56.737	min^{-1}
k_{14}	551.053	min^{-1}
k_{15}	4.116	min^{-1}
k_{16}	180.233	min^{-1}
k_{17}	0.457	min^{-1}
k_{18}	2.850	min^{-1}

Tabelle A.17.: Prozentuale Anteile der verschiedenen ERK1/2-Fraktionen in primären Maushepatozyten bei Hemmung der MEK-Aktivität mit U0126. Die Hepatozyten wurden zuvor 10 min lang mit 100 ng/ml HGF vorstimuliert.

Primäre Maushepatozyten (+ HGF / + U0126)

Zeit [min]	Anteil der pTpY-Fraktion an totalem ERK1 [%]					Anteil der pTpY-Fraktion an totalem ERK2 [%]				
	Kinetik 1	Kinetik 2	Kinetik 3	Mittelwert	SD [%]	Kinetik 1	Kinetik 2	Kinetik 3	Mittelwert	SD [%]
0	28.5	24.0	21.8	24.8	3.4	38.9	30.3	30.6	33.3	4.9
0.5	20.3	20.7	18.8	19.9	1.0	28.1	25.8	26.5	26.8	1.2
1	12.1	9.5	9.5	10.4	1.5	19.0	12.5	14.5	15.3	3.4
2	6.0	6.4	5.8	6.1	0.3	9.2	8.9	8.8	9.0	0.2
3	2.3	1.7	0.9	1.6	0.7	4.7	2.5	1.8	3.0	1.5
6	0.3	0.2	0.6	0.4	0.2	0.4	0.5	0.9	0.6	0.3

Zeit [min]	Anteil der pY-Fraktion an totalem ERK1 [%]					Anteil der pY-Fraktion an totalem ERK2 [%]				
	Kinetik 1	Kinetik 2	Kinetik 3	Mittelwert	SD [%]	Kinetik 1	Kinetik 2	Kinetik 3	Mittelwert	SD [%]
0	15.8	24.5	28.5	23.0	6.5	15.9	24.2	28.7	22.9	6.5
0.5	17.1	18.0	15.8	17.0	1.1	18.5	18.5	16.6	17.9	1.1
1	13.0	12.6	12.1	12.6	0.4	17.5	15.2	14.6	15.8	1.5
2	6.8	5.8	6.7	6.4	0.6	10.1	8.9	7.1	8.7	1.5
3	5.2	3.0	2.2	3.5	1.5	6.8	4.7	3.3	5.0	1.8
6	1.1	1.3	1.1	1.2	0.1	1.7	1.7	2.0	1.8	0.2

Zeit [min]	Anteil der pT-Fraktion an totalem ERK1 [%]					Anteil der pT-Fraktion an totalem ERK2 [%]				
	Kinetik 1	Kinetik 2	Kinetik 3	Mittelwert	SD [%]	Kinetik 1	Kinetik 2	Kinetik 3	Mittelwert	SD [%]
0	10.1	7.8	7.1	8.3	1.6	10.4	10.8	8.2	9.8	1.4
0.5	8.2	8.3	9.0	8.5	0.4	11.8	11.8	11.8	11.8	0.0
1	6.6	6.5	5.8	6.3	0.4	9.6	8.3	10.5	9.5	1.1
2	6.8	7.3	5.7	6.6	0.8	9.2	8.3	8.9	8.8	0.4
3	3.3	2.3	2.9	2.8	0.5	5.9	3.7	2.7	4.1	1.6
6	0.8	1.0	1.0	0.9	0.1	1.2	0.9	1.4	1.2	0.2

Tabelle A.17.: Prozentuale Anteile der verschiedenen ERK1/2-Fraktionen in primären Maushepatozyten bei Hemmung der MEK-Aktivität mit U0126 (Fortsetzung).

	Primäre Maushepatozyten (+ HGF / + U0126)									
	Anteil der unP-Fraktion an totalem ERK1 [%]					Anteil der unP-Fraktion an totalem ERK2 [%]				
Zeit [min]	Kinetik 1	Kinetik 2	Kinetik 3	Mittelwert	SD [%]	Kinetik 1	Kinetik 2	Kinetik 3	Mittelwert	SD [%]
0	45.6	43.7	42.6	44.0	1.5	34.8	34.7	32.4	34.0	1.4
0.5	54.4	53.0	56.4	54.6	1.7	41.6	43.9	45.1	43.5	1.8
1	68.3	71.3	72.6	70.7	2.2	53.9	64.0	60.5	59.4	5.1
2	80.4	80.6	81.8	80.9	0.8	71.6	73.8	75.2	73.5	1.8
3	89.2	93.0	93.9	92.0	2.5	82.6	89.0	92.2	87.9	4.9
6	97.8	97.5	97.3	97.5	0.3	96.6	96.9	95.7	96.4	0.7

B. Abkürzungsverzeichnis

B.1. Allgemeine Abkürzungen

*	isotopenmarkiert
abs	absolut
ACN	Acetonitril
AEBSF	4-(2-Aminoethyl)-Benzensulfonyl-Fluorid
Akt	auch PKB: Proteinkinase B
AP	Apoprotein
AQUA	*absolute quantification*
ATP	Adenosintriphosphat
C	Kohlenstoff
Cdk	*cyclin-dependent kinase*
C-Terminus	Carboxyterminus
cHL	klassisches Hodgkin-Lymphom
CID	*collision-induced dissociation*
Da	Dalton
DDA	*data-dependent acquisition*
DTT	Dithiothreitol
EIC	extrahiertes Ionenchromatogramm
ERK	*extracellular signal-regulated kinase*
FA	Ameisensäure (*formic acid*)
FCS	fötales Kälberserum (*fetal calf serum*)
fmol	Femtomol
Gab1	*GRB2-associated-binding protein 1*
GDP	Guanosindiphosphat
GM-CSF	Granulozyten-Makrophagen-Kolonie-stimulierender Faktor (*granulocyte macrophage colony-stimulating factor*)
gp130	*glycoprotein 130*

Grb2	*growth factor receptor-bound protein 2*
GST	Glutathion-S-Transferase
GTP	Guanosintriphosphat
H	Wasserstoff
HaCaT	*human adult low calcium high temperature keratinocytes*
HeLa	Henrietta Lacks
HGF	Hepatozytenwachstumsfaktor (*hepatocyte growth factor*)
HGFR, Met	Hepatozytenwachstumsfaktor-Rezeptor
ICP	induktiv gekoppeltes Plasma
IL	Interleukin
IL6R	Interleukin-6-Rezeptor
IMAC	*immobilized metal ion affinity chromatography*
IP	Immunpräzipitation
iTRAQ	*isobaric tag for relative and absolute quantitation*
JAK	*Janus kinase*
JNK	*c-Jun N-terminal kinase*
kDa	Kilodalton
Kf	Korrekturfaktor
LC	Flüssigchromatographie (*liquid chromatography*)
LTQ	Lineare Ionenfalle
LY	LY294002
[M+xH]$^{x+}$	x-fach protoniertes und x-fach positiv geladenes Molekülion
m/z	Masse-zu-Ladungsverhältnis
MAPK	*mitogen-activated protein kinase*
MEK	*MAPK/ERK kinase*
MEM	modifiziertes Eagle's-Medium
min	Minute
MKP	*mitogen-activated protein kinase phosphatase*
MS	Massenspektrometrie
MS/MS	Tandemmassenspektrometrie

B. Abkürzungsverzeichnis

MV	molares Verhältnis
N	Stickstoff
nanoESI-MS	nano-Elektrosprayionisierungs-Massenspektrometrie
nanoUPLC	nano-Ultra-Hochleistungsflüssigchromatographie (*nano ultra performance liquid chromatography*)
O	Sauerstoff
ODE	gewöhnliche Differentialgleichung (*ordinary differential equation*)
P	Phosphor oder phosphoryliert
PASTA	*phosphorus based absolute standard*
PDK-1	*phosphoinositide-dependent protein kinase 1*
pERK	einfach phosphoryliertes ERK
P-Grad	Phosphorylierungsgrad
PI3K	Phosphatidylinositol-3-Kinase
PIP3	Phosphatidylinositol-Trisphosphat
PMBL	primär mediastinales B-Zell-Lymphom
ppERK	doppelt phosphoryliertes ERK
ppm	*part per million*
ppMEK, pSpS-MEK	doppelt phosphoryliertes MEK
PTEN	*phosphatase and tensin homologue deleted on chromosome 10*
pT-ERK	Phosphothreonin-ERK
pTpY-ERK	doppelt phosphoryliertes ERK
pY-ERK	Phosphotyrosin-ERK
Raf	*rapidly accelerated fibrosarcoma*
Ras	*rat sarcoma*
RKIP	*Raf kinase inhibitor protein*
rpm	Rotationen pro Minute
RPMI	*Roswell Park Memorial Institute*
RSD	relative Standardabweichung (*relative standard deviation*)
RTK	Rezeptortyrosinkinase
S	Schwefel

s	Sekunde
SD	Standardabweichung (*standard deviation*)
SDS	Natriumdodecylsulfat (*sodium dodecyl sulfate*)
SDS/PAGE	Natriumdodecylsulfat-Polyacrylamidgelelektrophorese
SH2	*Src homology 2*
Shc	*SH2 domain-containing transforming protein*
SHIP	*SH2 domain-containing inositol phosphatase*
SHP2	*SH2 domain-containing tyrosine phosphatase*
SILAC	*stable isotope labeling by amino acids in cell culture*
SOS	*son of sevenless*
SRM	*selected reaction monitoring*
STAT	*signal transducer and activator of transcription*
TFA	Trifluoressigsäure (*trifluoric acid*)
TYK	*non-receptor tyrosine-protein kinase*
unP	unphosphoryliert
unP-ERK, uERK	unphosphoryliertes ERK
unP-Grad	Grad der unphosphorylierten Proteinfraktion
V	Volt
ZIC-HILIC	*zwitterionic hydrophilic interaction liquid chromatography*

B.2. Abkürzungen der Aminosäuren

A	Alanin
A*	[$^{13}C_3$, ^{15}N]-Alanin
C	Cystein
C_{CAM}	Carbamidomethyl-Cystein
D	Asparaginsäure
D*	[$^{13}C_4$, ^{15}N]-Asparaginsäure
E	Glutaminsäure
E*	[$^{13}C_5$, ^{15}N]-Glutaminsäure
F	Phenylalanin
F*	[$^{13}C_6$]-Phenylalanin
G	Glycin
H	Histidin
I	Isoleucin
K	Lysin
L	Leucin
M	Methionin
N	Asparagin
oxM	oxidiertes Methionin
P	Prolin
pS	Phosphoserin
pT	Phosphothreonin
pY	Phosphotyrosin
Q	Glutamin
R	Arginin
S, Ser	Serin
T, Thr	Threonin
V	Valin
V*	[$^{13}C_5$, ^{15}N]-Valin
W	Tryptophan
Y, Tyr	Tyrosin

Die VDM Verlagsservicegesellschaft sucht für wissenschaftliche Verlage abgeschlossene und herausragende

Dissertationen, Habilitationen, Diplomarbeiten, Master Theses, Magisterarbeiten usw.

für die kostenlose Publikation als Fachbuch.

Sie verfügen über eine Arbeit, die hohen inhaltlichen und formalen Ansprüchen genügt, und haben Interesse an einer honorarvergüteten Publikation?

Dann senden Sie bitte erste Informationen über sich und Ihre Arbeit per Email an *info@vdm-vsg.de*.

Sie erhalten kurzfristig unser Feedback!

VDM Verlagsservicegesellschaft mbH
Dudweiler Landstr. 99 Telefon +49 681 3720 174
D - 66123 Saarbrücken Fax   +49 681 3720 1749
www.vdm-vsg.de

Die VDM Verlagsservicegesellschaft mbH vertritt

Printed by Books on Demand GmbH, Norderstedt / Germany